# 膨胀土改良方法及
# 生物酶改良膨胀土的本构关系

文畅平　　陈雪华　　陈永青　著

中国建材工业出版社

图书在版编目（CIP）数据

膨胀土改良方法及生物酶改良膨胀土的本构关系/
文畅平，陈雪华，陈永青著．--北京：中国建材工业出
版社，2021.2
　ISBN 978-7-5160-3087-5

Ⅰ.①膨…　Ⅱ.①文…　②陈…　③陈…　Ⅲ.①膨胀土
—研究　Ⅳ.①TU475

中国版本图书馆 CIP 数据核字（2020）第 212679 号

**膨胀土改良方法及生物酶改良膨胀土的本构关系**

Pengzhangtu Gailiang Fangfa ji Shengwumei Gailiang Pengzhangtu de Bengou Guanxi

文畅平　陈雪华　陈永青　著

出版发行：中国建材工业出版社
地　　址：北京市海淀区三里河路 1 号
邮　　编：100044
经　　销：全国各地新华书店
印　　刷：北京鑫正大印刷有限公司
开　　本：787mm×1092mm　1/16
印　　张：14
字　　数：310 千字
版　　次：2021 年 2 月第 1 版
印　　次：2021 年 2 月第 1 次
定　　价：**69.80 元**

本社网址：www.jccbs.com，微信公众号：zgjcgycbs
请选用正版图书，采购、销售盗版图书属违法行为
**版权专有，盗版必究**。本社法律顾问：北京天驰君泰律师事务所，张杰律师
举报信箱：zhangjie@tiantailaw.com　　举报电话：（010）68343948
本书如有印装质量问题，由我社市场营销部负责调换，联系电话：（010）88386906

# 前　言

本书以湖南省益阳至娄底高速公路膨胀土改良及路基施工工艺研究成果为基础，以膨胀土的化学改良、物理改良以及复合改良为研究对象。全书分为两大部分：第一部分（第1~3章）为该工程项目路基膨胀土改良方法及膨胀土施工工艺的研究。在这部分内容的研究中，采用多种无机材料对膨胀土进行改良对比试验，从室内试验到理论分析，再到现场试验，综合分析了生石灰改良膨胀土的可行性和可靠性，最终提出了膨胀土路基的施工指南。第二部分（第4~6章）研究了生物酶作为膨胀土改良材料的可行性，以及生物酶改良膨胀土的非线性弹性本构模型、弹塑性本构模型。

第1章为益阳至娄底高速公路沿线膨胀土分布调研。通过对该工程项目沿线膨胀土分布情况的详细调研，对取回的试验土样开展了一系列的室内试验，测定其相关的物理力学指标，并且对土样的膨胀潜势进行了分类。通过一维长期固结试验，研究了膨胀土的次固结特性，建立了益娄高速膨胀土的次固结流变本构模型。分析了含水率、干密度、固结压力对膨胀土的次固结系数的影响规律。通过正交分析法，对上述三个参数的敏感性进行了分析。

第2章为膨胀土处治方法。本章研究了石屑、中粗砂作为膨胀土物理改良材料的可行性以及改良材料的最佳掺量；研究了水泥＋石屑、石灰＋石屑对膨胀土进行复合改良的可行性以及改良材料的最佳掺量；研究了采用生石灰、粉煤灰、煤渣、中粗砂对膨胀土进行综合改良的可行性，提出了塑性指数、标准吸湿含水率、自由膨胀率减少率，与四种改良材料掺量、养护时间、养护温度等的函数关系，从而可以定量计算出膨胀土改良中四种改良材料的掺量；针对生石灰改良膨胀土的物理性质、胀缩性质和强度性质等开展研究，提出生石灰改良膨胀土路基施工工艺参数；通过研究生石灰改良膨胀土的长期压缩特性，提出生石灰改良膨胀土的非线性蠕变本构模型。

第3章为膨胀土路基施工工艺。提出了采用包边法处治膨胀土路基的施工工艺以及施工指南。路堤包边厚度应根据外界气候的变化进行确定，需要综合考虑项目所在地的大气影响深度、干湿循环的裂隙深度、膨胀土改良材料、膨胀土地基防排水条件等的影响。生石灰改良膨胀土包边法效果，需长时间观测才能确定。为确定合理的处治方案，引入离心模拟试验验证包边厚度处治效果。

第4章为生物酶改良膨胀土物理力学特性。本章研究了生物酶改良膨胀土的液限、塑限、标准吸湿含水率、击实性质、压缩特性、剪切特性等，并且与水泥、石灰改良膨胀土进行了对比分析。研究表明，生物酶掺加量为 3‰～5‰时能有效改善膨胀土的胀缩特性。对于标准吸湿含水率、压缩特性、抗剪切能力等指标，生物酶改良效果优于生石灰和水泥。

第 5 章为生物酶改良膨胀土非线性弹性本构模型。本章建立了生物酶改良膨胀土 Duncan-Chang 模型，通过三轴固结排水剪切试验拟合了 Duncan-Chang 模型各相关参数，并且研究了生物酶改良膨胀土应力-应变关系的归一化线性特性；建立了生物酶改良膨胀土的模型，通过等向固结排水试验、等 $p$ 三轴固结排水剪切试验，分析了模型参数与生物酶掺量的相关关系，并且建立了基于扰动状态理论的修正模型。

第 6 章为生物酶改良膨胀土弹塑性本构模型。本章以修正剑桥模型、魏汝龙模型理论框架为基础，研究了生物酶改良膨胀土的单屈服面弹塑性本构关系，并且基于扰动理论对修正剑桥模型、魏汝龙模型的参数进行修正，建立了各有关参数与生物酶掺量之间的函数关系式。以殷宗泽模型为基础，研究了生物酶改良膨胀土双屈服面弹塑性本构关系，研究了生物酶改良膨胀土弹性变形、剪缩屈服面、剪胀屈服面、破坏线的演化规律。此外，以"南水"模型为基础，分析了生物酶改良膨胀土双屈服面弹塑性本构关系，并且基于轴应变、体积应变近似双曲线的特征，修正了"南水"模型中切线体积比 $u_t$ 的确定方法。

本书部分内容引用了研究生杨程、曾娟娟、苏伟、陈永青等的学位论文，以及本人及所指导的硕士研究生发表的学术论文。课题合作单位——湖南省交通运输厅交通建设造价站和湖南省益娄高速公路建设开发有限公司，分别提供了项目支撑和课题研究经费，青海路桥建设股份有限公司益娄高速公路第四合同段为本项目研究提供了现场试验场地，广州金土岩土工程技术有限公司参与了相关课题研究，在此表示衷心感谢。本书在编写过程中参阅了大量的参考资料，在此向这些资料的作者表示诚挚的谢意。由于作者水平有限，本书内容不当之处在所难免，恳请读者批评指正。

文畅平
2020 年 11 月

# 目　　录

**第1章　益娄高速公路沿线膨胀土概况** ································· 1

  1.1　膨胀土分布概况 ······································· 1

  1.2　膨胀土的判别 ········································· 4

  1.3　膨胀土物理力学指标 ··································· 6

  1.4　膨胀土无荷膨胀特性 ··································· 8

  1.5　膨胀土的压缩特性 ···································· 11

  1.6　膨胀土的次固结流变本构模型 ·························· 29

  1.7　本章小结 ············································ 29

**第2章　益娄高速公路路基膨胀土处治方法** ···················· 30

  2.1　概述 ················································ 30

  2.2　砂石类材料改良膨胀土 ································ 34

  2.3　生石灰改良膨胀土 ···································· 49

  2.4　生石灰改良膨胀土非线性蠕变本构模型 ·················· 58

  2.5　复合改良材料的配合比 ································ 71

  2.6　本章小结 ············································ 78

**第3章　益娄高速公路膨胀土路基施工工艺** ···················· 80

  3.1　膨胀土路基处治方案 ·································· 80

  3.2　施工控制指标 ········································ 84

  3.3　现场试验 ············································ 87

  3.4　施工指南 ··········································· 101

  3.5　本章小结 ··········································· 105

**第4章　生物酶改良膨胀土物理力学特性** ····················· 106

  4.1　概述 ··············································· 106

  4.2　试验方案 ··········································· 107

  4.3　物理特性 ··········································· 109

4.4 膨胀特性 ……………………………………………………… 111

4.5 力学特性 ……………………………………………………… 113

4.6 本章小结 ……………………………………………………… 120

第 5 章 生物酶改良膨胀土非线性弹性本构模型 …………………… 126

5.1 概述 …………………………………………………………… 126

5.2 基于 Duncan-Chang 模型的非线性弹性本构模型 ………… 130

5.3 基于 *K-G* 模型的非线性弹性本构模型 …………………… 145

5.4 本章小结 ……………………………………………………… 156

第 6 章 生物酶改良膨胀土弹塑性本构模型 ……………………… 158

6.1 概述 …………………………………………………………… 158

6.2 单屈服面模型 ………………………………………………… 164

6.3 双屈服面模型 ………………………………………………… 182

6.4 "南水"模型 ………………………………………………… 196

6.5 本章小结 ……………………………………………………… 206

参考文献 ……………………………………………………………… 208

# 第 1 章　益娄高速公路沿线膨胀土概况

## 1.1　膨胀土分布概况

益（阳）-娄（底）高速公路从二至五标、十二、十三标段，断续分布具有弱～中等膨胀潜势的膨胀土，集中分布区域主要在 K9＋500～K25＋300、K26＋692～K39＋000、K41＋600～K41＋750、K93＋600～K96＋280、K98＋470～K104＋400，以及十三标段的 L1K0＋000～L1K6＋485.188 和 L2K0＋011.42～L2K3＋700.17 等路段。

按照现行公路行业的相关技术规范，膨胀土不能用作填料直接用于路基填筑。在本工程中若废弃膨胀土，必将大幅增加弃土用地，并且需要大量借土，由此增加工程造价并且有可能导致环保方面的问题。为合理利用膨胀土，并确保益娄高速的路基修筑质量，解决膨胀土地段路基及边坡的常见病害，须采取有效措施对膨胀土进行处治和利用，并建立起该项目膨胀土路基填筑施工指南，作为行业标准《公路路基施工技术规范》（JTG F10—2006）的补充和细化。

根据益娄高速施工图设计资料，益娄高速沿线分布于挖方地段的膨胀土总计 164.0 余万立方米，其液限和自由膨胀率等指标值较高，具有弱～中膨胀土的物理力学特征。膨胀土分布及处治方案见表 1.1。

表 1.1　益娄高速膨胀土分布、数量及处治方案

| 标段 | 起讫桩号 | 膨胀土数量/m³ | 原施工图处治方案 |
|---|---|---|---|
| 二标 | K9＋500～K18＋560 | 49936 | 掺 5％石灰 |
| 三标 | K18＋560～K25＋300 | 139818 | 掺 5％石灰 |
| 四标 | K26＋692～K39＋000 | 54347 | 掺 7％石灰 |
| | | 259371 | 掺 5％石灰 |
| 五标 | K41＋600～K41＋750 | 77920 | 掺 5％石灰 |
| 十二标 | K93＋600～K96＋280 | 202854 | 掺 5％石灰 |
| | K98＋470～K104＋400 | 475188 | 掺 5％石灰 |
| 十三标 | L1K0＋000～L1K6＋485.188 | 303848 | 掺 3％石灰 |
| | | 41993 | 掺 5％石灰 |
| | L2K0＋011.42～L2K3＋700.17 | 34964 | 掺 3％石灰 |
| 总计 | | 1640239 | — |

从上述膨胀土分布较为集中的路段，取回 300 余个土样。部分代表性土样点照片如图 1.1 所示，代表性取样点的土性描述见表 1.2。

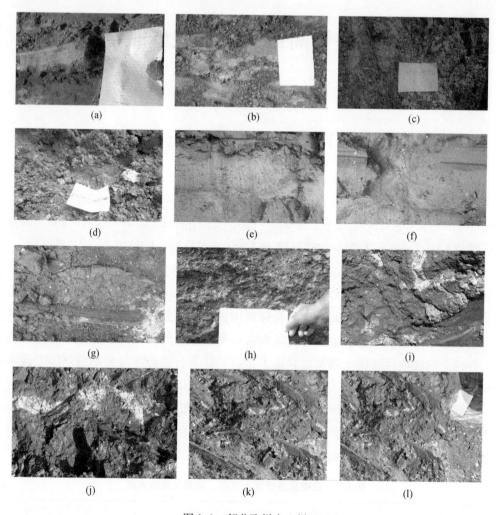

图 1.1　部分取样点土样

（a）K12＋000 取样点；（b）K17＋500 取样点；（c）K28＋980 取样点；（d）K29＋000 取样点；
（e）K32＋660 取样点；（f）K33＋720 取样点；（g）K34＋180 取样点；（h）K34＋900 取样点；
（i）K35＋320 取样点；（j）K36＋500 取样点；（k）K41＋600 取样点；（l）K41＋700 取样点

表 1.2　代表性土样土性描述

| 土样号 | 取样地点 | 土性描述 |
| --- | --- | --- |
| 1 | K12＋000 | 外观颜色为黄褐色夹灰白色，见蜡状光泽，手感有很细的砂粒，表层土干燥时呈硬块状 |
| 2 | K12＋100 | 呈黄褐色、灰白色，见蜡状光泽，手感有很细的砂粒，表层土干燥时呈硬块状 |
| 3 | K12＋500 | 呈黄褐色、灰白色，见蜡状光泽，手感有很细的砂粒，表层土干燥时呈硬块状 |
| 4 | K17＋500 | 呈黄褐色、灰白色，见蜡状光泽，手感有很细的砂粒，表层土干燥时呈硬块状，并呈细小鳞片状 |

| 土样号 | 取样地点 | 土性描述 |
|---|---|---|
| 5 | K21+000 | 呈黄色、灰白色，呈细小鳞片状。土样天然含水率较大，有滑腻感 |
| 6 | K21+100 | 呈黄色、灰白色，呈细小鳞片状。土样天然含水率较大，有滑腻感 |
| 7 | K24+400 | 呈肉红色，湿水后呈黏泥巴状，干燥时呈硬块状 |
| 8 | K24+700 | 呈肉红色，湿水后呈黏泥巴状，干燥时呈硬块状 |
| 9 | K28+980 | 呈黄褐色，夹白色，混有粗砂粒、碎石，湿水后呈黏泥巴状，干燥时呈硬块或细小鳞片状 |
| 10 | K29+000 | 呈黄褐色、夹白色，混有粗砂粒、碎石，湿水后呈黏泥巴状，干燥时呈硬块状 |
| 11 | K32+660 | 呈灰色、黄色、白色，呈细小鳞片状，手摸有较粗的砂粒，有滑腻感 |
| 12 | K33+720 | 呈灰色、黄色、白色，呈细小鳞片状，手摸有较粗的砂粒，有滑腻感 |
| 13 | K33+780 | 呈灰色、黄色、白色，呈细小鳞片状，手摸有较粗的砂粒，有滑腻感 |
| 14 | K34+900 | 呈黄褐色、白色，混有粗砂粒、碎石，湿水后呈黏泥巴状，干燥时呈硬块状 |
| 15 | K35+000 | 呈黄褐色、白色，夹杂有粗砂粒、碎石，湿水后呈黏泥巴状，干燥时呈硬块状 |
| 16 | K35+320 | 呈黄褐色、白色杂色，手摸有粗砂粒，湿水后呈黏泥巴状，干燥时呈硬块状 |
| 17 | K35+400 | 呈黄褐色、白色杂色，手摸有粗砂粒，湿水后呈黏泥巴状，干燥时呈硬块状 |
| 18 | K35+540 | 呈黄褐色、白色杂色，手摸有粗砂粒 |
| 19 | K35+600 | 呈黄褐色、白色杂色，手摸有粗砂粒 |
| 20 | K36+500 | 呈黄褐色、白色杂色，手摸有粗砂粒，见不到层理和节理，呈细小鳞片状 |
| 21 | K36+600 | 呈黄褐色、白色杂色，手摸有粗砂粒，见不到层理和节理，呈细小鳞片状 |
| 22 | K41+600 | 呈肉红色，夹零星灰白色，肉红色土手摸有很细的砂粒，灰白色土有滑腻感，湿水后呈黏泥巴状，干燥时呈硬块状 |
| 23 | K41+700 | 呈肉红色，夹零星灰白色，肉红色土手摸有很细的砂粒，灰白色土有滑腻感，湿水后呈黏泥巴状，干燥时呈硬块状 |
| 24 | K93+900 | 呈灰褐色，有滑腻感，湿水后呈黏泥巴状，干燥时呈硬块状，夹较粗的碎砾石颗粒 |
| 25 | K94+020 | 呈灰褐色，有滑腻感，湿水后呈黏泥巴状，干燥时呈硬块状，夹较粗的碎砾石颗粒 |
| 26 | K94+700 | 呈灰褐色，湿水后呈黏泥巴状，干燥时呈硬块状，夹较粗的碎砾石颗粒 |
| 27 | K94+800 | 呈灰褐色，浸水后呈黏泥巴状，干燥时呈硬块状，夹较粗的碎砾石颗粒 |
| 28 | K95+960 | 呈褐色，土样浸水后呈黏泥巴状，干燥呈散状、硬块状 |
| 29 | K95+980 | 呈褐色，土样浸水后呈黏泥巴状，干燥呈散状、硬块状 |
| 30 | ZK0+130 | 扰动红黄色散土 |
| 31 | ZK0+200 | 扰动红黄色散土 |
| 32 | YK0+130 | 扰动红黄色散土 |

# 1.2 膨胀土的判别

## 1.2.1 判别方法和依据

膨胀土所表现出的胀缩变形特性主要取决于组成它的黏土矿物成分、物理和化学特性以及结构类型，同时受含水率和干密度以及水文、气候、地质、地貌、地理等外部条件影响。因此从不同角度研究膨胀土的变形特性，是决定采用物理方法还是化学方法对膨胀土进行改良、处治的关键，也是膨胀土边坡工程设计、防治膨胀土路基病害的依据。

土的液限是指土由可塑状态到流动状态的界限含水率，塑限是指土由半固态转到可塑状态的界限含水率。液限和塑性指数不仅反映了膨胀土黏土矿物成分、胶粒含量、化学成分和交换阳离子成分等，也反映了膨胀土黏土颗粒的亲水特征，以及黏粒与水的相互作用程度。黏土的液限、塑性指数等指标值越大，反映了黏土膨胀性越强。由于膨胀土的亲水性黏土矿物主要是蒙脱石，含有较多的细小黏土颗粒成分，一般表现出液限较高、塑限较低等特点。由此可见，通过对土样的液限、塑限的测定，可定性判断黏性土的膨胀潜势。自由膨胀率与黏土的矿物成分、胶粒的含量、化学成分和交换阳离子成分、含水率等密切相关。自由膨胀率是指烘干的松散土粒，分别自由堆积在水、空气中的体积之差，与自由堆积在空气中的体积之比，即黏土土样膨胀稳定后的体积增量与原体积之比。该指标用以判断松散土粒在水中的膨胀特性，初步判断黏土胀缩特性。自由膨胀率与液限相配合，在膨胀土的判别中可得到满意的结果。标准吸湿含水率是指在标准温度20℃、标准相对湿度60%的条件下，膨胀土试样恒重后的含水率。有研究表明，标准吸湿含水率与黏土的比表面积、阳离子交换量、蒙脱石含量等指标线性相关。

目前，国内外尚无统一的膨胀土判别指标和方法。根据工程实践经验、工程地质特征等，自由膨胀率和液限两项指标都大于40%的黏性土，可初判为膨胀土。然后根据土样的自由膨胀率、标准吸湿含水率、塑性指数三项指标进行详判。在工程实践中，膨胀土判别一般分为两个步骤：第1步是测定土样的液限、塑限和自由膨胀率，进行初步判定；第2步测定土试样的标准吸湿含水率进行详判。如果标准吸湿含水率>2.5%，或者塑性指数>15%，即应判断为膨胀土。膨胀土分类依据见表1.3。

表1.3 膨胀土分类依据

| 分类指标 | 膨胀土类别 | | | |
|---|---|---|---|---|
| | 非 | 弱 | 中 | 强 |
| 自由膨胀率/% | <40 | 40~60 | 60~90 | ≥90 |
| 标准吸湿含水率/% | <2.5 | 2.5~4.8 | 4.8~6.8 | ≥6.8 |
| 塑性指数/% | <15 | 15~28 | 28~40 | ≥40 |

注："非""弱""中""强"分别指非膨胀土、弱膨胀土、中膨胀土和强膨胀土。

## 1.2.2　膨胀土判别结果

膨胀土的判别指标包括（1）液限、塑限；（2）自由膨胀率；（3）标准吸湿含水率。试验方法依据：《公路土工试验规程》（JTG E40—2007）T0118—2007、T0124—1993、T0172—2007。判别依据：《公路路基设计规范》（JTG D30—2004）。判别结果见表1.4。

**表 1.4　膨胀土判别结果**

| 土样号 | 取样地点 | 自由膨胀率 $F_s$/% | 标准吸湿含水率/% | 塑性指数 $I_p$/% | 判别结果 |
|---|---|---|---|---|---|
| 1 | K12+000 | 49.0 | 4.9 | 21.0 | 弱 |
| 2 | K12+100 | 41.0 | 2.8 | 18.1 | 弱 |
| 3 | K12+500 | 42.0 | 2.6 | 15.1 | 弱 |
| 4 | K17+500 | 53.0 | 3.1 | 15.2 | 弱 |
| 5 | K21+000 | 52.0 | 2.7 | 18.4 | 弱 |
| 6 | K21+100 | 40.2 | 2.6 | 16.1 | 弱 |
| 7 | K24+400 | 42.5 | 4.2 | 22.4 | 弱 |
| 8 | K24+700 | 48.9 | 4.1 | 23.0 | 弱 |
| 9 | K28+980 | 55.0 | 4.9 | 40.6 | 中 |
| 10 | K29+000 | 53.0 | 4.9 | 38.9 | 中 |
| 11 | K32+660 | 61.5 | 6.2 | 26.3 | 中 |
| 12 | K33+720 | 44.0 | 3.5 | 16.9 | 弱 |
| 13 | K33+780 | 41.2 | 3.7 | 17.0 | 弱 |
| 14 | K34+900 | 45.0 | 4.7 | 22.1 | 弱 |
| 15 | K35+000 | 42.6 | 4.6 | 16.2 | 弱 |
| 16 | K35+320 | 47.5 | 4.1 | 15.6 | 弱 |
| 17 | K35+400 | 48.5 | 3.2 | 13.3 | 弱 |
| 18 | K35+540 | 49.0 | 5.2 | 14.0 | 弱 |
| 19 | K35+600 | 42.0 | 4.9 | 16.1 | 弱 |
| 20 | K36+500 | 41.0 | 5.3 | 17.2 | 弱 |
| 21 | K36+600 | 46.0 | 5.4 | 18.5 | 弱 |
| 22 | K41+600 | 44.5 | 4.4 | 25.7 | 弱 |
| 23 | K41+700 | 51.6 | 4.9 | 39.6 | 中 |
| 24 | K93+900 | 40.8 | 4.0 | 25.3 | 弱 |
| 25 | K94+020 | 40.7 | 4.7 | 27.3 | 弱 |
| 26 | K94+700 | 40.1 | 4.7 | 15.2 | 弱 |
| 27 | K94+800 | 40.8 | 2.6 | 14.9 | 弱 |
| 28 | K95+960 | 43.1 | 4.0 | 20.7 | 弱 |
| 29 | K95+980 | 40.7 | 4.7 | 27.3 | 弱 |

| 土样号 | 取样地点 | 自由膨胀率 $F_s$/% | 标准吸湿含水率/% | 塑性指数 $I_p$/% | 判别结果 |
|---|---|---|---|---|---|
| 30 | ZK0+130 | 42.0 | 4.0 | 13.1 | 弱 |
| 31 | ZK0+200 | 46.0 | 3.8 | 15.2 | 弱 |
| 32 | YK0+130 | 59.0 | 4.2 | 15.4 | 弱 |

# 1.3　膨胀土物理力学指标

## 1.3.1　试验项目

（1）试验项目

将判定为膨胀土的土试样，开展标准重型击实试验、直剪、无荷膨胀率和 50kPa 有荷膨胀率等试验。试样项目具体包括土样的采集、运输、保管；土样试样制备；土样含水率；土样颗粒分析；界限含水率；标准重型击实试验；标准吸湿含水率；直剪试验；自由膨胀率；无荷膨胀率；50kPa 有荷膨胀率等。

（2）试验依据

上述试验的依据分别为《公路土工试验规程》（JTG E40—2007）T0101—2007、T0102—2007、T0103—1993、T0115—1993、T0118—2007 和 T0119—1993、T0131—2007、T0172—2007、T0142—1993、T0124—1993、T0125—1993、T0126—1993。

（3）试验结论

① 自由膨胀率与液限相配合，并结合标准吸湿含水率等指标，对判别膨胀土可得到满意的结果。采用干燥缸试验法测定土样的标准吸湿含水率，其优点是可以准确控制湿度，试验温度则由室温控制。

② 含水率试验采用烘干法，烘干法精度高、应用广，烘干温度为 105～110℃，烘干时间为 8～10h。测定土试样天然含水率注意两个方面：一是采集、运输和保管土试样过程中的含水率的恒定；二是土试样烘干后应立即称重，否则其含水率试验结果将有 3%～5% 的误差。

③ 在土试样液限、塑限试验中，密实度控制系数（任意含水率下干密度土体的干密度与饱水时干密度之比）设为 0.95。根据压密理论，最佳含水率一般等于或略大于塑限，此时土的状态不再符合土力学理论中关于土的可塑性的定义。此时，圆锥与土体将产生剪切与压密的综合作用，土试样密度将对圆锥入土深度产生影响，而密实度控制系数控制为 0.95～1.0 时，圆锥入土深度与土样含水率呈对数线性关系，这也是控制土样试验密实度对圆锥入土深度影响的标准。

④ 土试样制备对液限、塑限试验结果影响较大。一般制备 3 个土试样，其含水率分别接近液限、塑限、液限与塑限之间。其中接近塑限的含水率对液限塑限试验结果影响最大。采用滚搓法［《公路土工试验规程》（JTG E40—2007）T0119—1993］对土试

样的塑限试验结果进行校核。

⑤ 采用湿土法标准重型击实试验。湿土法即采集 5 个高含水率土样，每个土样质量 3kg 左右，按施工时能进行碾压的最高含水率（如 20%）为基准，其中 3 个土样晾干后的含水率小于此值（如 15%、17%、19% 等），另外 2 个土样的含水率大于此值（如 21%、23% 等）。轻型和重型击实试验结果表明，土试样的最佳含水率较为接近，但轻型击实试验的最大干密度小于重型击实试验，且误差较大。

⑥ 自由膨胀率试验具有方法简单易行、便于室内大量试验、出成果较快等优点。但土样的制备、量筒容积对试验结果有较大的影响。在土试样制备中，首先是土工筛的孔径，本试验以 0.5mm 筛作为标准，采用四分法和标准烘干法（烘干温度为 105～110℃）制备试样土样。

⑦ 在无荷膨胀率试验中，土样尺寸、土样的初始状态对试验结果影响较大。本试验选用 6h 内变形不超过 0.01mm 作为稳定标准。在有荷膨胀率试验，采用 2h 内读数差不超过 0.01mm 作为稳定标准。

## 1.3.2　试验结果

部分膨胀土土样的物理力学指标试验结果汇总于表 1.5。

表 1.5　部分膨胀土土样的物理力学指标汇总表

| 土样号 | 天然含水率 /% | 最大干密度 /(g/cm³) | 最佳含水率 /% | $c$ /kPa | $\varphi$ /(°) | 无荷膨胀率 /% | 50kPa 有荷膨胀率 /% |
|---|---|---|---|---|---|---|---|
| 1 | 19 | 1.81 | 21 | 68.32 | 15.32 | 2.37 | 0.94 |
| 3 | 19 | 1.83 | 20 | 67.02 | 16.00 | 3.02 | 1.00 |
| 4 | 18 | 1.85 | 20 | 64.22 | 16.26 | 3.38 | 1.21 |
| 6 | 21 | 1.83 | 23 | 49.91 | 18.93 | 7.6 | 0.91 |
| 7 | 24 | 1.83 | 22 | 49.20 | 17.90 | 7.5 | 0.90 |
| 8 | 27 | 1.85 | 23 | 48.48 | 16.42 | 8.1 | 0.86 |
| 9 | 24 | 1.75 | 17 | 106.57 | 10.62 | 9.34 | 0.76 |
| 10 | 24 | 1.83 | 20 | 98.23 | 12.63 | 10.02 | 0.98 |
| 11 | 25 | 1.86 | 24 | 51.92 | 19.07 | 12.5 | 2.32 |
| 12 | 24 | 1.84 | 23 | 80.22 | 20.12 | 11.4 | 1.56 |
| 13 | 24 | 1.71 | 21 | 79.35 | 21.31 | 10.3 | 1.01 |
| 15 | 22 | 1.84 | 21 | 64.90 | 16.10 | 3.21 | 0.67 |
| 16 | 23 | 1.86 | 20 | 65.09 | 15.98 | 3.10 | 0.87 |
| 19 | 22 | 1.81 | 23 | 50.32 | 17.03 | 2.10 | 1.02 |
| 20 | 21 | 1.79 | 22 | 40.82 | 23.56 | 8.1 | 1.52 |
| 21 | 22 | 1.78 | 21 | 60.56 | 18.03 | 6.1 | 1.35 |

| 土样号 | 天然含水率/% | 最大干密度/（g/cm³） | 最佳含水率/% | $c$/kPa | $\varphi$/（°） | 无荷膨胀率/% | 50kPa有荷膨胀率/% |
|---|---|---|---|---|---|---|---|
| 23 | 20 | 1.78 | 18 | 68.92 | 47.59 | 7.0 | 1.30 |
| 25 | 19 | 1.72 | 19 | 66.34 | 30.52 | 2.19 | 0.85 |
| 29 | 23 | 1.88 | 20 | 68.55 | 20.32 | 1.08 | 0.87 |
| 31 | 24 | 1.68 | 19 | 70.32 | 24.67 | 3.98 | 0.92 |

# 1.4　膨胀土无荷膨胀特性

本节针对益娄高速公路路基膨胀土的无荷膨胀特性开展研究。通过研究膨胀土的初始干密度、初始含水率与无荷膨胀率之间的关系，研究膨胀土的初始状态对无荷膨胀率的影响，为后续试验中的土样制作提供依据。研究表明：在一定的初始含水率条件下，膨胀土无荷膨胀率随土试样干密度增大而增大；在土试样一定的干密度条件下，土试样的无荷膨胀率随初始含水率增大而减小，并且建立了膨胀土无荷膨胀率与时间的函数模型，给出了模型参数。

## 1.4.1　研究思路

将取自益娄高速膨胀土土样，开展重塑土无荷膨胀率试验：

（1）通过设定不同的含水率、干密度，研究膨胀土土样的初始状态对膨胀土的无荷膨胀率的影响规律；

（2）分析土体的初始状态（包括初始含水率、初始干密度）对膨胀土无荷膨胀率的影响，为后续试验中的土试样制作提供相应的指标；

（3）在此基础上，分析膨胀土的初始状态对膨胀土无荷膨胀的时程影响，建立膨胀土无荷膨胀率与时间的函数关系模型，并且拟合模型参数。

## 1.4.2　初始状态对无荷膨胀率的影响

无荷膨胀率试验所用的膨胀土试验土样为10号土样。该土样的物理力学指标见表1.2、表1.4以及表1.5。

膨胀土土样的初始含水率设定为：14%、16%、18%、20%、22%；膨胀土土样干密度设定为：1.4g/cm³、1.5g/cm³、1.6g/cm³、1.7g/cm³、1.8g/cm³。无荷膨胀率试验数据采集时间为注水后10min，时间段为2h、24h、48h、72h后，每2h的读数差不超过0.01mm。

通过无荷膨胀率试验，得到以下结论：

（1）膨胀土无荷膨胀率随土试样初始含水率增大而降低，如图1.2所示。当土体初始含水率一定时，膨胀土无荷膨胀率随着干密度增大而增大，如图1.3所示。当土体干

密度 $\rho$ 越低时，曲线变化越平缓，膨胀土无荷膨胀率越小；随着土体干密度 $\rho$ 的增加，曲线变化幅度增大，膨胀土的无荷膨胀率渐渐增大。

（2）膨胀土试样初始含水率增大可减小其无荷膨胀率；而膨胀土试样的初始干密度越大，其无荷膨胀率越大。

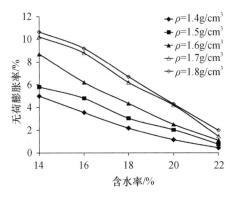

图 1.2　初始含水率对无荷膨胀率的影响

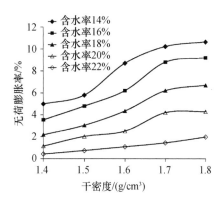

图 1.3　初始干密度对无荷膨胀率的影响

### 1.4.3　无荷膨胀模型

试验表明：在一定的干密度条件下，膨胀土试样的无荷膨胀率与初始含水率之间呈现出较好的线性关系；在一定的含水率条件下，膨胀土试样的无荷膨胀率与初始干密度也呈现出较好的线性关系。因此，土试样的初始含水率、初始干密度与其无荷膨胀率之间关系表示为

$$\delta = 10.298 w_0 - 81.665 \rho_0 + 8.501 \tag{1.1}$$

式中：$\delta$ 为土试样无荷膨胀率，%；$w_0$ 为土试样初始含水率，%；$\rho_0$ 为土试样初始干密度，g/cm³。

### 1.4.4　初始状态对膨胀时程的影响

无荷膨胀时程曲线如图 1.4 所示。

（1）试验初始阶段，膨胀土试样体积膨胀迅速，无荷膨胀率增大明显并且增长速度较快，之后无荷膨胀率的增长速度变缓慢。分析无荷膨胀时程曲线，可以明显观察到有 3 个阶段：快速、减速和稳定阶段。

（2）土试样初始含水率越小，时程曲线的上述 3 个阶段越明显，尤其是快速膨胀阶段。但是随着土试样初始含水率的增加，其无荷膨胀率曲线趋于平缓，上述 3 个阶段渐渐变得不很明显。

（3）土试样初始含水率显著影响其无荷膨胀达到稳定的时间。含水率为 22% 的膨胀土试样，24h 后的无荷膨胀量占总膨胀量小于 80%，48h 后土试样的无荷膨胀率才基本达到稳定阶段。

（4）膨胀土无荷膨胀率随时间变化的关系曲线，如图 1.4 所示。土试样的无荷膨胀率 $\delta$ 随时间 $t$ 而逐渐增大，最终达到稳定。两者采用半对数函数拟合，其回归方程为

$$\delta=a\ln t+b \tag{1.2}$$

式中 $a$、$b$——试验常数。

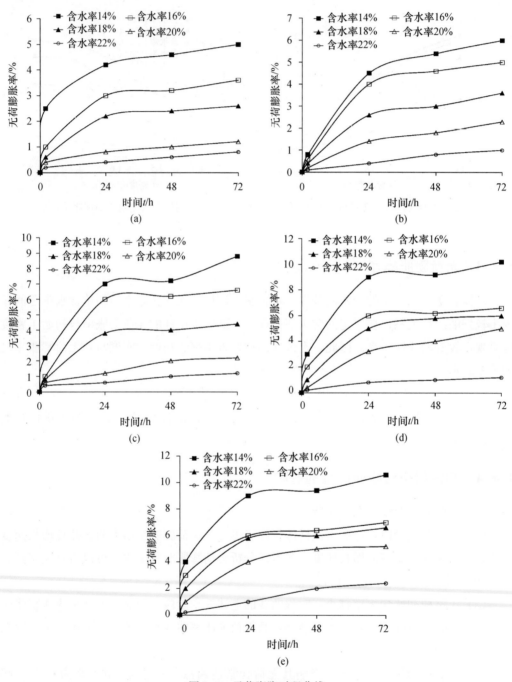

图 1.4　无荷膨胀时程曲线

(a) 干密度 1.4g/cm³；(b) 干密度 1.5g/cm³；

(c) 干密度 1.6g/cm³；(d) 干密度 1.7g/cm³；(e) 干密度 1.8g/cm³

以干密度 $1.6g/cm^3$ 为例，根据图 1.4，参数 $a$、$b$ 拟合结果见表 1.6。

参数 $a$、$b$ 与土样含水率的关系，可分别表示为

$$a=-0.1605w+3.6610, \quad b=-0.2345w+5.4370 \tag{1.3}$$

表 1.6　参数 $a$、$b$ 拟合结果

| 土样初始含水率/% | 参数 | |
|---|---|---|
| | $a$ | $b$ |
| 14 | 1.44 | 2.04 |
| 16 | 1.08 | 1.89 |
| 18 | 0.76 | 1.18 |
| 20 | 0.41 | 0.66 |
| 22 | 0.17 | 0.31 |

## 1.5　膨胀土的压缩特性

本节研究益娄高速公路路基膨胀土的长期压缩特性，以寻找简便、切实可行的方法对膨胀土进行改良，为确定膨胀土最佳改良方案提供依据。

### 1.5.1　研究思路

将取自益娄高速膨胀土土样，开展重塑土长期一维固结试验：

（1）研究膨胀土试样次固结系数随初始含水率、初始干密度、固结压力的变化规律；

（2）研究干湿循环次数对膨胀土试样的长期压缩特性的影响；

（3）在试验研究的基础上，基于元件流变模型、遗传蠕变理论，建立膨胀土非线性流变模型。对于非线性流变模型，将膨胀土土体的流变分为三部分：线性黏弹性、线性黏塑性和非线性黏塑性等，并且采用有关理论对这三部分的性质进行描述。

### 1.5.2　一维长期固结试验

（1）土样及制备

本试验所用的膨胀土试样取自益娄高速公路 K32＋660 处，取土深度为地表以下 1.5m 处，为中膨胀土，其基本物理指标见表 1.7。

表 1.7　土样物理性质试验结果

| 天然含水率/% | 密度/$g/cm^3$ | 孔隙率/% | 土粒相对密度 | 液限/% | 塑限/% | 最佳含水率/% |
|---|---|---|---|---|---|---|
| 25 | 1.75 | 0.72 | 2.76 | 60 | 33.7 | 24 |
| 最大干密度/$(g/cm^3)$ | 自由膨胀率/% | 标准吸湿含水率/% | $c$/kPa | $\varphi$/(°) | 无荷膨胀率/% | 50kPa 有荷膨胀率/% |
| 1.86 | 61.5 | 6.2 | 51.92 | 19.07 | 12.5 | 2.32 |

将膨胀土试样烘干碾散，过 0.5mm 孔径的筛进行筛分。根据试验要求配置成含水率分别为 14%、16%、18%、20%、22%，干密度分别为 1.8g/cm³、1.7g/cm³、1.6g/cm³、1.5g/cm³、1.4g/cm³ 的土样。土样密封闷料 24h 后，压成土饼再环刀取样，制成表面积 30cm²、高 2cm 的试件。

（2）试验设备

采用 GDJ-800 三联低压固结仪开展长期一维固结试验，固结仪如图 1.5 所示。试验过程中人工采集相关数据。

本试验土试样总计 25 个，采用分级加载方式，加载等级为 25kPa→50kPa→100kPa→200kPa→300kPa→400kPa→600kPa→800kPa，其中在固结压力为 25～100kPa 时各保载 24h，200～800kPa 时的每一级荷载都持续加载 7d。

图 1.5　GDJ-800 三联低压固结仪

### 1.5.3　膨胀土的次固结特性

（1）初始含水率对次固结系数的影响

对于不同含水率的膨胀土土样，其 $e$-$\lg t$ 曲线如图 1.6～图 1.10 所示。膨胀土试样的次固结系数 $C_a$ 试验结果见表 1.8。对于不同干密度的膨胀土土样，其初始含水率 $W$ 对土试样次固结系数 $C_a$ 的影响规律，如图 1.11 所示。图中时间 $t$ 的单位为 min。

根据试验结果，膨胀土土样的 $e$-$\lg t$ 曲线上出现直线段，即开始出现次固结的时间在 200～500min 的时间段。土样含水率对次固结系数的影响有以下特性：

①膨胀土土样的次固结系数随土样初始含水率增大而增大；②当含水率超过 20% 时，土试样次固结系数随其初始含水率线性增大；③次固结系数随土样含水率而增大的这种趋势不随固结压力、土样干密度而变化；④对于各级固结压力、不同土样的干密度，膨胀土土样的次固结系数与含水率 $C_a$-$w$ 的关系曲线形式近乎一致，也不随固结压力、土样干密度而变化。

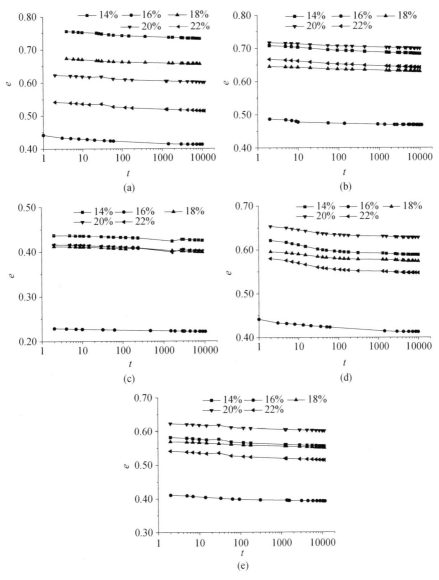

图 1.6　土样干密度 1.4g/cm³ 的 $e$-lg$t$ 曲线

（a）固结压力 200kPa；（b）固结压力 300kPa；

（c）固结压力 400kPa；（d）固结压力 600kPa；（e）固结压力 800kPa

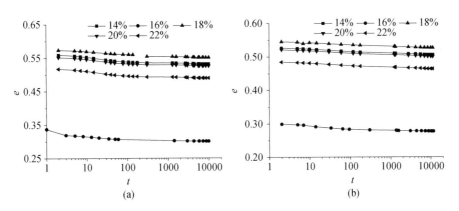

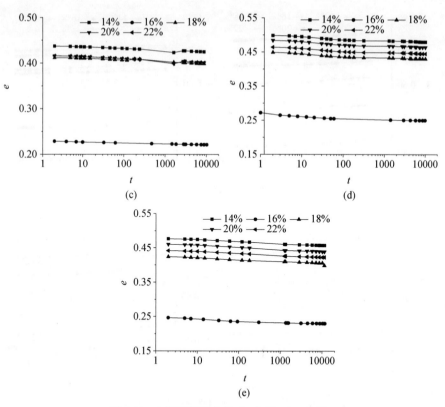

图 1.7　土样干密度 1.5g/cm³ 的 e-lgt 曲线

（a）固结压力 200kPa；（b）固结压力 300kPa；

（c）固结压力 400kPa；（d）固结压力 600kPa；（e）固结压力 800kPa

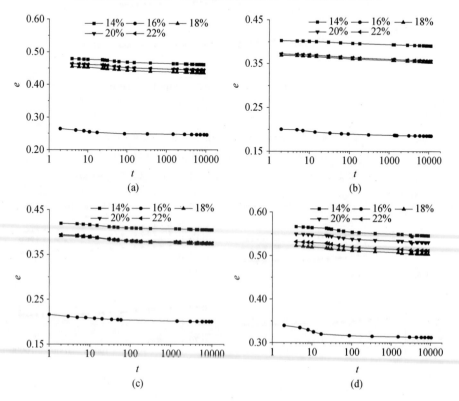

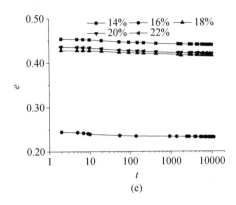

(e)

图 1.8　土样干密度 1.6g/cm³ 的 $e$-$\lg t$ 曲线

（a）固结压力 200kPa；（b）固结压力 300kPa；

（c）固结压力 400kPa；（d）固结压力 600kPa；（e）固结压力 800kPa

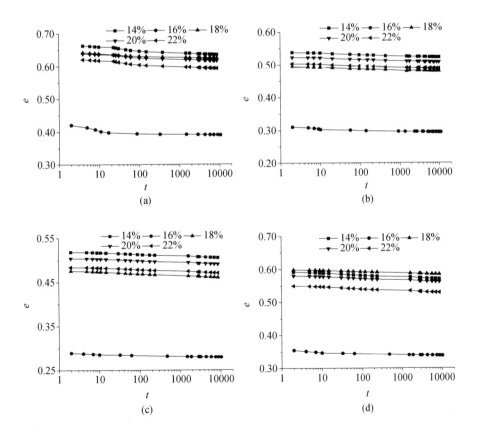

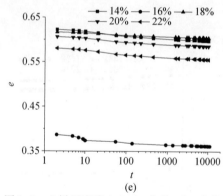

图 1.9　土样干密度 1.7g/cm³ 的 *e*-lg*t* 曲线

（a）固结压力 200kPa；（b）固结压力 300kPa；（c）固结压力 400kPa；

（d）固结压力 600kPa；（e）固结压力 800kPa

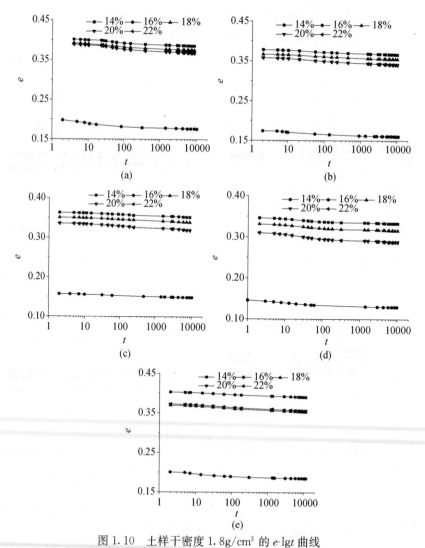

图 1.10　土样干密度 1.8g/cm³ 的 *e*-lg*t* 曲线

（a）固结压力 200kPa；（b）固结压力 300kPa；

（c）固结压力 400kPa；（d）固结压力 600kPa；（e）固结压力 800kPa

**表 1.8　膨胀土土样的次固结系数**　　　　　$\times 10^{-3}$

| 固结压力 /kPa | 土样含水率 /% | 土样干密度/g/cm³ | | | | |
|---|---|---|---|---|---|---|
| | | 1.4 | 1.5 | 1.6 | 1.7 | 1.8 |
| 200 | 14 | 1.67766 | 1.65599 | 1.63744 | 1.60343 | 1.58859 |
| | 16 | 1.88421 | 1.83940 | 1.78654 | 1.72364 | 1.66887 |
| | 18 | 2.28104 | 2.29975 | 2.19891 | 2.11220 | 2.06271 |
| | 20 | 3.08586 | 2.91865 | 2.90925 | 2.85732 | 2.69376 |
| | 22 | 3.86603 | 3.76082 | 3.67445 | 3.63542 | 3.51019 |
| 300 | 14 | 1.74774 | 1.74163 | 1.65582 | 1.66891 | 1.60486 |
| | 16 | 1.95126 | 1.92278 | 1.85339 | 1.80883 | 1.76187 |
| | 18 | 2.31103 | 2.27162 | 2.23231 | 2.18536 | 2.15786 |
| | 20 | 3.20017 | 3.14695 | 3.03481 | 2.96905 | 2.85006 |
| | 22 | 3.97738 | 3.93443 | 3.76686 | 3.71583 | 3.61538 |
| 400 | 14 | 1.80144 | 1.77852 | 1.73856 | 1.70045 | 1.65969 |
| | 16 | 2.02197 | 1.97316 | 1.92915 | 1.89038 | 1.85770 |
| | 18 | 2.35160 | 2.31278 | 2.25601 | 2.22393 | 2.21303 |
| | 20 | 3.26977 | 3.25028 | 3.15820 | 3.12564 | 3.02426 |
| | 22 | 4.13542 | 3.98203 | 3.87090 | 3.85646 | 3.80105 |
| 600 | 14 | 1.83943 | 1.74049 | 1.74393 | 1.72671 | 1.72282 |
| | 16 | 2.04477 | 2.00588 | 1.95537 | 1.92375 | 1.91553 |
| | 18 | 2.40851 | 2.35474 | 2.27056 | 2.2464 | 2.22621 |
| | 20 | 3.31332 | 3.26284 | 3.22249 | 3.14487 | 3.11185 |
| | 22 | 4.12249 | 4.06862 | 3.93069 | 3.94429 | 3.91880 |
| 800 | 14 | 1.85235 | 1.84103 | 1.75263 | 1.72829 | 1.72478 |
| | 16 | 2.05884 | 2.01050 | 1.95586 | 1.94371 | 1.93319 |
| | 18 | 2.44809 | 2.41497 | 2.29146 | 2.26735 | 2.25821 |
| | 20 | 3.31802 | 3.30718 | 3.20437 | 3.19385 | 3.16139 |
| | 22 | 4.23516 | 4.10276 | 4.00136 | 3.93106 | 3.91292 |

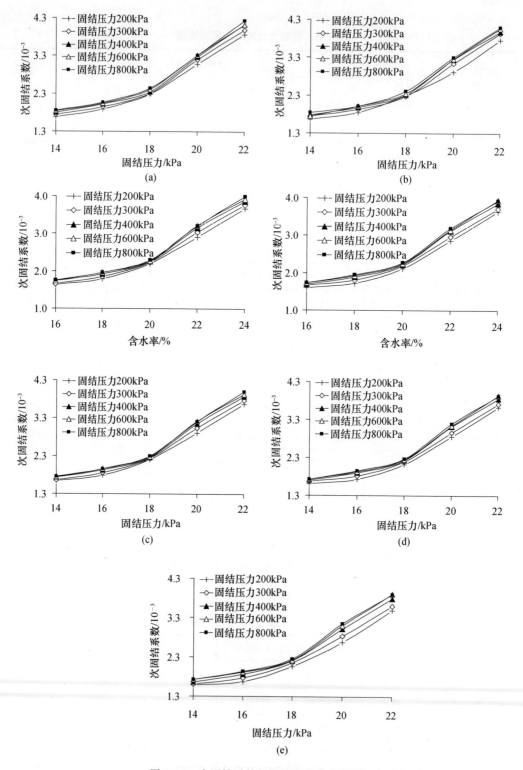

图 1.11 次固结系数与初始含水率的关系

(a) 土样干密度 1.4g/cm³；(b) 土样干密度 1.5g/cm³；

(c) 土样干密度 1.6g/cm³；(d) 土样干密度 1.7g/cm³；(e) 土样干密度 1.8g/cm³

（2）初始干密度对次固结系数的影响

次固结系数反映的是土体的孔隙比 $e$ 随时间对数 $\lg t$ 的变化关系。

根据表 1.8 数据，对于不同含水率的膨胀土试样，其初始干密度 $\rho_d$ 对次固结系数 $C_a$ 的影响规律，如图 1.12 所示。

对于不同干密度的膨胀土土样，其 $e\text{-}\lg t$ 曲线如图 1.13～图 1.17 所示。

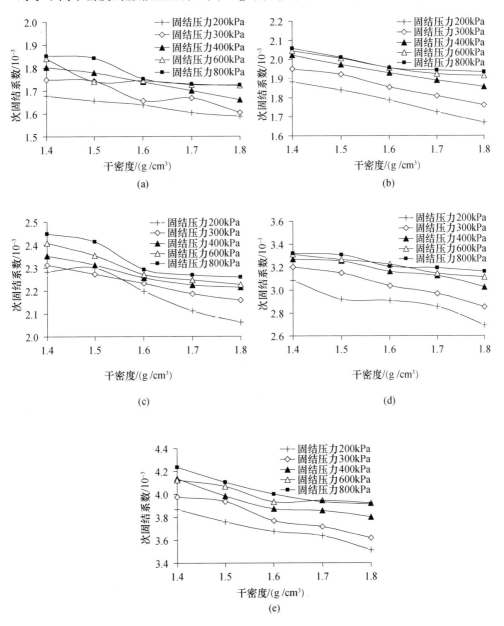

图 1.12　膨胀土次固结系数与干密度的关系

（a）土样含水率 16%；（b）土样含水率 18%；

（c）土样含水率 20%；（d）土样含水率 22%；（e）土样含水率 24%

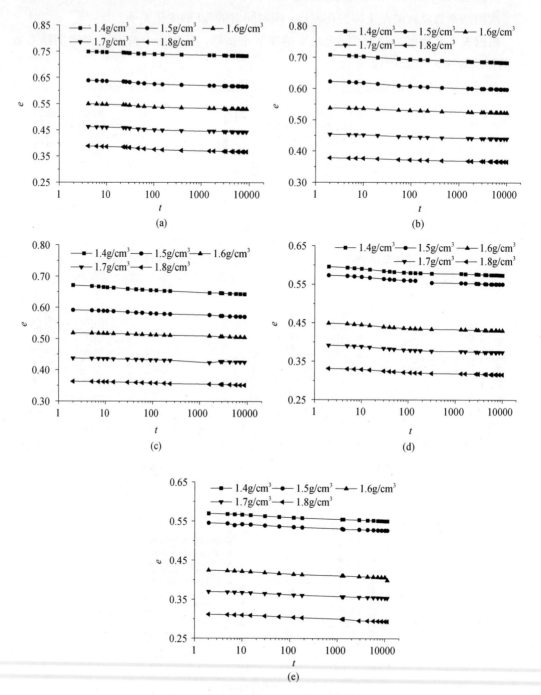

图 1.13　土样含水率 14% 的 $e$-$\lg t$ 曲线

(a) 固结压力 200kPa；(b) 固结压力 300kPa；

(c) 固结压力 400kPa；(d) 固结压力 600kPa；(e) 固结压力 800kPa

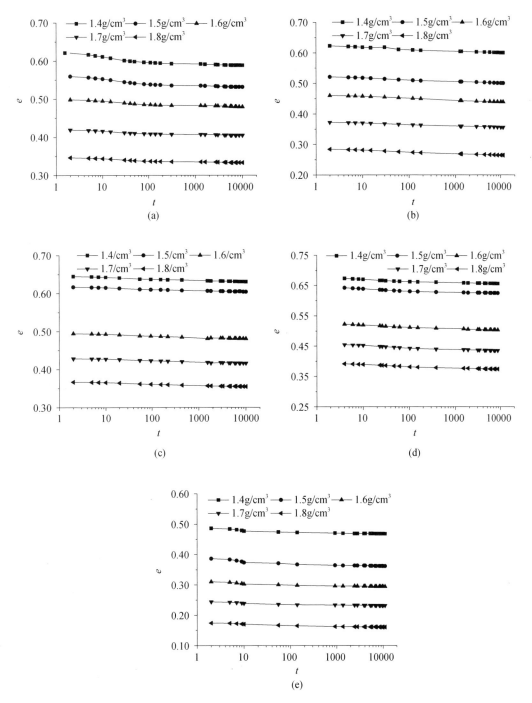

图 1.14　土样含水率 16% 的 $e\text{-}\lg t$ 曲线

（a）固结压力 200kPa；（b）固结压力 300kPa；

（c）固结压力 400kPa；（d）固结压力 600kPa；（e）固结压力 800kPa

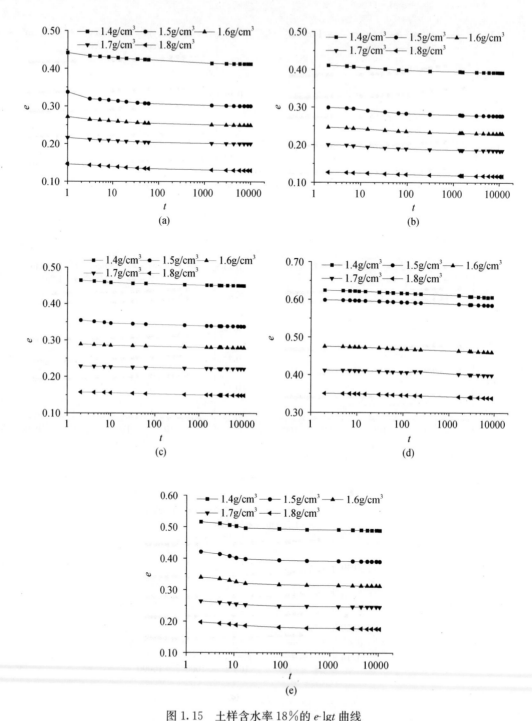

图 1.15  土样含水率 18％的 $e$-$\lg t$ 曲线

（a）固结压力 200kPa；（b）固结压力 300kPa；
（c）固结压力 400kPa；（d）固结压力 600kPa；（e）固结压力 800kPa

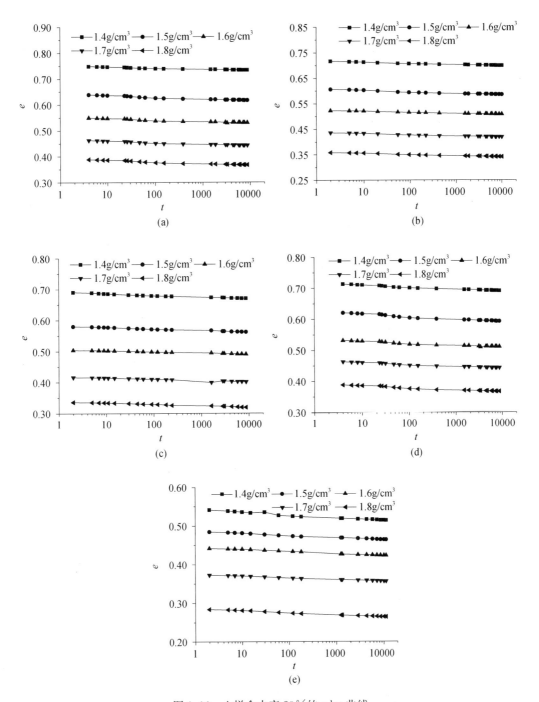

图 1.16 土样含水率 20% 的 $e$-$\lg t$ 曲线

(a) 固结压力 200kPa；(b) 固结压力 300kPa；

(c) 固结压力 400kPa；(d) 固结压力 600kPa；(e) 固结压力 800kPa

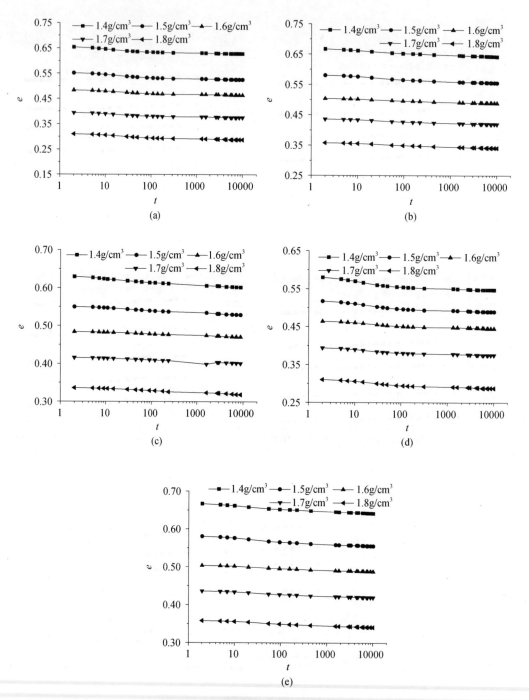

图 1.17　土样含水率 22% 的 $e$-lg$t$ 曲线

（a）固结压力 200kPa；（b）固结压力 300kPa；

（c）固结压力 400kPa；（d）固结压力 600kPa；（e）固结压力 800kPa

根据试验结果，得到以下结论：

① 在固结压力相同的条件下，不同干密度的膨胀土土样的 $e$-lg$t$ 曲线近似平行，也

就是说，对于同一个土样，无论其初始干密度多大，在某一级固结压力作用下，$e$-lg$t$曲线形式大致相同。也即在相同的固结压力条件下，不同初始干密度的土试样，其次固结系数基本相同。此时，土样的初始干密度对膨胀土的次固结系数影响较小。

② 不同初始干密度的土试样的 $e$-lg$t$ 曲线后段直线部分的斜率，随固结压力增大而显著增大，即土体的次固结系数随固结压力而增大，说明固结压力对膨胀土次固结系数产生较大影响。

③ 在不同的固结压力下，膨胀土次固结系数随初始干密度增大而减小。当固结压力不大于 400kPa 时，次固结系数与干密度 $C_a$-$\rho_d$ 关系曲线总体来说呈现线性关系。当固结压力大于 400kPa 时，$C_a$-$\rho_d$ 关系曲线呈现非线性关系。

④ 通过对比受固结压力影响曲线的直线段斜率、受初始干密度影响曲线的直线段斜率，前者大于后者，说明固结压力对膨胀土次固结系数的影响大于初始干密度对膨胀土次固结系数的影响。

⑤ 根据 $C_a$-$\rho_d$ 关系曲线可以看出，不同初始干密度情况下土试样的 $C_a$-$\rho_d$ 曲线形式是相同的。在固结压力较小的条件下，膨胀土的次固结系数增长速度较快；随着固结压力的增大，膨胀土试样的次固结系数增长趋势趋于平缓，最终趋于某一常数，并且土试样的初始干密度越小，该数值则越大。

（3）固结压力对膨胀土次固结系数的影响

以干密度 1.8g/cm³ 的土样为例，其不同含水率下的 $e$-lg$t$ 曲线如图 1.18 所示。

根据表 1.8 数据，对于不同含水率的膨胀土土样，固结压力对膨胀土试样的次固结系数 $C_a$ 的影响规律，如图 1.19 所示。

根据 $e$-lg$t$ 曲线，总体上 $e$-lg$t$ 曲线都比较光滑，但某些土样的 $e$-lg$t$ 曲线中的孔隙比有突变，这种现象基本发生在固结压力为 200～400kPa 的压力段。

根据试验结果，膨胀土试样次固结系数随固结压力而增大。膨胀土次固结系数与固结压力的关系曲线基本相同，不随土样的含水率、干密度而变化。当固结压力不大于 400kPa 时，这种增大的趋势较明显，而当固结压力超过 400kPa 时，这种增大的趋势则变缓，最终可达到某个定值，并且初始干密度越小，此定值越大。

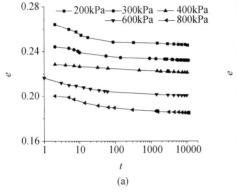

(a)

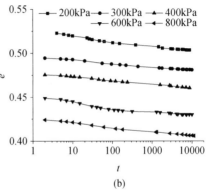

(b)

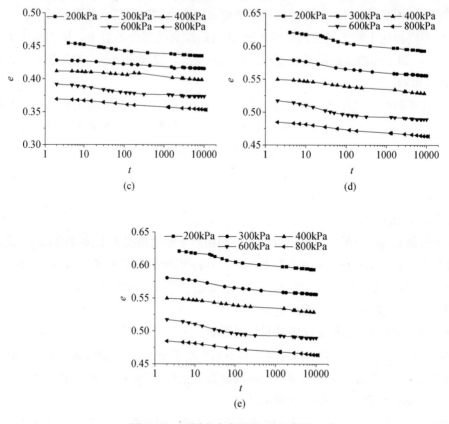

图 1.18　不同含水率下的 $e$-lg$t$ 曲线

（a）土样含水率 14％；（b）土样含水率 16％；

（c）土样含水率 18％；（d）土样含水率 20％；（e）土样含水率 22％

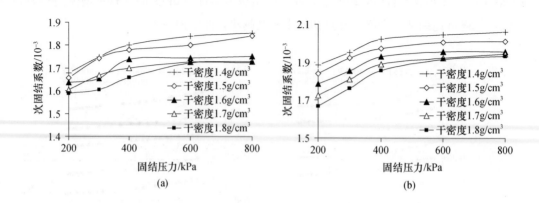

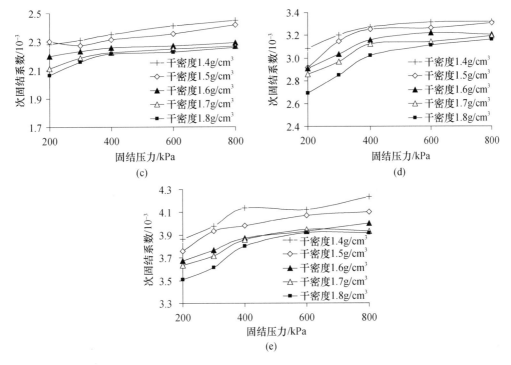

图 1.19  次固结系数与固结压力的关系

（a）土样含水率 16％；（b）土样含水率 18％；

（c）土样含水率 20％；（b）土样含水率 22％；（e）土样含水率 24％

## 1.5.4  干湿循环条件下长期压缩特性

本节选取干密度为 1.8g/cm³、含水率为 18％的膨胀土制作试验土样。试验所用的膨胀土，以及一维长期压缩试验方法等，与 1.5.2 节相同。土样试件的干湿循环次数设定为 2、4、6、8、10 次。

干湿循环条件下膨胀土的 $e$-lg$t$ 曲线如图 1.20 所示。膨胀土的干湿循环次数与其次固结系数的关系，如图 1.21 所示。

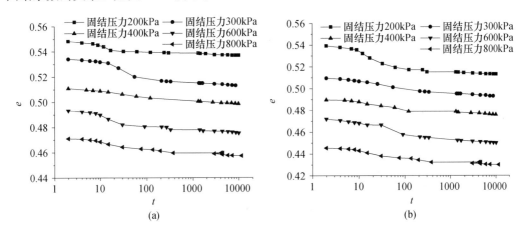

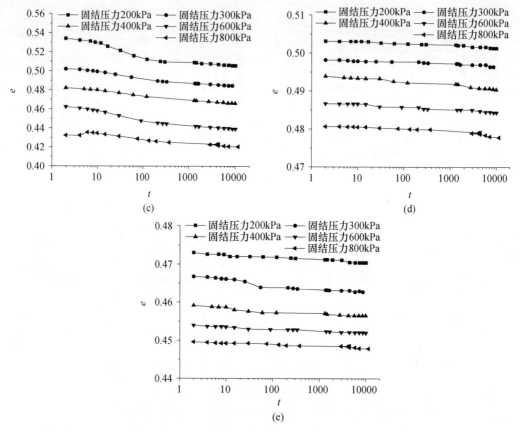

图 1.20　干湿循环条件下膨胀土的 $e$-$\lg t$ 曲线

（a）干湿循环 2 次；（b）干湿循环 4 次；

（c）干湿循环 6 次；（d）干湿循环 8 次；（d）干湿循环 10 次

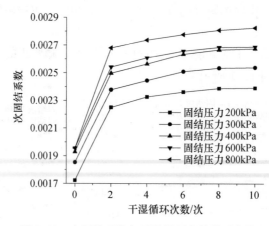

图 1.21　次固结系数与干湿循环次数关系曲线

　　膨胀土的次固结系数随干湿循环次数而显著增大，并且趋于某个定值，表现出对数函数关系，即

$$C_a = a + b \log_c (d+n) \tag{1.4}$$

式中，$C_a$ 为次固结系数；$n$ 为干湿循环次数；$a$、$b$、$c$、$d$ 为试验拟合参数。

## 1.6  膨胀土的次固结流变本构模型

根据次固结系数 $C_a$ 的定义：$C_a = \dfrac{e_0 - e_i}{\lg t_i - \lg t_0}$，并且根据 $e_i = e_0 - (1+e_0) s_i$，可得到

$$C_a = \frac{(1+e_0) s_i}{\lg t_i - \lg t_0} \tag{1.5}$$

式中，$e_0$ 为 $t_0$ 时刻土体的初始孔隙比；$e_i$ 为 $t_i$ 时刻的土体孔隙比；$s_i$ 为 $t_i$ 时刻的土体压缩量。

再根据 $e_0 = \dfrac{\rho_s (1+0.01 w_0)}{\rho_0} - 1$、$\rho_0 = \rho_d (1+0.01 w_0)$，可得到

$$C_a = \frac{\rho_s}{\rho_d} \frac{1}{\lg t_i - \lg t_0} s_i \tag{1.6}$$

式中，$\rho_s$ 为土粒密度；$\rho_d$ 为土样干密度。

通过上述试验，可得到膨胀土次固结系数与固结压力 $p$ 的函数关系，即

$$C_a = f (p_i) \tag{1.7}$$

于是可得到

$$f (p_i) = \frac{\rho_s}{\rho_d} \frac{1}{\lg t_i - \lg t_0} s_i \tag{1.8}$$

也即

$$s_i = \frac{\rho_d}{\rho_s} \lg \frac{t_i}{t_0} f (p_i) \tag{1.9}$$

式（1.9）实际上表明了，膨胀土的次固结阶段的压缩沉降量与时间、固结压力之间的关系是膨胀土的次固结流变本构方程。

## 1.7  本章小结

（1）本章对益娄高速沿线膨胀土分布情况进行了详细调研，对取回的膨胀土土样开展了一系列的室内试验，测定其相关的物理力学指标，并且对土样的膨胀潜势进行了分类。

（2）膨胀土的初始状态（初始干密度和含水率）对无荷膨胀率有较大的影响。通过研究为后续试验中的土样制作提供依据。

（3）通过一系列的一维长期固结试验，研究了膨胀土的次固结特性，建立了益娄高速膨胀土的次固结流变本构模型。

（4）分析了含水率、干密度、固结压力对膨胀土的次固结系数的影响规律。并且通过正交分析法，对上述三个参数的敏感性进行了分析。分析表明，膨胀土的含水率对其次固结系数影响最为敏感，其次为固结压力、干密度。

# 第 2 章　益娄高速公路路基膨胀土处治方法

## 2.1　概　　述

膨胀土对气候变化极为敏感，反复干湿循环会对膨胀土产生不可逆的胀缩变形。这种不可逆的胀缩变形使得膨胀土的强度逐渐衰减，最终导致强度失效而发生膨胀土工程灾害[1-3]。膨胀土具有显著的超固结性、胀缩性、裂隙性等特征[4]。反复的湿胀干缩会导致膨胀土体结构松散化、裂隙化[5]，从而引起膨胀土整体力学性质弱化，因此膨胀土体中的裂隙直接影响其强度、结构和工程特性[6]。由于原状膨胀土体中的裂隙大量发育，因此在我国又称为裂土[7]。

膨胀土的工程特性，主要取决于土体内部的黏土矿物成分，同时受到含水率、密度以及气候等外部因素的影响。因此，从不同角度研究膨胀土的变形特性，是决定采用物理方法或化学方法对膨胀土来进行改良和治理的关键，也是膨胀土地基处治，以及膨胀土路基的病害防治等的依据。

膨胀土体的吸水膨胀、失水收缩主要是因为土体中存在着蒙脱石、伊利石等亲水黏土矿物，而膨胀土体的裂隙主要是因为含水率的变化，以及反复的干湿循环作用，因此膨胀土的含水率和裂隙是影响其强度的主要影响因素[8]。膨胀土体中的裂隙为水分运动迁移提供了潜在通道，这也就使得埋深较大的膨胀土也产生湿胀干缩变形的概率大为增加[9-11]。正因为如此，在膨胀土的处治中需要从以下两方面入手：一是使得膨胀土的含水率不变或不致有较大的变化；二是消除膨胀土体中的裂隙。

采用控制含水率和密度的方法，对于弱膨胀土可以部分消除其胀缩性。对于中、强膨胀土，则必须采取改性处理才能达到消除其胀缩性的目的。膨胀土体含水率的变化是引起膨胀土路基产生各种病害的根本原因。因此，长期以来，对膨胀土地基和路基的稳定化处治技术主要集中于水源隔离、防渗保湿，以及掺加改性剂，利用其阳离子吸附性进而达到消除其膨胀性的目的等方面的研究上。这些措施延伸后发展出诸如封闭包盖、土工织物加固、三明治互层等物理处治技术措施[12]。

膨胀土的膨胀、收缩以及胀缩变形，主要受其所处环境的温度、湿度变化控制。对于表层膨胀土体，其膨胀、收缩和胀缩变形可随环境因素变化而反复发生，其强度会迅速衰减。对于深层膨胀土，其膨胀、收缩和胀缩变形受环境变化影响较小，胀缩变形量和强度的变化不大。因此，在膨胀土地区进行道路路基工程建设，无论采用何种处置方法，诸如换填、改性、包边等，都需要确定合理的膨胀土处置深度[13]。

正因如此，在膨胀土地区的道路路基建设过程中，为合理利用膨胀土以降低工程成本，包边法应运而生。包边法是在路堤本体填芯部分直接采用膨胀土作为填料，而路堤四周一定厚度或宽度范围内采用非膨胀土或改良膨胀土进行封闭包盖，以减少外界干湿循环变化对膨胀土含水率的影响，使路堤填芯部分的膨胀土含水率变化保持在相对较小的范围，从而使其强度不致发生较大的衰减[14-17]。包边法可以较大限度地利用膨胀土、施工简便，并且工程效果良好。因此，该方法引起了学界和工程界的关注，并且在实际工程中得到一定的应用。

在工程实践中，主要采用掺加水泥、石灰、粉煤灰等无机材料对膨胀土进行改性，这种方法称为膨胀土的化学改良方法[18]。采用水泥对膨胀土进行改良，具有改性效果显著，水稳性好，环境污染小等优点[19]。例如，赵春吉等[20]对水泥改良强膨胀土开展了一系列室内试验，研究膨胀土水泥改性的机理。刘志彬等[21]对水泥改良膨胀土的微观孔隙开展了定量研究，研究发现水泥改良膨胀土体中存在数量较多的窄缝状孔隙，膨胀土中掺加水泥后微孔隙数量显著减小。刘鸣等[22]采用水泥对膨胀土进行改良，对水泥改良膨胀土路基的现场施工工艺进行了研究。吴建涛等[23]则研究了膨胀土的无侧限抗压强度、塑性指数等与水泥掺量之间的定量关系。王建磊等[24]研究了干湿循环次数对水泥改良膨胀土的胀缩变形、力学性能的影响。

有文献表明，国外主要采用石灰对膨胀土进行改良[25]。在我国，掺石灰同样是膨胀土改良的最有效方法，在各地相关专题研究中也得到了验证。我国行业规范《公路路基设计规范》（JTG D30—2004）也推荐采用石灰对膨胀土进行化学改良的方法。成功的案例：河南内邓高速公路路基膨胀土处治、南水北调中线工程（河南段）膨胀土处治、广西南宁外环高速公路路基膨胀土处治、广西百隆高速公路路基膨胀土处治、湖北襄阳至荆州高速公路路基膨胀土处治、安徽合六高速公路路基膨胀土处治、空军汉口新机场主跑道膨胀土处治等。

膨胀土中掺加石灰后，土体中的黏粒多集聚成粉粒或粒径更大的土颗粒，从而使黏粒减少，膨胀土的粒度成分也因此发生了较大变化。膨胀土掺入石灰后，在水的作用下产生大量钙离子。而蒙脱石等亲水矿物成分在吸收水分的同时，也把$Ca^{2+}$与$Ca(OH)_2$粒子或分子吸附到颗粒表面，经硬化结晶作用在膨胀土体表面形成了一个固化层，这种固化层能阻止土体内部水分外散和土体外部水分内浸，保持膨胀土体含水率的稳定，这是石灰改良膨胀土的机理[26]。

因此国内外对膨胀土的石灰改性进行过比较深入的研究。研究主要集中于以下领域：施工控制指标[27-31]，微观结构[32-33]、动力特性[34-35]、非饱和特性[36]，石灰与粉煤灰等的综合改性[37-38]，质量控制与评估[39-43]，长期性能[44-45]等。

此外，有学者致力于确定施工参数、工程质量控制新途径的研究，例如，俞缙等[46]通过水蒸气吸附试验，提出了膨胀土改良的石灰最佳掺量确定的方法。程钰等[47]研究了石灰改良膨胀土的击实特性，为工程施工质量控制提出了修正湿法的击实标准。范永丰[48]通过降雨淋滤作用的研究，提出最优掺灰比的新方法。王保田等[49]结合工程实践，研究石灰改良土的二次掺灰施工工艺。二次掺灰工艺对强膨胀土"砂化"或称为"团粒化"的作用效果显著[50]。

粉煤灰也常用于膨胀土的改良。冯美果等[51]通过无侧限抗压强度试验、压缩模量变化规律试验，对粉煤灰改良膨胀土的水稳定性进行了研究。兰常玉等[52]对粉煤灰改良膨胀土的动力特性开展了研究。

采用粉煤灰作为膨胀土的无机改良材料，但实践中常需要碱激发，因此也常与石灰等混合使用。傅乃强等[53]通过无侧限抗压强度试验，研究碱激发粉煤灰、玄武岩纤维对膨胀土的改良效果。查甫生等[54]认为粉煤灰、粉煤灰及石灰混合物可有效改善膨胀土的工程特性，降低膨胀土的胀缩性并且能有效提高其强度。惠会清等[55]研究了石灰、粉煤灰改良膨胀土的机理。

国外关于粉煤灰改良膨胀土研究的文献较多[56-59]，这方面的研究也比较具体和深入。而我国在粉煤灰改良膨胀土方面的研究工作开展还较少。我国膨胀土是在特定的地质环境下形成的，工程特性与国外膨胀土不同，因此采用的改良材料、研究方法也有较大的差异[60]。

采用多种改良材料对膨胀土进行复合改良，也是学界和工程界关注的热点。汪明武等[61]采用石灰、玄武岩纤维复合改良膨胀土，并且通过直剪试验、无侧限试验等，对石灰、玄武岩纤维的最佳配比进行了研究。庄心善等[62]同样采用石灰、玄武岩纤维对膨胀土进行复合改良，在研究改良膨胀土强度特性的基础上，提出石灰、玄武岩纤维的掺量的配比。陈雷等[63]采用石灰对膨胀土进行改良，并且掺加纤维对石灰改良膨胀土进行加筋，提出了纤维的最佳掺量。张德恒等[64]采用石灰和生物质灰渣对膨胀土进行复合改良，并且研究复合改良后的膨胀土的变形、强度特性等。

掺加石灰、水泥或粉煤灰等无机材料对膨胀土进行化学改良，这类无机材料的生产，以及这种方法的施工过程等对环境有一定的破坏作用，而且改良后的膨胀土具有时效性。物理改良方法则是依靠改良材料颗粒间的嵌挤咬合作用，来抵消膨胀土体膨胀力作用，对时间的敏感度低，膨胀土改良效果也更具持久性，同时改良材料生产、物理改良方法的施工过程等对环境影响较小，因而有较好的应用前景。

膨胀土的物理改良材料可采用碎石，碎石能较好地抑制膨胀土体的胀缩变形，但由于碎石粒径相对土颗粒大，在路基填筑施工过程中难以压实，而且建造成本相对较高。近年来，有学者采用天然砂砾、风化砂等砂石类材料对膨胀土进行物理改良，取得了一系列有价值的研究成果。杨俊等[65]研究后认为，膨胀土中掺入天然砂砾后，力学性能显著提高，并且能够满足路基相关规范的指标值，从而可以作为路基填料使用。庄心善等[66]研究后认为，在膨胀土中掺加一定量的风化砂，能显著抑制膨胀土的膨胀率，当掺砂量为 16% 时膨胀土的抗剪强度最大。杨俊等[67]开展了膨胀土的回弹模量值与风化砂掺量、冻融循环次数之间的关系，研究后认为，当掺砂量为 10% 时膨胀土的回弹模量值最大，并且还研究了膨胀土的收缩特性与风化砂掺量、冻融循环次数、初始干密度等的定量关系[68-70]，以及膨胀土的 CBR 值与风化砂掺量、冻融循环次数的定量关系[71]。杨俊等[72]在研究风化砂作为膨胀土的物理改良材料方面，通过改变初始含水率分析了膨胀土有荷膨胀率与风化砂掺量之间的关系，并且研究了风化砂改良膨胀土路基的施工工艺参数[73]。

除此之外，还有学者提出采用煤矸石对膨胀土进行物理改良。煤矸石材料的掺入，使混合料的最佳含水率增加，最大干密度减小，膨胀率受到抑制。张雁等[74-75]采用煤矸石粉对膨胀土进行改良，通过一系列的室内试验，提出了煤矸石粉的最佳掺量，并且研究了干湿循环作用下，改良膨胀土的胀缩特性。

也有学者采用废旧橡胶轮胎胶粉、碱渣、高炉水渣等对膨胀土进行物理改良，例如孙树林等[76]研究了橡胶轮胎胶粉改良膨胀土的剪切特性。邹维列等[77]研究了橡胶轮胎胶粉改良膨胀土的物理特性、胀缩特性、强度特性等。宗佳敏等[78]则开展了橡胶轮胎胶粉改良膨胀土的强度特性研究。碱渣是一种工业废料，含有大量的 $CaCO_3$、$CaO$，它们可作为改良膨胀土的有效矿物成分[79]，且碱渣在路基填垫方面的使用已有成功的研究。水渣的主要化学成分是 $CaO$，其改良机制[80]为高炉水渣对黏土颗粒产生絮凝或团聚作用，减少黏粒含量，减弱膨胀土的胀缩能力，并且生成的新化合物是一种水稳性较好的结合材料。除了利用固体废弃物对膨胀土进行改良外，膨胀土中加筋[81-87]也越来越受到重视。

国内外学者在改良膨胀土的变形与强度特性方面做了大量研究。周葆春等[88]对石灰改良膨胀土的变形特征与破坏机制开展了研究，提出了描述石灰改良膨胀土的应力-应变关系的本构模型。孔令伟等[89]开展了石灰改良膨胀土的变形及强度特性试验，以期加强对膨胀土变形与强度特性的认识，为指导膨胀土地区的路基填筑与边坡防护设计技术参数选择提供参考。沈泰宇等[90]认为，在膨胀土中仅仅掺加石灰来改良膨胀土，难以达到更好的效果和更高的安全要求，尽管这种化学改良方法理论上很成熟，实践中也很成功。

在膨胀土处治工程实践中，究竟采用哪种方法难以确定。即使采用无机材料对膨胀土进行化学改良，也涉及是采用水泥还是采用石灰哪一种改良材料的问题，这不仅取决于膨胀土的土质、当地气候条件以及道路路基、建筑场地等的水文条件等，与改良材料的生产、供应、工程施工单位的施工机械设备、施工技术和管理水平等因素也密切相关；还要考虑膨胀土处治工程建设的短期直接经济效益，更要从节约土地资源、环境保护等长期发展的角度考虑间接社会效益。

益娄高速公路穿越约 38km 的膨胀土地带，沿线膨胀土挖方总计 164 万余立方米。加强对膨胀土工程特性的研究，并提出经济有效的膨胀土路基处治措施，具有十分重要的经济意义和工程实践价值。

本章将采用石屑、中粗砂等砂石材料、生石灰等对膨胀土进行物理、化学改良。从以下几个方面开展研究：

（1）采用石屑对膨胀土进行物理改良，研究石屑改良膨胀土的物理力学特性。石屑改良膨胀土的物理性质指标包括活动度等，力学指标包括无侧限抗压强度、CBR 和回弹模量、剪切特性等。通过对物理、力学指标的试验结果的分析，研究和探讨石屑作为膨胀土物理改良材料的可行性。

（2）采用中粗砂对膨胀土进行物理改良，研究中粗砂改良膨胀土的击实特性、收缩特性。收缩特性指标包括线缩率、体缩率、收缩系数等。通过对试验结果的分析,研究和探讨中粗砂作为膨胀土物理改良材料的可行性。

(3) 采用水泥和石屑,以及石灰和石屑等,作为膨胀土复合改良的材料,以无侧限抗压强度作为评价指标,评价膨胀土的复合改良效果,进一步探讨石屑作为路基膨胀土物理改良材料,以及水泥+石屑、石灰+石屑复合改良膨胀土的可行性。

(4) 采用生石灰作为膨胀土的改良材料,针对生石灰改良膨胀土的物理性质、胀缩性质和强度性质等开展研究。研究生石灰改良膨胀土的长期压缩特性,探讨生石灰适宜掺量的新的途径,提出生石灰改良膨胀土路基施工工艺参数。

(5) 通过研究生石灰改良膨胀土的长期压缩特性,提出生石灰改良膨胀土的非线性蠕变本构模型。

# 2.2 砂石类材料改良膨胀土

## 2.2.1 石屑改良膨胀土物理力学性质

在道路路基施工中,常就地利用石灰石生产碎石,其生产过程中约产生 15% 的石屑。采用石屑对膨胀土进行改良,可就地取材,无须专门的石屑生产设备,材料生产成本较低。目前,采用石屑作为膨胀土的改良材料研究还鲜有报道。

本节在现有研究基础上,针对石屑对膨胀土进行物理改良,采用诸如活动度等物理指标、无侧限抗压强度、CBR 和回弹模量等力学指标等开展一系列试验研究,研究和探讨石屑作为膨胀土物理改良材料的可行性。

(1) 试验材料

膨胀土试验土样取自益娄高速 K29+000 处,取土深度 1.5~2.0m,新鲜土样呈黄褐色、夹白色,有较粗的砂粒、碎石,湿水后呈黏泥巴状,干燥时呈硬块状,其物理力学指标见表 2.1,筛分结果见表 2.2。根据表 2.1 中的液限、塑性指数、标准吸湿含水率等指标,按照行业规范《公路路基设计规范》(JTG D30—2004) 中膨胀土判别方法,该土样判定为中膨胀土。液限和塑性指数等指标不满足行业规范《公路路基施工技术规范》(JTG F10—2006) 对路基填料液限和塑性指数的要求。石屑为石灰石机制石屑。通过筛分,选择粒径范围为 2.5~0.16mm 的石屑作为膨胀土改良试验材料。试验所用的石屑的物性指标见表 2.3。

**表 2.1　膨胀土土样主要物理力学指标**

| 天然含水率 /% | 液限 /% | 塑限 /% | 塑性指数 /% | $c$ /kPa | $\varphi$ / (°) | $\rho_{dmax}$ / (g/cm³) |
|---|---|---|---|---|---|---|
| 29.0 | 69.0 | 30.1 | 38.9 | 65.0 | 16.9 | 1.83 |

| $w_{opt}$ /% | 自由膨胀率 /% | 标准吸湿 含水率/% | 无荷膨胀率 /% | 胀缩总率 /% | CBR/% | 活动度 |
|---|---|---|---|---|---|---|
| 18.0 | 53.0 | 4.9 | 11.8 | 2.95 | 1.31 | 2.76 |

**表 2.2　膨胀土土样的筛分结果**

| <0.002mm 颗粒含量/% | 0.002~0.005mm 颗粒含量/% | 0.005~0.075mm 颗粒含量/% | >0.075mm 颗粒含量/% |
|---|---|---|---|
| 14.11 | 40.91 | 38.25 | 6.73 |

**表 2.3　石屑的物性指标**

| 细度模数 | 表观密度/(g/cm³) | 堆积密度/g/cm³ | 空隙率/% |
|---|---|---|---|
| 3.10 | 2.45 | 1.58 | 38 |

（2）试验方案

膨胀土中石屑掺量是指石屑干质量与膨胀土试验干土样的质量之比。石屑掺量分别设定为 5%、10%、15%、20%。试验项目包括筛分试验，液限、塑限试验，标准重型击实试验，无侧限抗压强度、CBR、回弹模量试验等。试验方法执行公路行业规范《公路土工试验规程》（JTG E40—2007）。

进行试验时，先将膨胀土土样风干、碾散，分别过 20mm 和 10mm 的标准土壤筛，并测定膨胀土试验土样风干后的含水率。过 20mm 标准筛的膨胀土试验土样，用于标准重型击实试验、CBR 和回弹模量等试验；过 10mm 标准筛的膨胀土试验土样，用于无侧限抗压强度试验。首先进行标准重型击实试验，得到不同石屑掺量下膨胀土的最大干密度和最佳含水率，然后以石屑各掺量下的最大干密度和最佳含水率，控制制备试验土试件，以用于 CBR、无侧限抗压强度以及回弹模量试验。

为了方便比较，上述所有无侧限抗压强度试验、CBR、回弹模量等试验的土试件的含水率均取为 18%，干密度均取为 1.65g/cm³（对应路基压实度 90%）。

（3）试验结果与分析

上述石屑改良膨胀土物理、力学试验结果，汇总于表 2.4。

① 石屑掺量对膨胀土活动度的影响

黏性土活动度指标是黏性土的塑性指数与小于 0.002mm 黏粒颗粒含量百分数的比值。该指标反映了黏性土中所含矿物的活动性。石屑各掺量下膨胀土的液限、塑限、小于 0.002mm 黏粒颗粒含量等的试验结果见表 2.4。石屑改良膨胀土活动度与石屑掺量的关系如图 2.1 所示。

试验结果表明，膨胀土的液限、塑限、塑性指数、活动度等物理指标，都随石屑掺量的增加而减小。当石屑掺量大于 15% 时，膨胀土活动度减小的幅度变小。当石屑掺量达到 15% 时，膨胀土活动度为 1.14，小于 1.25，为正常黏性土，符合作为路基填料的要求。

② 石屑掺量对膨胀土无侧限抗压强度的影响

无侧限抗压强度是试件在侧向不受任何限制的条件下所承受的最大轴向应力。试验土试件的含水率以最佳含水率进行控制，压实度为 90%。每个土样做 3 组平行试验。石屑改良膨胀土无侧限抗压强度与石屑掺量关系见图 2.2。

试验结果表明，随着石屑掺量增加，膨胀土无侧限抗压强度值随着增大。当石屑掺量不大于 15％时，膨胀土无侧限抗压强度值近似线性增大；当石屑掺量不小于 15％时，膨胀土无侧限抗压强度值增大幅度变小。

③ 石屑掺量对膨胀土 CBR 的影响

石屑改良膨胀土 CBR 与石屑掺量的关系，如图 2.3 所示。

试验结果表明，膨胀土 CBR 值随石屑掺量增加而增大。当石屑掺量不大于 15％时，膨胀土 CBR 随石屑掺量而近似线性增大；当石屑掺量不小于 15％时，膨胀土 CBR 随石屑掺量的增大幅度变小。

表 2.4　石屑改良膨胀土物理力学试验结果

| 试验项目 | 石屑掺量/% | | | | |
| --- | --- | --- | --- | --- | --- |
| | 0 | 5 | 10 | 15 | 20 |
| 液限/% | 69.0 | 60.5 | 50.3 | 38.7 | 26.5 |
| 塑限/% | 30.1 | 28.7 | 26.8 | 25.6 | 18.7 |
| 塑性指数/% | 38.9 | 31.8 | 23.5 | 13.1 | 7.8 |
| <0.002mm黏粒颗粒含量/% | 14.11 | 13.2 | 12.1 | 11.5 | 8.3 |
| 活动度 | 2.76 | 2.41 | 1.94 | 1.14 | 0.94 |
| 无侧限抗压强度/kPa | 310 | 405 | 520 | 650 | 705 |
| CBR/% | 1.31 | 3.50 | 5.60 | 8.6 | 9.1 |
| 回弹模量/MPa | 85 | 96 | 110 | 160 | 175 |

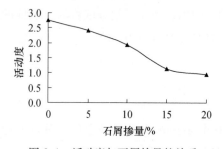

图 2.1　活动度与石屑掺量的关系

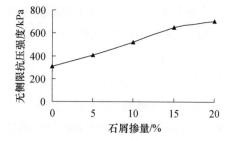

图 2.2　无侧限抗压强度与石屑掺量的关系

④ 石屑掺量对膨胀土回弹模量的影响

石屑改良膨胀土回弹模量与石屑掺量关系，如图 2.4 所示。

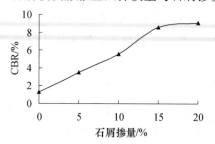

图 2.3　CBR 值与石屑掺量的关系

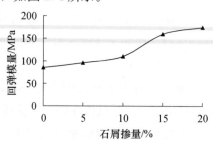

图 2.4　回弹模量与石屑掺量的关系

试验结果表明，膨胀土回弹模量随石屑掺量增加而增大。当石屑掺量不大于10%时，膨胀土回弹模量随石屑掺量而近似线性增大；当石屑掺量不小于10%时，膨胀土回弹模量随石屑掺量的增大幅度较大，但当石屑掺量大于15%时，膨胀土回弹模量值的增大幅度变小。

（4）结论

① 石屑显著改善膨胀土的活动度。

膨胀土中掺入石屑后，膨胀土的粒度成分发生改变，降低了膨胀土体中的黏粒含量，提高了土体中的粗土颗粒的含量；同时降低了膨胀土液限、塑限、塑性指数等指标，从而降低了膨胀土的活动度，相应提高了膨胀土改良后的水稳定性。

② 石屑可显著改善膨胀土无侧限抗压强度、CBR、回弹模量等力学指标。

当石屑掺量小于15%时，膨胀土无侧限抗压强度值、CBR值随石屑掺量增加呈近似线性增大，当石屑掺量大于15%时这种增大的幅度变小。当石屑掺量不大于10%时，膨胀土回弹模量随石屑掺量增加近似线性增大，当石屑掺量大于10%时，回弹模量值的这种增大的幅度较大，但当石屑掺量大于15%，回弹模量值的增大幅度则变小。

③ 当石屑掺量大于15%时，活动度、无侧限抗压强度、CBR以及回弹模量值等指标值，随石屑掺量增加的变化幅度较小。

因此可确定石屑的最佳掺量为15%。

## 2.2.2　石屑改良膨胀土剪切特性

本节在上述研究的基础上，针对石屑改良膨胀土剪切特性开展试验研究，进一步探讨石屑作为路基膨胀土的物理改良材料的可行性。

试验材料为膨胀土以及石屑，与2.2.1节相同。石屑掺量、试验采用的标准等，与2.2.1节相同。所有直剪试验土试件的含水率均为18%。不同的石屑掺量下，土试件的初始干密度分别为1.40g/cm³、1.50g/cm³、1.60g/cm³、1.70g/cm³、1.80g/cm³。

（1）石屑掺量、初始干密度对石屑改良膨胀土黏聚力的影响

直剪试验结果见表2.5。石屑掺量、初始干密度对膨胀土黏聚力的影响规律分别如图2.5和图2.6所示。

试验结果表明，石屑掺量对膨胀土黏聚力影响较大。在一定的初始干密度条件下，膨胀土试样的黏聚力随石屑掺量增大而近似线性减小。在一定的石屑掺量条件下，土试样的初始干密度对膨胀土的黏聚力有较大影响。膨胀土的黏聚力随着初始干密度增大而增大，当初始干密度为1.50~1.70g/cm³时，膨胀土黏聚力增大的幅度较大，当初始干密度不小于1.70g/cm³时，膨胀土黏聚力增大的趋势变小。

（2）石屑掺量、初始干密度对石屑改良膨胀土内摩擦角的影响

试验结果见表2.6。石屑掺量、初始干密度对膨胀土内摩擦角 $\varphi$ 的影响规律，分别如图2.7和图2.8所示。

试验结果表明，石屑掺量以及土试样的初始干密度，对石屑改良膨胀土内摩擦角影

响较大。膨胀土内摩擦角 $\varphi$ 随石屑掺量增加而增大。当初始干密度不小于 $1.70\text{g/cm}^3$ 时，膨胀土内摩擦角 $\varphi$ 的增大幅度较大。膨胀土内摩擦角 $\varphi$ 随土试样的初始干密度增加而增大，当石屑掺量小于 $15\%$ 时，膨胀土内摩擦角 $\varphi$ 随土试样的初始干密度线性增大；当石屑掺量为 $20\%$，并且土试样的初始干密度不小于 $1.60\text{g/cm}^3$ 时，膨胀土内摩擦角 $\varphi$ 增大幅度较大，但土试样的初始干密度不小于 $1.70\text{g/cm}^3$ 时，膨胀土内摩擦角 $\varphi$ 随土试样的初始干密度增大的幅度较小。

**表 2.5 石屑改良膨胀土黏聚力 $c$ 试验结果**　　　　　　　　　　kPa

| 石屑掺量/% | 初始干密度/(g/cm³) | | | | |
| --- | --- | --- | --- | --- | --- |
| | 1.40 | 1.50 | 1.60 | 1.70 | 1.80 |
| 0 | 106 | 112 | 130 | 145 | 150 |
| 5 | 98 | 103 | 115 | 131 | 138 |
| 10 | 85 | 92 | 106 | 119 | 124 |
| 15 | 79 | 88 | 92 | 106 | 118 |
| 20 | 68 | 73 | 85 | 95 | 109 |

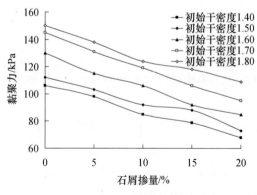

图 2.5　石屑掺量与黏聚力的关系曲线

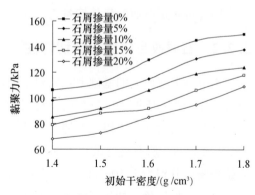

图 2.6　初始干密度与黏聚力的关系曲线

**表 2.6 石屑改良膨胀土内摩擦角 $\varphi$ 试验结果**　　　　　　　　　　(°)

| 石屑掺量/% | 初始干密度/(g/cm³) | | | | |
| --- | --- | --- | --- | --- | --- |
| | 1.40 | 1.50 | 1.60 | 1.70 | 1.80 |
| 0 | 12.0 | 13.0 | 14.1 | 15.1 | 15.8 |
| 5 | 12.9 | 14.0 | 14.6 | 15.7 | 16.7 |
| 10 | 14.0 | 14.6 | 15.1 | 16.1 | 17.7 |
| 15 | 15.0 | 15.6 | 16.4 | 17.1 | 18.5 |
| 20 | 15.8 | 16.9 | 18.1 | 20.5 | 20.9 |

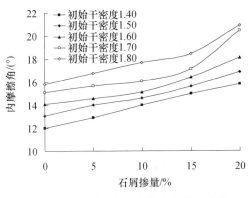

图 2.7　石屑掺量与内摩擦角的关系曲线　　　图 2.8　初始干密度与内摩擦角的关系曲线

（3）石屑掺量和初始干密度对石屑改良膨胀土抗剪强度的影响

竖向应力为 200kPa 下，不同的石屑掺量、初始干密度与石屑改良膨胀土抗剪强度的试验结果见表 2.7。石屑掺量、初始干密度对膨胀土抗剪强度的影响，分别如图 2.9 和图 2.10 所示。

试验结果表明，石屑掺量、土试样的初始干密度，显著影响石屑改良膨胀土的抗剪强度。膨胀土的抗剪强度值随石屑掺量而减小，当土试样的初始干密度大于 1.60g/cm³，且石屑掺量大于 15% 时，膨胀土的抗剪强度值减小的幅度变小。膨胀土的抗剪强度值随土试样的初始干密度增加而增大。因此，适宜的石屑掺量、较高的压实度，对提高路基填筑质量是有利的。

（4）结论

① 石屑可显著改善膨胀土的抗剪切性能。但石屑掺量、土体的初始干密度，对膨胀土的抗剪强度参数、抗剪强度值的影响规律互不相同。

② 石屑掺量降低膨胀土的黏聚力，提高膨胀土的内摩擦角，但降低膨胀土的抗剪强度。土试样的初始干密度则可提高膨胀土的黏聚力、内摩擦角和抗剪强度。

③ 在石屑改良膨胀土路基填筑施工中，适宜的石屑掺量、较高的土体压实度，对提高石屑改良膨胀土路基填筑施工质量有利。

表 2.7　石屑改良膨胀土抗剪强度试验结果　　　　　　　　　　kPa

| 石屑掺量/% | 初始干密度/（g/cm³） | | | | |
| --- | --- | --- | --- | --- | --- |
| | 1.40 | 1.50 | 1.60 | 1.70 | 1.80 |
| 0 | 148.5 | 158.2 | 180.2 | 199.0 | 206.6 |
| 5 | 143.8 | 152.9 | 167.1 | 187.2 | 198.0 |
| 10 | 134.9 | 144.1 | 160.0 | 176.7 | 187.8 |
| 15 | 132.6 | 143.8 | 150.9 | 167.5 | 184.9 |
| 20 | 124.6 | 133.8 | 150.4 | 169.8 | 185.4 |

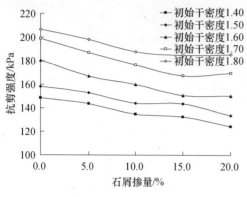

图 2.9　石屑掺量与抗剪强度的关系曲线

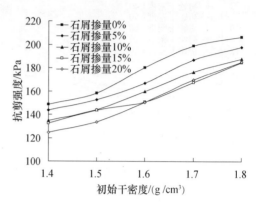

图 2.10　初始干密度与抗剪强度的关系曲线

### 2.2.3　中粗砂改良膨胀土物理特性

采用中粗砂对膨胀土进行物理改良，可就地取材，无须专门的生产设备，成本较低。目前，将中粗砂作为改良材料对膨胀土进行物理改良的研究还较少。本节将中粗砂作为膨胀土的物理改良材料，主要分析中粗砂改良膨胀土的击实特性，研究和探讨中粗砂作为膨胀土的物理改良材料的可行性。

（1）试验材料

试验土样取自益娄高速 K32＋660 处，取土深度为 1.5～2.0m，其物理力学指标见表 2.8，筛分结果见表 2.9。按《公路路基设计规范》（JTG D30—2004）的判别方法，该土样判定为中膨胀土。根据上述数据可知，膨胀土的黏粒质量分数较大，该路段膨胀土天然状态下不易碾压密实。液限和塑性指数不满足《公路路基施工技术规范》（JTG F10—2006）对路基填料液限和塑性指数的要求。中粗砂来自沿线某采砂场，筛分结果见表 2.10，物性指标见表 2.11。

**表 2.8　膨胀土试验土样的物理力学指标**

| 天然含水率 /% | 液限 /% | 塑限 /% | 塑性指数 /% | $c$ /kPa | $\varphi$ / (°) | $\rho_{dmax}$ /(g/cm³) |
|---|---|---|---|---|---|---|
| 23.0 | 58.2 | 32.1 | 26.1 | 47.0 | 26.1 | 1.76 |
| $w_{opt}$ /% | 自由膨胀率 /% | 标准吸湿 含水率/% | 无荷膨胀率 /% | 胀缩总率 /% | CBR /% | 活动度 |
| 22 | 61.5 | 4.9 | 14.8 | 3.81 | 0.34 | 2.0 |

**表 2.9　膨胀土土样的筛分结果**

| ＜0.002mm 颗粒含量/% | 0.002～0.005mm 颗粒含量/% | 0.005～0.075mm 颗粒含量/% | ＞0.075mm 颗粒含量/% |
|---|---|---|---|
| 13.11 | 45.22 | 31.05 | 10.62 |

表 2.10　中粗砂的筛分结果

| >5mm 颗粒<br>含量/% | 5～2mm 颗粒<br>含量/% | 2～1mm 颗粒<br>含量/% | 1～0.5mm 颗粒<br>含量/% | <0.5mm 颗粒<br>含量 |
|---|---|---|---|---|
| 14.1 | 42.9 | 19.0 | 7.8 | 16.2 |

表 2.11　中粗砂的物性指标

| 相对密实度<br>/% | 相对密度<br>/（g/cm³） | 细度模数 | 孔隙比 | 渗透系数<br>/（cm/s） | $\varphi$<br>/（°） | 不均匀系数 | 曲率系数 |
|---|---|---|---|---|---|---|---|
| 76 | 2.54 | 3.62 | 0.72 | 0.002 | 31 | 4.23 | 1.31 |

（2）试验方案

中粗砂掺量为中粗砂干质量与膨胀土试样土样的干质量之比。中粗砂掺量分别设为 3%、6%、9%、12%、15%、18%。进行试验时，首先将膨胀土试验土样风干、碾散，再过 0.5mm 土工筛。试验项目包括：液限、塑限和击实试验。试验方法执行公路行业规范《公路土工试验规程》（JTG E40—2007）。

（3）试验结果及分析

① 中粗砂掺量对膨胀土塑性指数的影响

液限、塑限试验结果见表 2.12，中粗砂掺量对膨胀土的液限、塑限、塑性指数的影响规律如图 2.11 所示。

试验结果表明，掺入中粗砂显著改善膨胀土的液限、塑限、塑性指数等三项指标。当中粗砂掺量不小于 12% 时，膨胀土的各项物性指标得到显著改善，但中粗砂掺量对膨胀土的塑性指数的影响幅度变小。

② 中粗砂掺量对击实曲线的影响

中粗砂改良膨胀土击实试验曲线如图 2.12 所示。土试样的最大干密度随中粗砂掺量增加而增大，最佳含水率则随之减小。当中粗砂掺量小于 9% 时，土试样的击实试验曲线相对平缓；当中粗砂掺量为 12%～15% 时，土试样的击实试验曲线相对狭窄陡立；当中粗砂的掺量为 18% 时，土试样的击实试验曲线则又变得平缓。

表 2.12　中粗砂改良膨胀土液限、塑限试验结果汇总

| 试验项目 | 中粗砂掺量/% | | | | | | |
|---|---|---|---|---|---|---|---|
| | 0 | 3 | 6 | 9 | 12 | 15 | 18 |
| 液限/% | 58.2 | 50.8 | 46.4 | 44.6 | 40.9 | 39.2 | 38.3 |
| 塑限/% | 32.1 | 30.6 | 28.6 | 31.6 | 30.6 | 29.5 | 29.2 |
| 塑性指数/% | 26.1 | 20.2 | 17.8 | 13.0 | 10.3 | 9.7 | 9.1 |

③ 中粗砂掺量对土试样的最大干密度、最佳含水率的影响

土试样的最大干密度 $\rho_{d\,max}$、最佳含水率 $w_{opt}$ 与中粗砂掺量 $A_c$ 的相关关系，分别如图 2.13 和图 2.14 所示。最大干密度 $\rho_{d\,max}$ 与最佳含水率 $w_{opt}$ 的关系如图 2.15 所示。

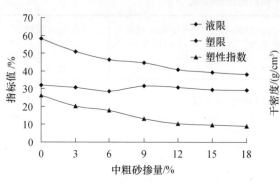

图 2.11　中粗砂掺量对液限、塑限、　　　图 2.12　中粗砂改良膨胀土的击实曲线
　　　　　塑性指数的影响

根据图 2.13 可以得到，土试样的最大干密度 $\rho_{d\,max}$ 随着中粗砂掺量 $A_c$ 增大逐渐增大，当中粗砂掺量 $A_c$ 不小于 12% 时，最大干密度增大幅度更为显著。土试样的最大干密度与中粗砂掺量 $A_c$ 之间的相关关系可采用一元三次函数表达，即

$$\rho_{d\,max} = 0.00006A_c^3 - 0.0011A_c^2 + 0.0098A_c + 1.7593 \qquad (2.1)$$

根据图 2.14 可以得到，最佳含水率 $w_{opt}$ 随着中粗砂掺量 $A_c$ 而逐渐减小，两者之间的关系可采用一元二次函数表达，即

$$w_{opt} = -0.012A_c^2 - 0.0607A_c + 22.026 \qquad (2.2)$$

根据图 2.15 可以得到，随着最佳含水率的增大，最大干密度降低，两者之间的关系可采用一元二次函数表达，即

$$\rho_{d\,max} = 0.0038w_{opt}^2 - 0.183w_{opt} + 3.9686 \qquad (2.3)$$

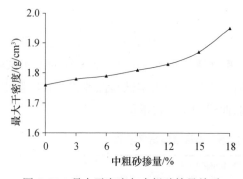
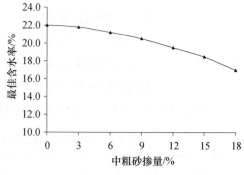

图 2.13　最大干密度与中粗砂掺量关系　　　图 2.14　最佳含水率与中粗砂掺量关系

（4）结论

① 中粗砂可显著改变膨胀土的液限、塑限、塑性指数三项指标值。当中粗砂掺量不小于 12% 时，土试样的液限、塑限、塑性指数三项指标的变化较为显著，但土试样的塑性指数变化幅度变小。

② 中粗砂显著影响膨胀土的击实特性。当中粗砂掺量小于 9% 时，土试样的击实试验曲线相对平缓；当中粗砂掺量为 12%～15% 时，土试样的击实试验曲线相对狭窄陡

立；当中粗砂掺量为 18% 时，土试样的击
实试验曲线却又变得平缓。

③ 中粗砂改良膨胀土的最大干密度随
着中粗砂掺量呈一元三次函数关系增大，最
佳含水率随着中粗砂掺量则呈一元二次函数
关系逐渐减小，而最佳含水率与最大干密度
可采用一元二次函数关系表示两者之间的关
系。这样，可根据路基所需的压实度计算出
中粗砂改良膨胀土所需要的含水率和中粗砂
掺量，可定量化指导路基填筑施工。

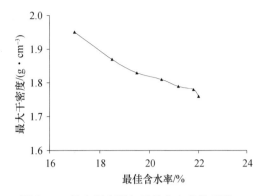

图 2.15　最大干密度与最佳含水率关系图

### 2.2.4　中粗砂改良膨胀土收缩特性

在 2.2.3 节研究的基础上，本节通过室内收缩试验研究和分析中粗砂改良膨胀土的
收缩特性，进一步探讨中粗砂作为膨胀土物理改良材料的可行性。

试验材料为膨胀土以及中粗砂，与 2.2.3 节相同。中粗砂掺量以及试验所依据的标
准等，与 2.2.3 节相同。为了便于比较分析，所有试验土试样的含水率均为 19%，相
应干密度均为 1.85g/cm³。采用静压法制备土试件，试件土样为圆柱形，土试件尺寸为
直径 61.8mm、高度 20mm。

试验项目为收缩试验。通过收缩试验计算以下指标：试验过程中的含水率 $w$、线缩
率 $e_{SL}$、体缩率 $e_S$、缩限 $w_S$ 和收缩系数 $e$。试验过程中，每个土试样做三组平行试验，
试验结果取满足精度要求的平行试验结果的平均值。

根据公路行业规范《公路土工试验规程》（JTG E40—2007），试验过程中的含水率
$w$、线缩率 $e_{SL}$、体缩率 $e_S$、缩限 $w_S$ 和收缩系数 $e$ 的计算方法分别为

（1）试验开始、收缩过程中土试样的含水率 $w$

$$w = \left( \frac{m_t}{m_s} - 1 \right) \times 100 \tag{2.4}$$

式中，$m_t$ 为某时刻土试样的质量，g；$m_s$ 为试验土样的干土质量，g。

（2）线缩率 $e_{SL}$

按下式计算土样的线缩率 $e_{SL}$：

$$e_{SL} = \frac{R_t - R_0}{H_0} \times 100 \tag{2.5}$$

式中，$R_t$ 为土试样试验过程中某时刻的百分表读数，mm；$R_0$ 为百分表初始读数，
mm；$H_0$ 为土试样原始高度，mm。

试验表明，土试样的线缩率随中粗砂掺量增加而减小。当中粗砂掺量从 0% 增至
20% 时，土试样的线缩率减小的幅度分别为 15.81%、14.29%、9.05% 和 6.81%。当
中粗砂掺量不小于 10% 时，土试样的线缩率减小的幅度变小。

土试样的线缩率、中粗砂掺量两者之间的关系，可采用一元三次函数关系表达，即

$$y = -0.00003x^3 + 0.0033x^2 - 0.11x + 2.9121 \tag{2.6}$$

（3）体缩率

按下式计算土试样的体缩率 $e_S$：

$$e_S = \frac{V_0 - V_1}{V_0} \times 100 \tag{2.7}$$

式中，$V_0$ 为土试样初始体积（环刀容积），$cm^3$；$V_1$ 为土试样烘干后的体积，$cm^3$。

试验表明，土试样的体缩率随中粗砂掺量增加而减小。当中粗砂掺量从 0％增至 20％时，土试样体缩率减小的幅度分别为 29.06％、15.26％、6.40％和 3.29％。当中粗砂掺量不小于 10％时，土试样体缩率减小的幅度变小。

土试样的体缩率、中粗砂掺量两者之间的关系，可采用一元三次函数关系表达，即

$$y = -0.0008x^3 + 0.00351x^2 - 0.5583x + 7.0137 \tag{2.8}$$

（4）缩限 $w_S$

试验表明，当中粗砂掺量从 0％增至 10％时，土试样的缩限随中粗砂掺量增加而减小，土试样缩限减小的幅度分别为 13.53％和 8.21％；当中粗砂掺量从 10％增至 20％时，土试样的缩限随中粗砂掺量增加而增大，土试样缩限增大的幅度分别为 6.36％和 8.32％。

土试样的缩限、中粗砂掺量两者之间的关系，可采用一元四次函数关系表达，即

$$y = -0.0001x^4 + 0.0058x^3 - 0.0378x^2 - 0.2975x + 13.67 \tag{2.9}$$

（5）收缩系数 $e$

试验表明，土试样收缩系数随中粗砂掺量增加而减小。当中粗砂掺量从 0％增至 20％时，土试样收缩系数减小的幅度分别为 17.07％、8.82％、3.23％和 6.67％。当中粗砂掺量不小于 10％时，土试样的收缩系数减小的幅度变小。

土试样收缩系数、中粗砂掺量两者之间的关系，可采用一元三次函数关系表达，即

$$y = -0.00003x^3 + 0.0013x^2 - 0.02x + 0.4101 \tag{2.10}$$

中粗砂改良膨胀土的线缩率、体缩率、缩限、收缩系数等的试验结果见表 2.13。中粗砂掺量对土试样的四个收缩性指标的影响规律，分别如图 2.16～图 2.19 所示。

（6）结论

① 中粗砂显著影响膨胀土的收缩性指标。随之中粗砂掺量的增加，膨胀土的线缩率、体缩率、收缩系数三个收缩性指标随之减小，而其缩限指标值则先减小后增大。

② 中粗砂改良膨胀土的线缩率、体缩率和收缩系数三个指标，与中粗砂掺量的关系可采用一元三次函数关系表达，而缩限与中粗砂掺量的关系采用一元四次函数关系表达。

③ 根据上述相应的函数关系，可方便地计算出改良膨胀土的相应收缩性指标值，从而可方便地计算确定膨胀土中的中粗砂掺量。试验研究表明，可采用中粗砂作为膨胀土的物理改良材料，并且中粗砂的最佳掺量可确定为 10％～15％。

**表 2.13　中粗砂改良膨胀土收缩试验结果**

| 收缩性指标 | 中粗砂掺量/% | | | | |
|---|---|---|---|---|---|
| | 0 | 5 | 10 | 15 | 20 |
| 线缩率/% | 2.91 | 2.45 | 2.10 | 1.91 | 1.78 |
| 体缩率/% | 7.02 | 4.98 | 4.22 | 3.95 | 3.82 |
| 缩限/% | 13.67 | 11.82 | 10.85 | 11.54 | 12.50 |
| 收缩系数/% | 0.41 | 0.34 | 0.31 | 0.30 | 0.28 |

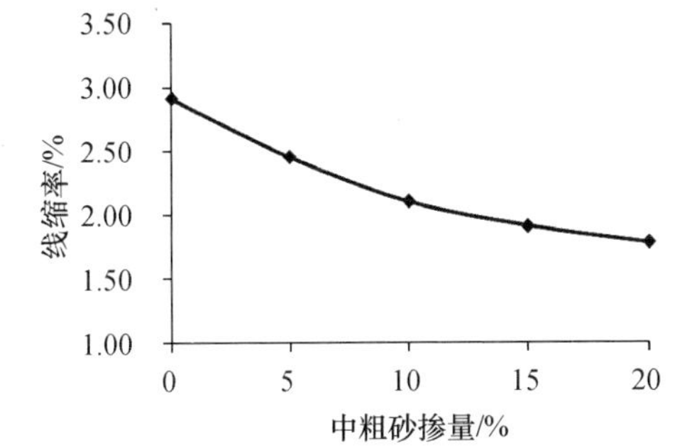

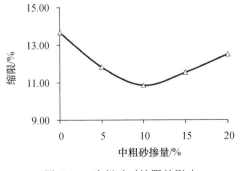

图 2.16　中粗砂对线缩率的影响

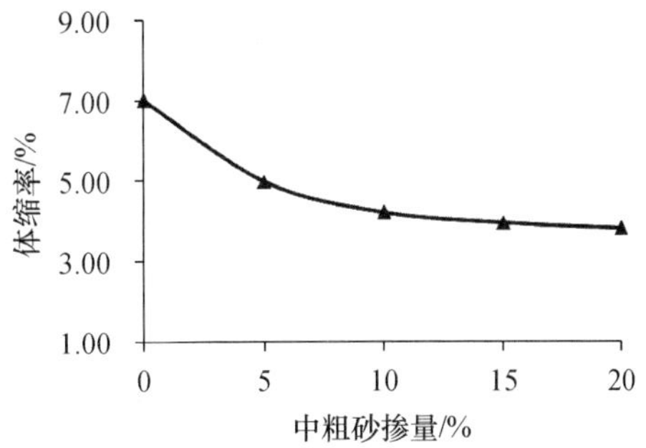

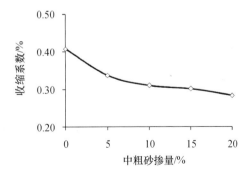

图 2.17　中粗砂对体缩率的影响

图 2.18　中粗砂对缩限的影响

图 2.19　中粗砂对收缩系数的影响

## 2.2.5　砂石类材料复合改良膨胀土强度特性

本节研究水泥＋石屑、石灰＋石屑复合改良膨胀土的无侧限抗压强度，通过无侧限抗压强度试验，进一步研究石屑作为膨胀土物理改良材料，以及水泥＋石屑、石灰＋石屑复合改良膨胀土的可行性。

（1）试验材料

试验所用的膨胀土土样取自益娄高速 K41＋720 处，取土深度为 1.5～2.0m，新鲜土样呈肉红色，夹零星灰白色土，肉红色土手摸有很细的砂粒，灰白色土有滑腻感，湿水后呈黏泥巴状，干燥时呈硬块状，该土样为中膨胀土，其物理力学指标见表 2.14，筛分结果见表 2.15。

表 2.14　膨胀土试验土样物理力学指标

| 天然含水率 /% | 液限 /% | 塑限 /% | 塑性指数 /% | $c$ /kPa | $\varphi$ /(°) | $\rho_{dmax}$ /(g/cm$^3$) |
|---|---|---|---|---|---|---|
| 22.0 | 67.7 | 28.1 | 39.6 | 47.0 | 26.1 | 1.87 |

| $w_{opt}$/% | 自由膨胀率 /% | 标准吸湿 含水率/% | 无荷膨胀率 /% | 胀缩总率 /% | CBR/% | 无侧限抗压 强度/kPa |
|---|---|---|---|---|---|---|
| 18 | 51.6 | 4.9 | 8.34 | 4.95 | 1.52 | 260 |

表 2.15　膨胀土试验土样筛分结果

| <0.002mm 颗粒含量/% | 0.002~0.005mm 颗粒含量/% | 0.005~0.075mm 颗粒含量/% | >0.075mm 颗粒含量/% |
|---|---|---|---|
| 14.13 | 42.05 | 37.15 | 6.67 |

石屑为石灰石机制石屑，来自该项目沿线某自采碎石砂石场，其细度模数为 3.60，表观密度为 2.75g/cm$^3$，堆积密度为 1.62g/cm$^3$，空隙率为 38%。

水泥为省内某水泥厂生产的 P·C 32.5 水泥，其安定性为 1.2mm，初凝、终凝分别为 216min 和 334min，3d 抗压强度为 13.9MPa。

石灰取自该项目沿线某石灰厂，颜色为白色，消解后的化学成分：CaO 含量 73.0%，MgO 含量 6.1%，未消解残渣 1.6%，为Ⅲ级钙质石灰。

（2）试验方案

本试验采用的膨胀土改良材料有三类，即水泥＋石屑、石灰＋石屑、石屑。改良材料掺量是指上述三类材料的干质量与膨胀土试验土样的干质量之比。石屑掺量分别设定为 0%、5%、10%、15%、20%。水泥＋石屑中的水泥掺量分别设为 0%、3%、6%、9%、12%；石屑掺量则分别设为 0%、2%、4%、6%、8%。石灰＋石屑中的石灰、石屑掺量，分别与水泥＋石屑中的水泥、石屑相同。

为便于比较分析，上述所有无侧限抗压强度试验土样的最佳含水率均为 18%，相应的干密度均取为 1.65g/cm$^3$。采用静压法制备土试件，圆柱形的土试件其高度与直径比值为 2.5，直径为 40mm，高度为 100mm，标准养护 7d。无侧限抗压强度试验方法执行公路行业规范《公路土工试验规程》（JTG E40—2007）。

（3）试验结果与分析

根据公路行业规范《公路路基设计规范》和《公路路基施工技术规范》，采用上述材料对膨胀土进行改良，改良后的膨胀土可作为路基填料的评价指标主要有胀缩总率和CBR。研究表明，无侧限抗压强度指标可作为确定膨胀土改良材料最佳掺量、填筑施工最佳含水率等的参考指标。

通过无侧限抗压强度试验得到以下结论：

① 水泥＋石屑复合材料对无侧限抗压强度的影响

试验结果见表 2.16，无侧限抗压强度与改良材料掺量的相关关系如图 2.20 所示。

试验表明，水泥＋石屑复合改良材料可显著提高膨胀土无侧限抗压强度值。当改良材料掺量不小于 15% 时，土试样的无侧限抗压强度值增加幅度减小，因而水泥＋石屑复合改良材料的最佳掺量可确定为 15%，其中水泥、石屑的掺量分别为 9%、6%。

② 石灰和石屑复合方法对膨胀土无侧限抗压强度的影响

石灰和石屑复合方法改良膨胀土无侧限抗压强度的试验结果见表 2.17。改良材料掺量对膨胀土的无侧限抗压强度影响规律，如图 2.21 所示。

试验表明，石灰＋石屑复合改良材料可显著提高土试样无侧限抗压强度值。当改良材料掺量大于 15% 时，土试样的无侧限抗压强度值增加幅度减小，因而石灰＋石屑复合改良材料的最佳掺量可确定为 15%，其中石灰、石屑掺量分别为 9%、6%。

对比上述试验结果发现，水泥＋石屑对膨胀土的改良效果优于石灰＋石屑对膨胀土的改良效果。

表 2.16　水泥＋石屑复合改良膨胀土无侧限抗压强度值

| 水泥石屑掺量/% | 0 | 5 | 10 | 15 | 20 |
|---|---|---|---|---|---|
| 无侧限抗压强度/kPa | 260 | 545 | 1049 | 1320 | 1380 |

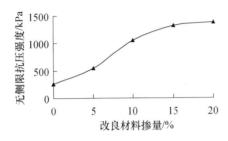

图 2.20　水泥＋石屑改良膨胀土无侧限抗压强度试验曲线

表 2.17　石灰＋石屑复合改良膨胀土的无侧限抗压强度

| 石灰石屑掺量/% | 0 | 5 | 10 | 15 | 20 |
|---|---|---|---|---|---|
| 无侧限抗压强度/kPa | 260 | 463 | 890 | 1130 | 1220 |

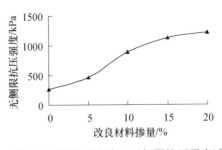

图 2.21　石灰＋石屑改良膨胀土无侧限抗压强度试验曲线

③ 对最佳含水率的影响

以 10% 水泥、石屑改良膨胀土制作土试件。通过标准重型击实试验得到最佳含水率为 21%。室温下保湿养护一个月的土试件，其无侧限抗压强度试验结果见表 2.18，土试件的无侧限抗压强度值与初始含水率的关系，如图 2.22 所示。

从图 2.22 可以得到，土试件在室温条件下保湿养护一月龄期后，水泥＋石屑复合改良膨胀土的土试件的无侧限抗压强度峰值点，对应的含水率为 24%，较击实曲线所得到的最佳含水率 21% 大 3%。

将 10% 水泥、石屑改良膨胀土制作土试件。土试件在标准养护条件下养护 6d，浸泡 1d，然后测定其无侧限抗压强度，试验结果见表 2.19，土试件的无侧限抗压强度与初始含水率的关系，如图 2.23 所示。从图 2.23 可得到，土试件在标准养护条件下的无侧限抗压强度峰值点，所对应的含水率同样为 24%，同样较击实曲线所得到的最佳含水率 21% 大 3%，这个试验结果与室温条件下保湿养护的试验结果相同。

表 2.18　水泥、石屑复合改良膨胀土无侧限抗压强度

| 初始含水率/% | 18 | 21 | 24 | 27 |
|---|---|---|---|---|
| 无侧限抗压强度/kPa | 1100 | 1250 | 1420 | 1320 |

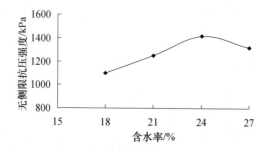

图 2.22　水泥、石屑复合改良膨胀土保湿养护一个月
土试件无侧限抗压强度与初始含水率的关系

表 2.19　水泥、石屑复合改良膨胀土保湿养护一个月土试件无侧限抗压强度

| 初始含水率/% | 18 | 21 | 24 | 27 |
|---|---|---|---|---|
| 无侧限抗压强度/kPa | 1220 | 1320 | 1490 | 1380 |

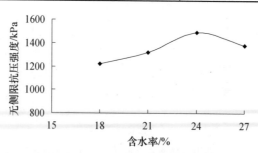

图 2.23　水泥、石屑复合改良膨胀土标准养护条件下
无侧限抗压强度与初始含水率的关系

通过上述试验发现，通过击实试验和无侧限抗压强度试验，得到的改良膨胀土的最佳含水率不同。通过无侧限抗压强度试验得到的最佳含水率比击实试验大 3% 左右，并

且经过一定龄期养护的石灰改性膨胀土具有较大的强度值。

④ 石屑对无侧限抗压强度的影响

试验结果见表 2.20，其相关关系见图 2.24。

试验结果表明，掺加一定量的石屑可明显提高膨胀土的无侧限抗压强度值。但是当石屑掺量大于 15% 时，土试样的无侧限抗压强度值随石屑掺量的增加幅度变小，因此可确定石屑的最佳掺量为 15%。

**表 2.20  石屑改良膨胀土无侧限抗压强度试验结果**

| 石屑掺量/% | 0 | 5 | 10 | 15 | 20 |
|---|---|---|---|---|---|
| 无侧限抗压强度/kPa | 260 | 283 | 545 | 692 | 747 |

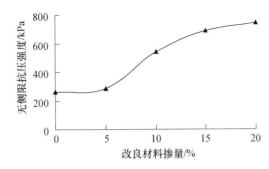

图 2.24  石屑改良膨胀土无侧限抗压强度关系

对比上述试验结果，石屑改良膨胀土的无侧限抗压强度值小于水泥、石屑，石灰石屑复合改良材料，也即复合改良材料的膨胀土的改良效果更好。

（4）结论

水泥＋石屑、石灰＋石屑复合改良材料，能显著提高膨胀土的无侧限抗压强度，并且其改良效果显著优于石屑单一方法改良膨胀土的无侧限抗压强度值。试验结果表明复合改良材料和方法，更加有利于提高膨胀土的无侧限抗压强度值。无侧限抗压强度试验得到的最佳含水率，大于标准重型击实试验的最佳含水率 3% 左右。

## 2.3  生石灰改良膨胀土

本节研究生石灰对中膨胀土的改良效果以及工程特性，并提出确定生石灰最佳掺量的方法。评价指标为（1）液限、塑限、塑性指数等物理性质指标；（2）自由膨胀率、无荷膨胀率、50kPa 有荷膨胀率等胀缩性指标；（3）直剪 $c$、$\varphi$ 值、CBR、无侧限抗压强度等强度指标。

膨胀土试验土样取自益娄高速 K32＋700 处，取土深度 1.5～2.0m，为中膨胀土，其物性指标见表 2.21。

表 2.21 膨胀土物性指标

| 液限/% | 塑限/% | 塑性指数/% | <0.002mm 含量/% | $c$/kPa | $\varphi$/(°) |
|---|---|---|---|---|---|
| 60.0 | 33.7 | 26.3 | 54.0 | 51.92 | 19.07 |
| 最大干密度/(g/cm³) | 最佳含水率/% | 自由膨胀率/% | 标准吸湿含水率/% | 无荷膨胀率/% | 50kPa 有荷膨胀率/% |
| 1.79 | 19.0 | 61.5 | 4.9 | 12.5 | 2.32 |

生石灰掺量的质量百分比为 3%、5%、7% 和 9%。石灰的化学成分为 CaO 含量为 73%，MgO 含量为 2.1%，为Ⅲ级钙质石灰。

## 2.3.1 生石灰改良膨胀土膨胀特性

（1）液限、塑限试验

土样为风干土样，用木棒在橡皮板上压碎，过 0.5mm 筛，试验结果见表 2.22 和图 2.25。试验结果表明，当生石灰掺量为 5% 时，膨胀土的塑性指数为 10.6%，小于 15%。

表 2.22 生石灰改性膨胀土液限、塑限试验结果

| 试验项目 | 生石灰掺量/% | | | | |
|---|---|---|---|---|---|
| | 0 | 3 | 5 | 7 | 9 |
| 液限/% | 60.0 | 49.8 | 38.6 | 38.8 | 39.1 |
| 塑限/% | 33.7 | 30.0 | 28.0 | 31.0 | 30.0 |
| 塑性指数/% | 26.3 | 19.8 | 10.6 | 7.8 | 9.1 |

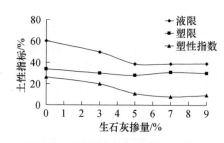

图 2.25 不同生石灰掺量下土性指标

（2）膨胀性试验

自由膨胀率采用风干土样碾碎，过 0.5mm 筛。无荷膨胀率、50kPa 有荷膨胀率试验都采用击实土样。由于膨胀土与各掺量生石灰膨胀土的标准重型击实试验结果较为接近，因此，在进行表 2.23 的各个试验中，都采用 90% 的压实度，即干密度为 1.61g/cm³，最佳含水率为 19%。试验结果见表 2.23 和图 2.26。试验结果表明，当生石灰掺量为 5% 时，土试样的自由膨胀率、无荷膨胀率、有荷膨胀率显著减小。因此，生石灰掺量为 5% 时是适宜的。

表 2.23   生石灰改性膨胀土膨胀性试验结果

| 试验项目 | 生石灰掺量/% | | | | |
|---|---|---|---|---|---|
| | 0 | 3 | 5 | 7 | 9 |
| 自由膨胀率/% | 61.5 | 41 | 16.2 | 12.1 | 9.2 |
| 无荷膨胀率/% | 12.5 | 7.5 | 2.5 | 3.6 | 4.8 |
| 有荷膨胀率/% | 2.3 | 2.0 | 0.9 | 0.3 | 0.08 |

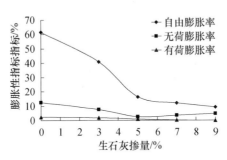

图 2.26   不同生石灰掺量下膨胀性指标

## 2.3.2   生石灰改良膨胀土强度特性

（1）直剪试验

在进行表 2.24 的各个试验中，都采用 90% 的压实度制作土样，即土样的干密度为 1.71g/cm³、最佳含水率为 19%。试验结果见表 2.24 和图 2.27。

试验表明，生石灰掺量对黏聚力、内摩擦角影响影响都较小。当生石灰掺量为 5% 时，膨胀土的黏聚力、内摩擦角发生突变。

表 2.24   生石灰改性膨胀土直剪试验结果

| 试验项目 | 生石灰掺量/% | | | | |
|---|---|---|---|---|---|
| | 0 | 3 | 5 | 7 | 9 |
| $c$/kPa | 51.92 | 55.34 | 48.36 | 60.32 | 49.36 |
| $\varphi$/（°） | 19.07 | 21.54 | 25.87 | 29.37 | 28.21 |

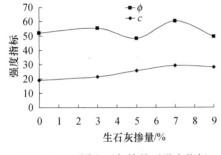

图 2.27   不同生石灰掺量下强度指标

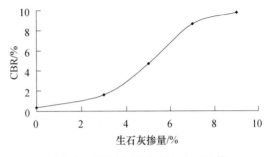

图 2.28   不同生石灰掺量下 CBR 值

（2）CBR 试验

CBR 试验采用风干土样、四分法备料。先按重型湿土法击实试验测定试料的最佳含水率，再按此最佳含水率制备 3 个平行试件，设计状态为饱水 4 昼夜。

表 2.25　生石灰改性膨胀土 CBR 试验结果

| 试验项目 | 生石灰掺量/% | | | | |
| --- | --- | --- | --- | --- | --- |
| | 0 | 3 | 5 | 7 | 9 |
| CBR/% | 0.35 | 1.62 | 4.71 | 8.65 | 9.76 |

在进行表 2.25 的各个试验中，都采用 90% 的压实度制作试样，即土试样的干密度为 $1.71\text{g/cm}^3$、最佳含水率为 19%。试验结果见表 2.25 和图 2.28。

试验结果表明，当生石灰掺量大于 3% 时，膨胀土的 CBR 值显著增大。当超过 7% 时，增大的幅度减小。

（3）无侧限抗压强度试验

目前，公路行业主要采用无侧限抗压强度指标对改良膨胀土的强度进行评价。

采用标准重型击实试验确定的 6% 生石灰改良膨胀土的最佳含水率 19%、最大干密度 $1.71\text{g/cm}^3$，来制作本试验的无侧限抗压强度试验的土试件。

由于土试件的制备是在预定的初始干密度下压实成型，没有考虑初始含水率对石灰改良膨胀土的后期强度的影响，因而这种土试件的制作方法未能充分发挥其强度优势。

首先开展室温条件下的保湿养护一个月的土试件的无侧限抗压强度试验，然后开展标准养护条件下土试件的无侧限抗压强度试验。

① 室温下保湿养护一个月土试件无侧限抗压强度

试验结果见表 2.26，土试件的无侧限抗压强度与初始含水率的关系，如图 2.29 所示。从图 2.29 可以得到，室温条件下保湿养护一月龄期后，生石灰改良膨胀土土试件的无侧限抗压强度峰值点，所对应的含水率为 24%，相较于标准重型击实曲线所得到的最佳含水率 19% 大了 5%。

表 2.26　生石灰改良膨胀土无侧限抗压强度试验结果（养护一个月）

| 初始含水率/% | 18 | 21 | 24 | 27 |
| --- | --- | --- | --- | --- |
| 无侧限抗压强度/kPa | 1100 | 1250 | 1420 | 1320 |

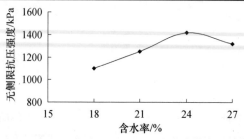

图 2.29　生石灰改良膨胀土无侧限抗压强度与初始含水率关系（养护一个月）

② 标准养护条件下土试件无侧限抗压强度

采用生石灰掺量为 6%、初始干密度为 1.71g/cm³ 制作两组平行土试件，在标准养护条件下养护 6d，再浸泡 1d，然后测定土试件的无侧限抗压强度值。

试验结果见表 2.27，土试件的无侧限抗压强度与初始含水率的关系，如图 2.30 所示。从图 2.30 中可以得到，标准养护条件下，生石灰改性膨胀土的土试件的无侧限抗压强度峰值点，所对应的含水率值同样为 24%，相较于标准重型击实曲线所得到的最佳含水率 19% 同样大了 5%，这个试验结果与室温条件下保湿养护的试验结果相同。

表 2.27　生石灰改良膨胀土无侧限抗压强度试验结果（标准养护条件）

| 初始含水率/% | 18 | 21 | 24 | 27 |
|---|---|---|---|---|
| 无侧限抗压强度/kPa | 1220 | 1320 | 1490 | 1380 |

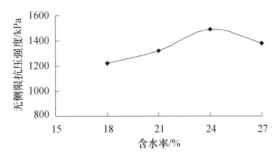

图 2.30　生石灰改良膨胀土无侧限抗压强度
与初始含水率的关系（标准养护条件）

## 2.3.3　生石灰改良膨胀土长期压缩特性

在上述研究的基础上，本节研究生石灰改良膨胀土的长期压缩特性，探讨生石灰适宜掺量的新的途径。

试验所用膨胀土、生石灰及其掺量等，与 2.2.5 节相同。一维长期压缩试验试验方法与 1.5.2 节相同。试验选取混合料的干密度为 1.8g/cm³、含水率为 18% 的土样制作试样，试样中的生石灰掺量分别为 0%（为未掺生石灰）、3%、5%、7%、9%，分别制作五个土试件开展试验研究。

生石灰改良膨胀土的 $e$-lg$t$ 曲线如图 2.31 所示。

从图 2.31 中可得到，当固结压力水平不大于 600kPa 的较低水平条件下，改良膨胀土试样的 $e$-lg$t$ 曲线表现较为平缓；当固结压力继续增大至 600kPa、800kPa 时，$e$-lg$t$ 曲线后半段变化较快。

从图 2.31 中的纵坐标发现，土试样的孔隙比 $e$ 的变化在较小的范围内，这个结果表明了生石灰改良膨胀土试样的次固结系数值，相较于未改良膨胀土的次固结系数值要更小。

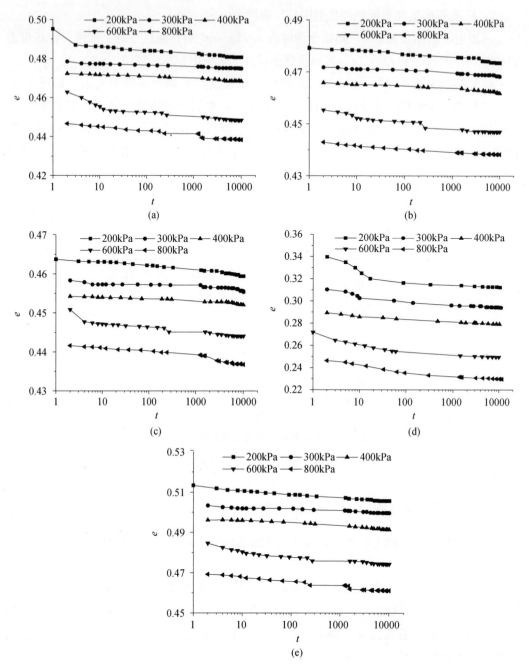

图 2.31　生石灰改良膨胀土的 $e$-$\lg t$ 曲线

（a）生石灰掺量 0%；（b）生石灰掺量 3%；

（c）生石灰掺量 5%；（d）生石灰掺量 7%；（e）生石灰掺量 9%

　　生石灰改良膨胀土的次固结系数试验结果见表 2.28，土试样的次固结系数与固结压力的关系曲线，如图 2.32 所示。

　　从图 2.32 中可得到，掺入不同比例石灰的改良膨胀土试样，其次固结系数值均有所降低，但土试样的次固结系数值与固结压力的曲线形式并没有改变。也就是说，采用生石灰改良膨胀土，土体次固结系数受固结压力影响的非线性特征并没有改变。

表 2.28　生石灰改良膨胀土的次固结系数　　　　　　　　$10^{-3}$

| 固结压力/kPa | 生石灰掺量/% | | | | |
|---|---|---|---|---|---|
| | 0 | 3 | 5 | 7 | 9 |
| 200 | 1.79 | 1.23 | 1.21 | 1.19 | 1.19 |
| 300 | 1.85 | 1.28 | 1.25 | 1.23 | 1.25 |
| 400 | 1.93 | 1.33 | 1.31 | 1.30 | 1.32 |
| 600 | 1.96 | 1.35 | 1.33 | 1.31 | 1.33 |
| 800 | 1.96 | 1.36 | 1.34 | 1.32 | 1.34 |

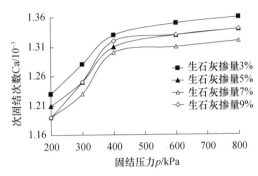

图 2.32　次固结系数 $C_a$ 与固结压力 $p$ 的关系

根据表 2.28，可得到生石灰掺量对生石灰改良膨胀土试样的次固结系数的影响规律，如图 2.33 所示。

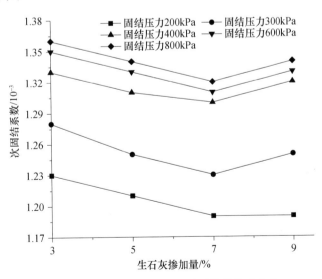

图 2.33　生石灰掺量与次固结系数的关系曲线

生石灰掺量与次固结系数的关系曲线呈现抛物线形，随着生石灰掺量的增加，生石灰改良土试样的次固结系数值先减小后增大。当生石灰掺量大于7％时的土试样的次固结系数值最小。通过对比发现，当膨胀土中掺入生石灰后，在相同的固结压力条件下，改良土样的最小次固结系数相比于膨胀土试样减小了32.39％～34.01％。

因此，通过次固结系数可以发现，益娄高速膨胀土改良掺加的生石灰用量可以确定为7％。这也为后面的试验研究提供了基础。

### 2.3.4 干湿循环条件下长期压缩特性

本节选取生石灰掺量为7％、干密度为1.8g/cm³、含水率为18％的生石灰改良膨胀土制作试验土样。试验所用的膨胀土，以及一维长期压缩试验等，与1.5.2节相同，生石灰材料与2.2.5节相同。土样试件的干湿循环次数设定为2次、4次、6次、8次、10次。

改良膨胀土试样的次固结系数值与干湿循环次数的关系，如图2.34所示。干湿循环条件下生石灰改良膨胀土的 $e$-$\lg t$ 曲线如图2.35所示。

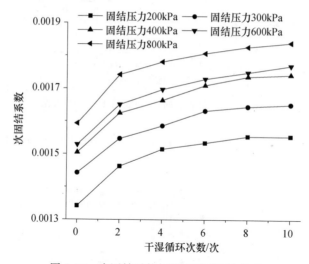

图2.34 次固结系数与干湿循环次数关系

对比第1章中的膨胀土土样的 $e$-$\lg t$ 曲线，改良膨胀土土样的 $e$-$\lg t$ 曲线明显平缓，说明生石灰可有效减小膨胀土的次固结系数值，也即生石灰对于膨胀土的长期压缩特性有改善效果。

对比分析之后发现，膨胀土试样在经历了一定的干湿循环次数后，其次固结系数值显著增大，而生石灰改良膨胀土试样在经历了一定的干湿循环次数后，虽然其次固结系数值也有所增大，但是增大的幅度明显小于没有改良的膨胀土试样。当经历了2次干湿循环之后，改良膨胀土的次固结系数值与干湿循环次数呈现出线性关系。因此，干湿循环对于膨胀土、生石灰改良膨胀土产生的影响是不完全相同的。对于经历了干湿循环的生石灰改良膨胀土，不能简单叠加干湿循环和石灰改良作用。

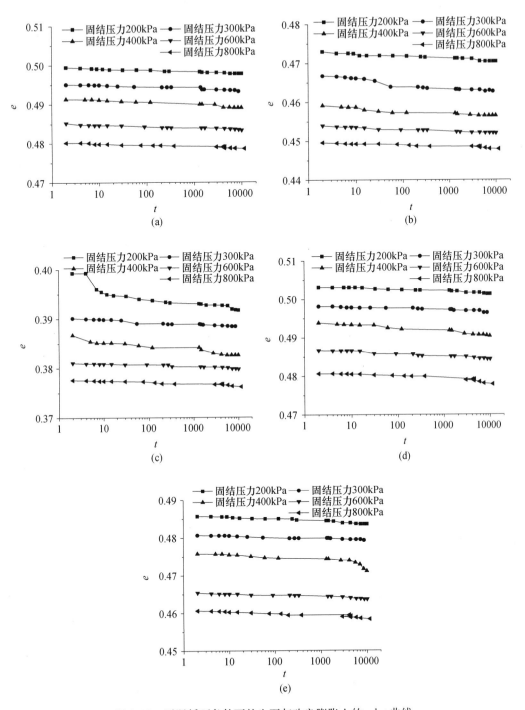

图 2.35　干湿循环条件下的生石灰改良膨胀土的 $e$-$\lg t$ 曲线

（a）干湿循环 2 次；（b）干湿循环 4 次；

（c）干湿循环 6 次；（d）干湿循环 8 次；（e）干湿循环 10 次

## 2.4　生石灰改良膨胀土非线性蠕变本构模型

土的变形和强度特性除了与其所承受的应力状态有关外，还与时间相关，即具有流变特性。岩土材料都有一定的流变性[91]。大量工程实践经验表明，土的流变力学特性是研究路基沉降以及滑坡等公路病害必须高度重视的基本力学性质[92]。土体的流变包括蠕变、长期压缩特性等。土体的蠕变是指有效应力不变的情况下，土体的变形随时间的发展。土力学中的蠕变往往指压缩蠕变，即有效应力不变条件下土体随时间不断发展的压缩变形。有学者将这种压缩蠕变定义为正蠕变[93]。

根据孔隙水压力是否完全消散，土的压缩变形可分为主固结和次压缩两个阶段[94]。孔隙水、气排出，有效应力增大而引起的土骨架压缩称为主固结压缩[95]；土体中部分结合水的排出、土骨架发生蠕变而产生的压缩称为次压缩。次压缩过程中，土中孔隙水压力为零，有效应力基本不变，而土的体积仍随时间增长而发生压缩。但主固结和次固结并不是两个完全独立的过程，它们是相互影响的[96]。

有学者认为，次固结是超静孔隙水压完全消散，主固结完成之后土体发生的二次固结[97]，而土体蠕变特性与孔隙水的消散没有必然的联系。一般认为，黏性土的沉降主要包括固结和蠕变两部分[98]。这就必然需要关注两个问题：一是土体的蠕变与固结的关系；二是蠕变与次固结的关系。

1977 年 Lade 等[99]就提出，土体固结过程中蠕变是否与固结同时发生。一种观点认为土体的蠕变发生于固结沉降结束之后；另一种观点认为蠕变是土骨架的固有属性，土体的蠕变与固结同时发生，固结阶段就有蠕变变形。第一种观点又延伸出土体的蠕变与次固结的关系。有学者认为土体的蠕变即次固结，并且采用次固结系数对土体的蠕变特性进行定量分析[100]。

但也有学者认为，第二种观点能更好地阐述土体的变形机制和土层的实际变形过程，但在试验过程中难以分离出蠕变变形量[101]，其中一个重要原因就是较难识别主固结阶段的次固结变形和程度[102-103]。一般的做法是，采用 Bjerrum[104]提出的长期压缩变形等时 $e$-lg$p$ 曲线图，用以判别主固结结束后的次固结，然后进行次固结的计算。

关于次固结，有多种定义，其形成机理也尚未形成统一的认识。一般将土体固结后期的实际沉降变形量随着时间推移而偏离理论估算值的现象称为次固结。相对于土体的变形，其次固结与蠕变只是同一现象的不同称谓而已，其本质是相同的。公认的观点：在固结过程中，由于土骨架的蠕变而产生的固结变形称为次固结[105]。

Singh 等[106]提出的关于次压缩系数的经验公式，能较好地预测软土的长期沉降。因此，采用次压缩系数来描述土体的长期压缩特性则成为最通常采用的方法[107]。对于次固结系数与荷载之间的关系，有两类代表性的观点：一是认为同一种土次固结系数与荷载无关；二是认为次固结系数与荷载有关。公路软基规范[108]规定次固结系数为常数，与荷载无关。

目前，建立土体蠕变本构模型是研究土体的蠕变性质的核心课题。关于流变模型问题，国内外众多学者开展了大量研究，其研究成果归纳为如下几个方面：一是基于室内蠕变试验，运用拟合回归方法建立经验本构模型[109-111]；二是基于模型理论，在 3 种基本元件基础上，通过串、并联方式建立组合模型[112]；三是在已有模型基础上，通过修改元件参数建立能反映非线性流变的本构模型[113-117]。

经验模型的优势在于参数少[109]，主要有 Singth-Mitchell 模型[46]、Mesri 模型[118]、上海软土蠕变模型[119]等。经验模型在我国使用普遍，相关的研究内容也较为丰富。现行的模型理论一般采用弹簧、黏壶、滑块等基本线性组件进行组合。但这种模型理论无论怎样改变模型中的组件个数、组件串并联方式，其本构方程总是线性的并且难以描述土体的非线性流变问题[120]。常见的模型理论有 Maxwell 模型、Kelvin 模型、Burgers 模型等，这些模型概念直观、物理意义明确，但要准确模拟土的黏-弹-塑性需要引入更多的元件进行组合，造成模型参数过多，给工程应用带来了不便[121]。半经验半理论的计算模型的提出，则解决了组件模型不能描述软土的非线性流变问题[122]，但模型的参数仍然是随着应力的变化而变化的[123]。

在工程设计中，通常是在实验室内进行蠕变试验，从而建立土的蠕变本构模型。经验方程法从土流变特性出发，由试验直接总结出土流变经验方程，其缺点是只反映流变的外部表象，无法反映其内部机理，通用性差。优点是较直观，可直接使用，因而成为工程设计人员经常采用的方法之一。遗传蠕变理论的本构方程具有遗传积分形式，内含一个积分核函数，通过求解该核函数从而建立相应的数学表达式，其缺点是不够直观，并且物理意义不明确，实际应用中也不方便，因而实际应用中较少采用。流变模型理论则是采用一些基本元件来代表物体的内部特性，通过元件的组合来构建数学模型，其本构方程为微分形式，具有较直观、物理意义明确等优点。广大工程技术人员也经常采用这种模型。

## 2.4.1　遗传蠕变理论

在 Boltzmann 叠加原理的基础上，遗传蠕变理论[124]将物体在某时刻的变形分为两部分：瞬时变形部分、历史变形影响部分。其中瞬时变形为应力施加时刻的变形，按弹性理论进行计算。历史变形影响量采用特定的积分方程式，该方程式称为积分蠕变方程。根据等时曲线的不同形式，积分蠕变方程式有 3 种表现形式：

（1）不同时刻的等时曲线，其应力-应变关系不相似，其积分蠕变方程式中的积分核部分表示为

$$\gamma(t) = \int_0^t Q(\tau, t - t_i) \mathrm{d}t \qquad (2.11)$$

（2）除初始时刻外，其他时刻的等时曲线均相似，其积分蠕变方程式中的积分核部分表示为

$$\gamma(t) = \int_0^t Q(t - t_i) f[\tau(t_i)] \mathrm{d}t \qquad (2.12)$$

(3) 任意时刻的等时曲线均相似，其积分蠕变方程式中的积分核部分表示为

$$\gamma(t) = \int_0^t Q(t-t_i)\left[\tau(t_i)\right]\mathrm{d}t \qquad (2.13)$$

式中，$Q$ 为积分核，$\tau$ 为应力，$t_i$ 表示任意时刻，$\mathrm{d}t$ 表示荷载持续时间。

## 2.4.2 非线性蠕变理论

根据不同应力水平下土体的蠕变曲线，可以得到不同时刻的土的应力-应变等时曲线。由于不同时刻的土的应力-应变等时曲线是不同的，并且一般情况下不是直线，说明土的流变是非线性。随着时间 $t$ 的延长，黏性变形的发展将导致土体的应力-应变等时曲线逐渐向应变 $\varepsilon$ 轴靠拢。当应力水平 $\sigma$ 越大时，土体的应力-应变等时曲线则偏离直线的程度越大，这说明了土的流变非线性程度随着应力水平的增大而增大。此外，随时间 $t$ 的延长，土体的应力-应变等时曲线偏离直线的程度则越大，这说明了土的流变非线性程度随着时间 $t$ 而增强。

如果土的蠕变是衰减型的，则随着时间 $t$ 很长以后，土的应力-应变等时曲线则会逐渐靠拢，直至 $t \to \infty$ 时完全重合。如果土的蠕变是非衰减型的，土的应力-应变等时曲线则会随着时间 $t$ 而逐渐分开，尤其是在应力水平较高的条件下。

土的流变一般情况下是非线性的，按照线性流变来研究土的流变只是一种简化方法。在常应力水平 $\sigma_0$ 的条件下，根据模型理论可以得到线性蠕变方程为

$$\varepsilon\ (t) = J_{ve}\ (t)\ \sigma_0 + J_{vp}\ (t)\ \langle\sigma_0 - \sigma_s\rangle \qquad (2.14)$$

式中：$J_{ve}\ (t)$、$J_{vp}\ (t)$ 分别为黏弹性蠕变柔量、黏塑性蠕变柔量。两者都只是时间 $t$ 的函数，与应力水平 $\sigma$ 无关；$\sigma_s$ 为材料的屈服应力；$\langle\sigma_0 - \sigma_s\rangle$ 为一开关函数，当 $\sigma_0 < \sigma_s$ 时，$\langle\sigma_0 - \sigma_s\rangle = 0$；当 $\sigma_0 \geqslant \sigma_s$ 时，$\langle\sigma_0 - \sigma_s\rangle = \sigma_0 - \sigma_s$。

式（2.14）表明，当 $\sigma_0 < \sigma_s$ 时，只有黏弹性；当 $\sigma_0 \geqslant \sigma_s$ 时，则产生黏塑性。当 $\sigma_0 \geqslant \sigma_s$ 产生黏塑性之后，式（2.14）所代表的应力-应变等时曲线是直线形的或折线形的。

为了避开复杂难懂的非线性黏弹塑性理论，以及过多的带有经验的纯经验公式，本节采用一种半经验的修正理论来描述土的非线性蠕变，即将土的蠕变分为线性的和非线性的两部分。采用模型理论来描述土体线性蠕变部分，采用经验模型来描述土体非线性蠕变部分，并且作为对线性部分的修正。这种半经验的修正方法在近似情况下，很容易退化为线性理论。

任何一种非线性都可以分为线性部分、偏离线性的非线性部分两部分。非线性流变 $\varepsilon$ 也可以分为线性黏弹塑性应变 $\varepsilon_1$、偏离 $\varepsilon_1$ 的非线性应变 $\varepsilon_n$ 两部分。线性黏弹塑性应变 $\varepsilon_1$ 在应力-应变等时曲线上表现为一簇折线，非线性应变 $\varepsilon_n$ 就是在应力-应变等时曲线上偏离折线的那部分。

实际上，黏塑性变形本身就是非线性变形。线性黏塑性是指相对于自身的过应力 $(\sigma_0 - \sigma_s)$ 与黏塑性应变 $\varepsilon_{vp}$ 为线性关系，这样人为地称之为线性黏塑性，表示为 $\varepsilon_{lvp}$。这在应力-应变等时曲线上表现为一条直线，但不经过原点。因此，非线性黏塑性部分就

是偏离线性黏塑性的那部分黏塑性，即过应力（$\sigma_0 - \sigma_s$）与非线性黏塑性应变 $\varepsilon_{nvp}$ 为非线性关系。

在流变学研究中，根据应力-应变等时曲线的不同形式，将流变分为线性的和非线性的流变。线性流变是指应力-应变等时曲线是直线形式的或者折线形式的，即弹性模量表现出仅仅是时间的函数，此时蠕变曲线为曲线形式的，但同一时刻的应力-应变曲线表现为直线形式的。而非线性流变是指土的弹性模量不仅仅表现为是时间的函数，而且还是应力的函数，表现在应力-应变等时曲线上，则不再是直线形式的而是曲线形式的了。

（1）非线性黏弹性本构关系

图 2.36 表示的是根据蠕变曲线所得到的黏弹性应力-应变等时曲线。

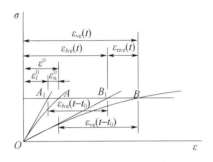

图 2.36　土的流变类型划分

图中，曲线 $OA$ 是瞬时即 $t = t_0$ 时的应力-应变等时曲线，曲线 $OB$ 是任意时刻即 $t$（$t > t_0$）时刻的应力-应变等时曲线。$OA_1$、$OB_1$ 分别为曲线 $OA$、曲线 $OB$ 在原点处的切线，代表线性黏弹性变形部分。黏弹性总变形 $\varepsilon_{ve}$ 就是线性黏弹性变形 $\varepsilon_{lve}$、非线性黏弹性变形 $\varepsilon_{nve}$，即

$$\varepsilon_{ve} = \varepsilon_{lve} + \varepsilon_{nve} \tag{2.15}$$

该式实际上表示的是 $t-t_0$ 时刻以后所产生的黏弹性总应变、线性黏弹性应变和非线性黏弹性应变。当 $t = t_0$ 时刻时，上式则表示瞬时黏弹性总应变、线性黏弹性应变和非线性黏弹性应变，此时的应变与时间无关，即

$$\varepsilon^0 = \varepsilon_l^0 + \varepsilon_n^0 \tag{2.16}$$

线性黏弹性变形 $\varepsilon_{lve}$ 随时间而增长，但是与应力 $\sigma$ 呈线性关系，因此可采用线性黏弹性模型理论进行描述。根据应力-应变等时曲线在原点处的切线，可以得到不同时刻的应力-线性黏弹性应变，即 $\sigma \varepsilon_{lve}$ 的等时曲线。而 $\sigma \varepsilon_{lve}$ 关系实际上为直线，当求出这些直线的斜率，就能够得到不同时刻的线性黏弹性模量 $E_{lve}(t)$，根据 $E_{lve}-t$ 曲线即可得到线性黏弹性模量 $E_{lve}(t)$ 随时间的变化规律。

根据线性黏弹性模型理论可以得到，线性黏弹性蠕变柔量 $J_{lve}(t)$ 与线性黏弹性模量 $E_{lve}(t)$ 之间存在以下关系，即

$$J_{lve}(t) = \frac{1}{E_{lve}(t)} \tag{2.17}$$

根据该式即可得到线性黏弹性蠕变柔量 $J_{lve}$ $(t)$，以及 $J_{lve}$-$t$ 曲线，从而得到线性黏弹性蠕变柔量 $J_{lve}$ $(t)$ 随时间的变化规律。

对于线性黏弹性模量 $E_{lve}$ $(t)$、线性黏弹性蠕变柔量 $J_{lve}$ $(t)$，都只与时间 $t$ 有关，与应力水平 $\sigma$ 无关。这样就可应用线性黏弹性模型理论，以建立合适的线性黏弹性模型来描述线性黏弹性应变 $\varepsilon_{lve}$，并且可以确定模型中的参数取值，即

$$\varepsilon_{lve} = \frac{\sigma}{E_{lve}\ (t)} = J_{lve}\ (t)\ \sigma \qquad (2.18)$$

对于非线性黏弹性应变 $\varepsilon_{nve}$，随时间而增长，并且与应力 $\sigma$ 呈非线性关系。因此不能采用模型理论进行描述。根据经验模型来描述非线性黏弹性应变 $\varepsilon_{nve}$，作为对线性黏弹性应变 $\varepsilon_{lve}$ 的修正，即

$$\varepsilon_{nve} = f_{nve}\ (t,\ \sigma) \qquad (2.19)$$

式中，$f_{nve}$ $(t,\ \sigma)$ 为经验函数。该函数既是时间 $t$ 的函数，也是应力水平 $\sigma$ 的非线性函数。上式可改写为

$$\varepsilon_{nve} = f_{nve}\ (t,\ \sigma)\ = J_{nve}\ (t,\ \sigma)\ \sigma \qquad (2.20)$$

式中，$J_{nve}$ $(t,\ \sigma)$ 为非线性黏弹性蠕变柔量。$J_{nve}$ $(t,\ \sigma)$ 的物理意义与线性黏弹性蠕变柔量 $J_{lve}$ $(t)$ 是相似的。与 $J_{lve}$ $(t)$ 不同的是，$J_{nve}$ $(t,\ \sigma)$ 既是时间 $t$ 的函数，也是应力水平 $\sigma$ 的非线性函数。

根据上述分析，可得到总的黏弹性应变 $\varepsilon_{ve}$ 的表达式为

$$\varepsilon_{ve} = \varepsilon_{lve} + \varepsilon_{nve} = J_{lve}\ (t)\ \sigma + J_{nve}\ (t,\ \sigma)\ \sigma = J_{ve}\ (t,\ \sigma)\ \sigma \qquad (2.21)$$

式中，$J_{ve}$ $(t,\ \sigma)$ 称为总的黏弹性蠕变柔量。

总的黏弹性蠕变柔量 $J_{ve}$ $(t,\ \sigma)$ 为线性黏弹性蠕变柔量 $J_{lve}$ $(t)$、非线性黏弹性蠕变柔量 $J_{nve}$ $(t,\ \sigma)$ 之和，即

$$J_{ve}\ (t,\ \sigma)\ = J_{lve}\ (t)\ + J_{ve}\ (t,\ \sigma) \qquad (2.22)$$

该式即非线性黏弹性体的本构方程。

（2）非线性黏塑性本构关系

对于非线性黏塑性，其研究方法与上述非线性黏弹性研究方法相类似，即将黏弹性部分从总的应力-应变等时曲线上除去，即可得到应力-黏塑性应变即 $\sigma\varepsilon_{vp}$ 等时曲线。在 $(\sigma\sigma_s)$-$\varepsilon_{vp}$ 坐标系中，根据上述非线性黏弹性的方法，只要将黏弹性改为黏塑性，下标 ve 改为 vp，而应力改为 $(\sigma\sigma_s)$ 即可得到非线性黏塑性的本构关系，即

$$\varepsilon_{vp} = \varepsilon_{lvp} + \varepsilon_{nvp} \qquad (2.23)$$

$$J_{lvp}\ (t)\ = \frac{1}{E_{lvp}\ (t)} \qquad (2.24)$$

$$\varepsilon_{lvp} = \frac{\sigma - \sigma_s}{E_{lvp}\ (t)} = J_{lvp}\ (t)\ (\sigma - \sigma_s) \qquad (2.25)$$

$$\varepsilon_{nvp} = f_{nvp}\ (t,\ \sigma - \sigma_s) = J_{nvp}\ (t,\ \sigma - \sigma_s)\ (\sigma - \sigma_s) \qquad (2.26)$$

$$\begin{aligned}\varepsilon_{vp} &= J_{lvp}\ (t)\ (\sigma - \sigma_s) + J_{nvp}(t,\ \sigma - \sigma_s)\ (\sigma - \sigma_s)\\ &= J_{vp}(t,\ \sigma - \sigma_s)\ (\sigma - \sigma_s) \qquad (2.27)\end{aligned}$$

式中，$\varepsilon_{vp}$、$\varepsilon_{lvp}$、$\varepsilon_{nvp}$ 分别称为总的黏塑性应变、线性黏塑性应变、非线性黏塑性应变；$J_{lvp}(t)$、$E_{lvp}(t)$ 分别称为线性黏塑性蠕变柔量、线性黏塑性模量；$f_{nvp}(t, \sigma-\sigma_s)$ 为时间 $t$、$(\sigma-\sigma_s)$ 的非线性函数；$J_{nvp}(t, \sigma-\sigma_s)$ 为非线性黏塑性蠕变柔量。与非线性蠕变柔量 $J_{nvp}(t)$ 不同的是，非线性黏塑性蠕变柔量 $J_{nvp}(t, \sigma-\sigma_s)$ 是时间 $t$ 的函数，也是应力水平的非线性函数；$J_{vp}(t, \sigma-\sigma_s)$ 为总的黏塑性蠕变柔量。

总的黏塑性蠕变柔量 $J_{vp}(t, \sigma-\sigma_s)$ 为线性黏塑性蠕变柔量 $J_{lvp}(t)$、非线性黏塑性蠕变柔量 $J_{nvp}(t, \sigma-\sigma_s)$ 之和，即

$$J_{vp}(t, \sigma-\sigma_s) = J_{lvp}(t) + J_{nvp}(t, \sigma-\sigma_s) \tag{2.28}$$

该式即非线性黏塑性体的本构方程。

孙钧等人[119]提出了半理论半经验方法描述非线性流变的方法。这种方法基本保留了模型理论的框架，以模型理论描述非线性流变的线性变形部分，以试验数据拟合补充非线性变形部分。本文引入遗传蠕变理论来描述非线性变形部分，而流变中的线性部分仍然采用模型理论进行描述，以建立生石灰改良膨胀土的非线性蠕变模型。

## 2.4.3　一维长期压缩试验及结果分析

本节选取干密度为 $1.8\text{g/cm}^3$、含水率为 $18\%$ 的膨胀土样，以及生石灰掺量为 $7\%$ 的改良膨胀土土样作为研究对象。试验所用的膨胀土，以及一维长期压缩试验等，与 1.5.2 节相同，生石灰材料与 2.2.5 节相同。膨胀土土样、生石灰改良膨胀土土样的蠕变曲线和等时曲线分别如图 2.37、图 2.38 所示。

根据图 2.37、图 2.38，无论是改良膨胀土土样还是未改良膨胀土土样，其应变-时间蠕变曲线形式一致，土体受载初期变形深度较快，最后趋于稳定。而土样等时曲线则是曲线簇，随着时间、应力的增大，土体的应变随之不断增大。

根据图 2.38（a）的蠕变曲线，改良土样在受荷初期土体变形较快，然后变形逐渐趋于平缓，最后趋向某一定值。图 2.38（b）中的等时曲线曲线簇不是直线，说明土体发生了非线性流变。曲线簇随时间、应力的增大，应变也随之不断增大，并且应力越大，曲线簇越偏向应变轴，说明随着应力水平的增大，土体非线性流变程度不断增大。

当应力小于 300kPa 时，应力-应变表现为线性关系，可以认为仅发生黏弹性变形。当应力大于 300kPa 时，应力-应变不再表现为线性关系，此时土体发生了黏塑性变形。据此，①以应力水平为界限来划分黏弹性阶段和黏塑性阶段；②以同样的方法分析黏塑性阶段的变形，并将其划分为线性黏塑性部分和非线性黏塑性部分；③采用模型理论研究黏弹性阶段和线性黏塑性部分；④采用遗传蠕变理论研究非线性黏塑性部分。通过上述四个步骤，就可得到完整的非线性蠕变本构模型。

根据上述得到的改良膨胀土在不同应力水平下的应力-应变等时曲线簇，将曲线反映的非线性流变分解为 3 部分：线性黏弹性蠕变变形、线性黏塑性蠕变变形和非线性黏塑性蠕变变形。基于模型理论和遗传蠕变理论建立各部分流变模型，其中：①采用模型理论建立元件模型，分析线性黏弹性蠕变变形、线性黏塑性蠕变变形部分；②运用遗传

蠕变理论建立积分蠕变方程，分析非线性黏塑性蠕变变形部分；③结合试验数据拟合出材料和方程参数；④用此模型得到的蠕变曲线与实测结果进行对比分析，以验证本文的本构模型的合理性。

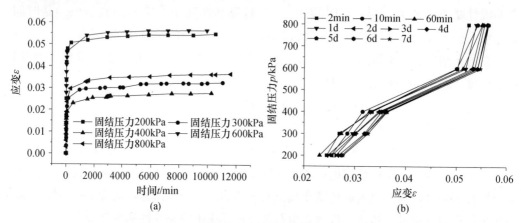

图 2.37　膨胀土土样的蠕变曲线和等时曲线

（a）蠕变曲线；（b）等时曲线

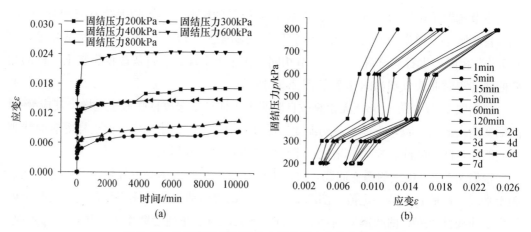

图 2.38　生石灰改良膨胀土土样的蠕变曲线和等时曲线

（a）蠕变曲线；（b）等时曲线

（1）线性黏弹性蠕变变形

应力-应变等时曲线，在坐标原点处做切线可得到线性黏弹性阶段的等时曲线。由于图 2.38（b）等时曲线中 300kPa 以下的部分为直线，和切线完全重合，可以认为这就是线性黏弹性等时曲线，如图 2.39 所示。

由不同时刻的切线斜率，即可得到黏弹性阶段的弹性模量。该弹性模量的倒数，即为黏弹性阶段的蠕变柔量 $J_{lve}$。线性黏弹性阶段的蠕变柔量 $J_{lve}$ 随时间 $t$ 而增大，并且呈现出趋于稳定的趋势，如图 2.40 所示。

对于线性黏弹性流变模型，可以选用一个标准线性体，再串联一个 Kelvin 体，组成一个 5 元件的模型，如图 2.41[122] 所示。

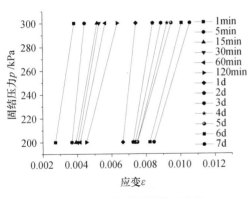

图 2.39　线性黏弹性等时曲线

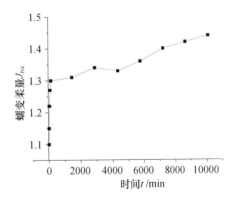

图 2.40　线性黏弹性阶段蠕变柔量与时间的关系

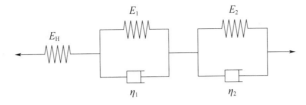

图 2.41　线性黏弹性流变模型

图 2.41 所示的线性黏弹性流变模型的蠕变柔量 $J_{lve}$ 可表示为

$$J_{lve}(t)=\frac{1}{E_{\mathrm{H}}}+\frac{1}{E_1}(1-\mathrm{e}^{-\frac{E_1}{\eta_1}t})+\frac{1}{E_2}(1-\mathrm{e}^{-\frac{E_2}{\eta_2}t}) \tag{2.29}$$

式中，$E_{\mathrm{H}}$ 为胡克弹簧的弹性模量，$E_1$、$E_2$ 分别为两个 Kelvin 体中弹簧的弹性模量，$\eta_1$、$\eta_2$ 分别为 Kelvin 体中的牛顿黏壶的黏滞系数。

式（2.29）中的这 5 个参数均为待定参数。根据图 2.40 所示 $J_{lve}$-$t$ 关系曲线，基于最小二乘法可拟合得到这 5 个参数值分别为 $E_{\mathrm{H}}=0.91\mathrm{MPa}$、$E_1=5.67\mathrm{MPa}$、$\eta_1=9.20\times10^5\mathrm{Pa\cdot min}$、$E_2=5.51\mathrm{MPa}$、$\eta_2=1.30\times10^2\mathrm{Pa\cdot min}$。

将这 5 个参数代入式（2.29），可计算得到蠕变柔量与时间的 $J_{lve}$-$t$ 关系拟合曲线，如图 2.42 所示。通过拟合曲线与试验曲线对比发现，两者能够较好吻合，这样就验证了线性粘弹性阶段本构模型的合理性。

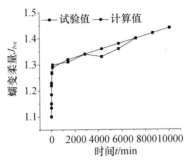

图 2.42　拟合结果

（2）线性黏塑性蠕变变形

扣除如图 2.38（b）所示的应力-应变等时曲线中的线性黏弹性部分后，就得到了改良膨胀土试验的黏塑性流变部分，如图 2.43 所示。可以得到，改良膨胀土试样的黏塑性等时曲线不再是直线，这样就可以判断土样黏塑性阶段的蠕变为非线性的了。

将黏塑性阶段的流变过程人为划分为线性黏塑性和非线性黏塑性。将图 2.43 所示的黏塑性等时曲线起始部分的切线作为线性黏塑性，如图 2.44 所示。该图中的各切线的斜率就是线性黏塑性弹性模量，由该弹性模量便可得到线性黏塑性蠕变柔量。线性黏塑性蠕变柔量与时间的关系，如图 2.45 所示。

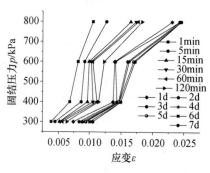

图 2.43　黏塑性等时曲线

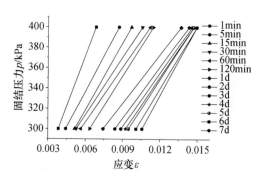

图 2.44　线性黏塑性等时曲线

对于线性黏塑性流变模型，选用如图 2.46 所示的模型进行描述。

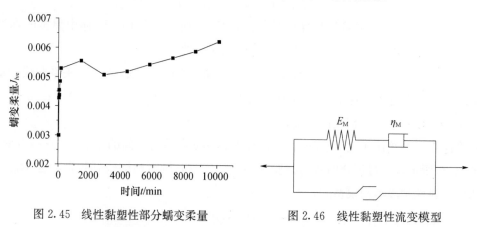

图 2.45　线性黏塑性部分蠕变柔量　　　　图 2.46　线性黏塑性流变模型
　　　　　与时间的关系

图 2.46 所示的线性黏塑性流变模型的蠕变柔量 $J_{lvp}$ 可表示为

$$J_{lvp} = \frac{1}{E_M} + \frac{1}{\eta_M} t \tag{2.30}$$

根据试验数据拟合得到 $E_M = 222.59\text{MPa}$，$\eta_M = 5.8 \times 10^6 \text{Pa} \cdot \text{min}$。

将这两个参数代入式（2.30），可计算得到蠕变柔量与时间的 $J_{lvp}$-$t$ 关系拟合曲线，如图 2.47 所示。通过拟合曲线与试验曲线对比发现，两者能够较好吻合，这样就验证了线性黏塑性本构模型的合理性。

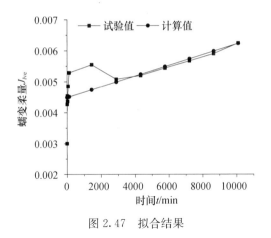

图 2.47  拟合结果

（3）非线性黏塑性部分

扣除如图 2.43 所示的黏塑性等时曲线中的线性黏塑性蠕变部分，就可得到非线性黏塑性蠕变，如图 2.48 所示。

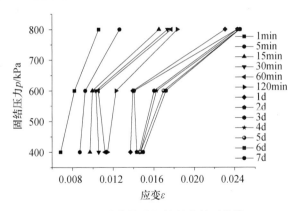

图 2.48  非线性黏塑性蠕变等时曲线

根据图 2.48 可知，非线性黏塑性蠕变等时曲线的形式相似，随着时间 $t$ 的推移，曲线越偏向应变轴，表明土样的黏塑性流变的非线性更为明显。由于曲线簇形式相似，因此其非线性黏塑性蠕变积分方程式可选用如方程式（2.13）所示的形式进行表达，即 $\gamma(t) = \int_0^t Q(t - t_i)\left[\tau(t_i)\right]\mathrm{d}t$。由于采用分级加载，因此在某一级受载条件下，应力是不随时间变化的。该式可以改写成如下形式：

$$\gamma(t) = \tau \int_0^t Q(t - t_i)\,\mathrm{d}t \tag{2.31}$$

对该式微分可得到

$$Q(t) = \frac{1}{\tau}\frac{\mathrm{d}\gamma(t)}{\mathrm{d}t} \tag{2.32}$$

式中，$Q(t)$ 为积分方程中的核函数，$(\mathrm{Pa} \cdot \mathrm{d})^{-1}$；$\tau$ 为应力，MPa；$t$ 为时间，d。

对于不同固结压力 $p$ 作用下的蠕变数据，采用上式进行整理以计算核函数 $Q(t)$，计算结果见表 2.29。积分核 $Q(t)$ 与时间 $t$ 的关系曲线，如图 2.49 所示。

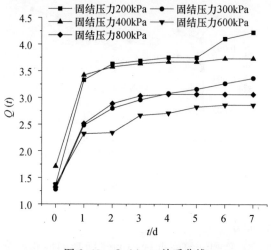

图 2.49  $Q(t)$-$t$ 关系曲线

根据表 2.29，将 $Q(t)$-$t$ 关系曲线按照对数函数 $Q(t) = a\ln(t+1) + b$ 的形式进行拟合，参数 $a$，$b$ 拟合结果见表 2.30。

表 2.29  核函数 $Q(t)$ 计算结果

| $\tau$/MPa | $t$/d | d$t$/d | d$\gamma$ | $Q(t)$ / $(Pa \cdot d)^{-1}$ |
|---|---|---|---|---|
| 0.2 | 0 | 1 | 0.274 | 1.37000 |
| | 1 | 1 | 0.666 | 3.33000 |
| | 2 | 1 | 0.726 | 3.63000 |
| | 3 | 1 | 0.738 | 3.69000 |
| | 4 | 1 | 0.750 | 3.75000 |
| | 5 | 1 | 0.780 | 3.75000 |
| | 6 | 1 | 0.821 | 4.10500 |
| | 7 | 1 | 0.845 | 4.22500 |
| 0.3 | 0 | 1 | 0.384 | 1.28000 |
| | 1 | 1 | 0.744 | 2.48000 |
| | 2 | 1 | 0.840 | 2.80000 |
| | 3 | 1 | 0.888 | 2.96000 |
| | 4 | 1 | 0.924 | 3.08000 |
| | 5 | 1 | 0.948 | 3.16000 |
| | 6 | 1 | 0.980 | 3.26667 |
| | 7 | 1 | 1.010 | 3.36667 |
| 0.4 | 0 | 1 | 0.684 | 1.71000 |
| | 1 | 1 | 1.368 | 3.42000 |
| | 2 | 1 | 1.430 | 3.57500 |

续表

| $\tau$/MPa | $t$/d | d$t$/d | d$\gamma$ | $Q$ ($t$) / (Pa·d)$^{-1}$ |
|---|---|---|---|---|
| 0.4 | 3 | 1 | 1.455 | 3.63750 |
| | 4 | 1 | 1.468 | 3.67000 |
| | 5 | 1 | 1.468 | 3.67000 |
| | 6 | 1 | 1.493 | 3.73250 |
| | 7 | 1 | 1.493 | 3.73250 |
| 0.6 | 0 | 1 | 0.819 | 1.36500 |
| | 1 | 1 | 1.392 | 2.32000 |
| | 2 | 1 | 1.404 | 2.34000 |
| | 3 | 1 | 1.602 | 2.67000 |
| | 4 | 1 | 1.626 | 2.71000 |
| | 5 | 1 | 1.696 | 2.82667 |
| | 6 | 1 | 1.719 | 2.86500 |
| | 7 | 1 | 1.719 | 2.86500 |
| 0.8 | 0 | 1 | 1.056 | 1.32000 |
| | 1 | 1 | 2.011 | 2.51375 |
| | 2 | 1 | 2.310 | 2.88750 |
| | 3 | 1 | 2.427 | 3.03375 |
| | 4 | 1 | 2.451 | 3.06375 |
| | 5 | 1 | 2.451 | 3.06375 |
| | 6 | 1 | 2.451 | 3.06375 |
| | 7 | 1 | 2.451 | 3.06375 |

**表 2.30　参数 $a$, $b$ 拟合结果**

| $\tau$/MPa | $a$ | $b$ |
|---|---|---|
| 0.2 | 1.1816 | 1.8337 |
| 0.3 | 0.9213 | 1.8778 |
| 0.4 | 0.8263 | 1.7981 |
| 0.6 | 0.6868 | 1.7898 |
| 0.8 | 0.7789 | 1.8188 |

根据表 2.30，取 $b=1.8236$，参数 $a$ 与 $\tau$ 的关系可拟合为

$$a=2.8537\tau^2-3.4907\tau+1.7485 \tag{2.33}$$

于是可得到核函数的拟合表达式为

$$Q\ (t)\ =(2.8537\tau^2-3.4907\tau+1.7485)\ln\ (t+1)\ +1.8236 \tag{2.34}$$

相应的非线性黏塑性蠕变积分方程为

$$\gamma(t)=\tau\int_0^t\left[(2.8537\tau^2-3.4907\tau+1.7485)\ln(t+1)+1.8236\right]\mathrm{d}t \tag{2.35}$$

该式即生石灰改良膨胀土的非线性黏塑性流变部分的本构方程。

### 2.4.4 非线性蠕变本构模型及验证

根据上述分析，将非线性流变分解为 3 部分：线性黏弹性蠕变变形、线性黏塑性蠕变变形和非线性黏塑性蠕变变形。

根据式（2.29）可得到线性黏弹性蠕变变形 $\varepsilon_{lve}$ 为

$$\varepsilon_{lve}=\left[1.0989+0.1764(1-e^{-6.1630t})+0.1815(1-e^{-42384t})\right]\sigma \tag{2.36}$$

根据式（2.30）可得到线性黏塑性蠕变变形 $\varepsilon_{lvp}$ 为

$$\varepsilon_{lvp}=(0.0045+1.7241\times10^{-7}t)\,\sigma \tag{2.37}$$

根据（2.35）可得到非线性黏塑性蠕变变形 $\varepsilon_{nvp}$ 为

$$\varepsilon_{nvp}=\sigma\int_0^t\left[(2.8537\tau^2-3.4907\tau+1.7485)\ln(t+1)+1.8227\right]dt \tag{2.38}$$

于是非线性蠕变总变形 $\varepsilon$ 可表示为

$$\begin{aligned}
\varepsilon &=\varepsilon_{lve}+\varepsilon_{lvp}+\varepsilon_{nvp}\\
&=\left[1.0989+0.1764(1-e^{-6.1630t})+0.1815(1-e^{-42384t})\right]\sigma+\\
&\quad\left[0.0045+1.7241\times10^{-7}t\right]\sigma+\\
&\quad\sigma\int_0^t\left[(2.8537\tau^2-3.4907\tau+1.7485)\ln(t+1)+1.8227\right]dt
\end{aligned} \tag{2.39}$$

式（2.39）即生石灰改良膨胀土的非线性蠕变本构方程。

将建立的本构模型计算所得到的蠕变曲线，与生石灰掺量为 7% 的改良膨胀土土样的实测结果进行对比，如图 2.50 所示。

通过对比发现，基于建立的非线性流变模型的蠕变曲线与试验得到的蠕变曲线，两者能够较好地吻合，这表明了本文所提出的生石灰改良膨胀土的非线性流变本构模型的可靠性。该模型的本构方程为连续函数，克服了分段不连续函数的缺点，并且在对非线性黏塑性部分进行分析建立方程时更好地考虑了黏塑性产生的原因，更加符合生石灰改良膨胀土的非线性流变的本质。

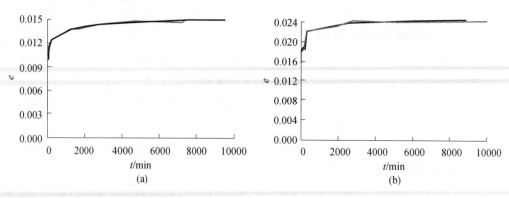

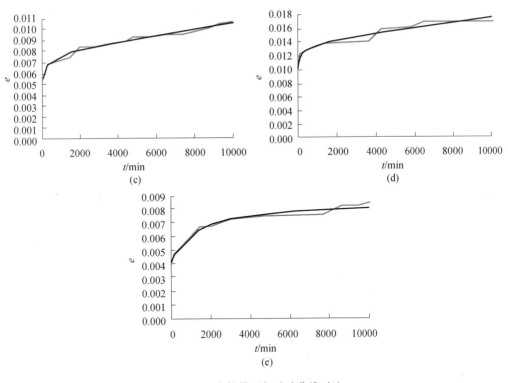

图 2.50　本构模型与试验曲线对比

（a）固结压力 200kPa；（b）固结压力 300kPa；

（c）固结压力 400kPa；（d）固结压力 600kPa；（e）固结压力 800kPa

## 2.5　复合改良材料的配合比

2.2.5 节研究了石屑、水泥、石灰对膨胀土的复合改良的强度特性。本节选用生石灰、粉煤灰、煤渣、中粗砂等 4 种材料，对膨胀土进行综合改良，并且探讨这 4 种材料在膨胀土改性中的合理掺量，建立其掺量的数学模型。试验研究采用自由膨胀率、标准吸湿含水率、液塑限等试验开展研究。

### 2.5.1　试验方案及结果分析

（1）试验材料

试验材料包括膨胀土、生石灰、中粗砂、粉煤灰和煤渣。

试验所用膨胀土土样取自益娄高速 K33+560 处，取土深度 1.5～2.0m，新鲜土样呈黄褐色、白色，并呈细小鳞片状，手摸感到有较粗的砂粒、碎石，灰白色土有滑腻感，湿水后呈黏泥巴状，干燥时呈硬块状，该土样为中膨胀土，其物理力学指标见表 2.31，筛分结果见表 2.32。生石灰材料与 2.2.5 节相同。中粗砂与 2.2.3 节相同。粉煤灰与煤渣为外购。粉煤灰为 F 类低钙粉煤灰，其主要成分见表 2.33。煤渣经过破碎处理后取粒径小于 2.36mm 的颗粒用于膨胀土改性，其主要化学成分为 $SiO_2$ 与 $Al_2O_3$，见表 2.34。

**表 2.31　膨胀土土样的物理力学指标**

| 天然含水率 /% | 液限 /% | 塑限 /% | 塑性指数 /% | $c$ /kPa | $\varphi$ /（°） | $\rho_{dmax}$ /（g/cm³） |
|---|---|---|---|---|---|---|
| 22.0 | 64.0 | 28.7 | 35.3 | 64.0 | 17.9 | 1.79 |

| $w_{opt}$ /% | 自由膨胀率 /% | 标准吸湿含水率/% | 无荷膨胀率 /% | 胀缩总率 /% | CBR /% | 活动度 |
|---|---|---|---|---|---|---|
| 18.0 | 52.0 | 5.9 | 9.8 | 3.02 | 1.46 | 2.17 |

**表 2.32　膨胀土土样的筛分结果　　　　%**

| <0.002mm 颗粒含量 | 0.002～0.005mm 颗粒含量 | 0.005～0.075mm 颗粒含量 | >0.075mm 颗粒含量 |
|---|---|---|---|
| 16.2 | 42.1 | 37.5 | 4.2 |

**表 2.33　粉煤灰主要指标　　　　%**

| $SiO_2$ | $Al_2O_3$ | $Fe_2O_3$ | CaO |
|---|---|---|---|
| 45.76 | 20.45 | 4.55 | 10.50 |

**表 2.34　煤渣主要指标**

| $SiO_2 + Al_2O_3$/% | 堆积密度/（kg/m³） | 细度模数 | 压碎值/% |
|---|---|---|---|
| >75 | 850 | 2.18 | — |

（2）单一改性材料试验方案及结果分析

上述 4 种材料：生石灰、中粗砂、粉煤灰和煤渣的掺量是指与膨胀土样干质量之比，4 种材料的掺量都采用 3%、6%、9%、12%、15%、18%。

在膨胀土中分别掺加上述 4 种改良材料，分别测定改良土的液限塑限（塑性指数）、自由膨胀率和标准吸湿含水率等 3 个指标，试验结果见表 2.35。

**表 2.35　改良膨胀土试验结果汇总　　　　%**

| 改良材料 | 测定指标 | 改良材料掺量 | | | | | | |
|---|---|---|---|---|---|---|---|---|
| | | 0 | 3 | 6 | 9 | 12 | 15 | 18 |
| 生石灰 | 塑性指数 | 35.3 | 25.1 | 14.2 | 11.5 | 11.0 | 9.8 | 9.0 |
| | 自由膨胀率 | 52.0 | 46.8 | 39.0 | 35.5 | 30.5 | 25.6 | 22.8 |
| | 标准吸湿含水率 | 5.9 | 4.2 | 2.7 | 1.9 | 1.6 | 1.5 | 1.4 |
| 粉煤灰 | 塑性指数 | 35.3 | 34.6 | 33.1 | 31.3 | 27.1 | 23.6 | 20.5 |
| | 自由膨胀率 | 52.0 | 50.0 | 48.2 | 45.0 | 41.0 | 39.8 | 37.8 |
| | 标准吸湿含水率 | 5.9 | 5.6 | 5.2 | 4.5 | 3.0 | 2.5 | 2.5 |

续表

| 改良材料 | 测定指标 | 改良材料掺量 | | | | | | |
|---|---|---|---|---|---|---|---|---|
| | | 0 | 3 | 6 | 9 | 12 | 15 | 18 |
| 煤渣 | 塑性指数 | 35.3 | 32.1 | 31.2 | 30.8 | 26.5 | 22.3 | 19.5 |
| | 自由膨胀率 | 52.0 | 50.1 | 48.5 | 46.5 | 45.5 | 45.0 | 42.6 |
| | 标准吸湿含水率 | 5.9 | 5.5 | 5.4 | 4.6 | 4.1 | 3.5 | 3.0 |
| 中粗砂 | 塑性指数 | 35.3 | 34.6 | 32.8 | 26.3 | 21.1 | 18.6 | 16.5 |
| | 自由膨胀率 | 52.0 | 50.5 | 49.0 | 46.0 | 39.0 | 37.0 | 35.0 |
| | 标准吸湿含水率 | 5.9 | 5.4 | 5.0 | 3.2 | 2.5 | 2.5 | 2.3 |

改良材料的掺量对膨胀土塑性指数、自由膨胀率和标准吸湿含水率等三个指标的影响规律，分别如图 2.51～图 2.54 所示。随着改性材料掺量的增加，膨胀土的塑性指数、自由膨胀率和标准吸湿含水率等三个指标都有显著减小。当生石灰掺量为 6% 时这种减小的趋势变缓，并且改良土达到弱-非膨胀土的相应指标。对于粉煤灰、煤渣、中粗砂，当掺量为 12%、15% 时，改良土才达到弱-非膨胀土的相应指标。因此，生石灰的改良效果显著优于其他 3 种材料。

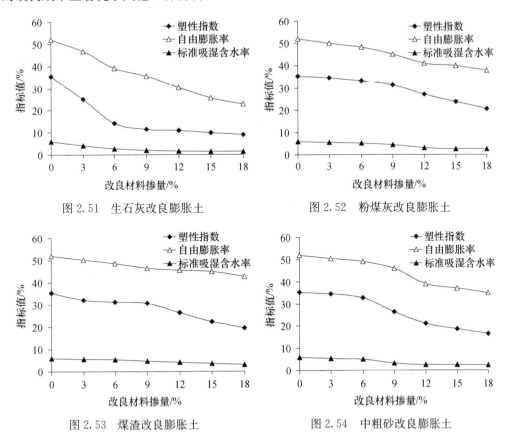

图 2.51　生石灰改良膨胀土　　　　图 2.52　粉煤灰改良膨胀土

图 2.53　煤渣改良膨胀土　　　　图 2.54　中粗砂改良膨胀土

（3）4 种改性材料试验方案及结果分析

首先定义以下 4 个参数：膨胀土的塑性指数减少率 $R_{I_p}$、膨胀土的标准吸湿含水率

减少率 $R_S$、膨胀土的自由膨胀率减少率 $R_F$。其分别表示为

$$R_{I_p} = \frac{I_p^0 - I_p^1}{I_p^0}, \ R_S = \frac{S^0 - S^1}{S^0}, \ R_F = \frac{F^0 - F^1}{F^0} \tag{2.40}$$

式中　$R_{I_p}$、$R_S$、$R_F$——掺加上述 4 种改性材料后，膨胀土的塑性指数、标准吸湿含水率、自由膨胀率的减少率，%；

　　　　$I_p^0$、$I_p^1$——膨胀土在掺加上述 4 种改性材料前、后的塑性指数，%；

　　　　$S^0$、$S^1$——膨胀土在掺加上述 4 种改性材料前、后的标准吸湿含水率，%；

　　　　$F^0$、$F^1$——膨胀土在掺加上述 4 种改性材料前、后的自由膨胀率，%。

① 二分法优化正交试验方案

传统的正交试验设计法收敛速度慢，不能满足本文的研究要求。本文引入二分法，对各因素的水平进行划分，正交试验的各因素的水平数也根据研究因素的取值进行调整，从而既使试验组数最少，又能取得精确而满意的结果。

二分法试验设计流程如图 2.55 所示。

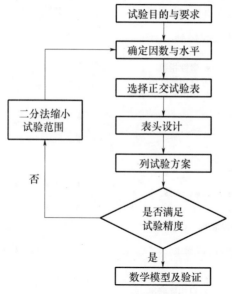

图 2.55　二分法试验流程

② 试验过程及结果

本研究的目的是要得到满足改良膨胀土的 4 种改性材料的配合比。综合改良材料的配合比既要使得膨胀土经过改良后达到定义为非膨胀土的要求，又要使得改性材料的使用量最少。首先，根据上述单一改性材料试验，得到本正交试验中各因素水平的初始值的范围。第一轮试验采用 4 个因素，即石灰、粉煤灰、煤渣、中粗砂等的掺量，然后根据二分法取 4 个因素掺量的三个水平，因素水平表见表 2.36，试验结果见表 2.37。

通过第二轮试验，试验范围继续减小。继续二分法优化设计正交试验，经过多轮试验，从而得到更加精确的试验因素的水平变化范围。通过调整因素水平变化范围，进一

步试验。同时增加考虑养护时间（即基本稳定时间）、养护温度等。部分试验结果见表 2.38。

表 2.36　试验因素水平 %

| 水平数 | 第一轮试验 | | | | 第二轮试验 | | | |
|---|---|---|---|---|---|---|---|---|
| | 石灰掺量 | 粉煤灰掺量 | 煤渣掺量 | 中粗砂掺量 | 石灰掺量 | 粉煤灰掺量 | 煤渣掺量 | 中粗砂掺量 |
| 1 | 3 | 5 | 9 | 4 | 1 | 1 | 1 | 4 |
| 2 | 5 | 10 | 18 | 8 | 2 | 3 | 3 | 8 |
| 3 | 7 | 15 | 27 | 12 | 3 | 5 | 5 | 12 |

表 2.37　试验结果

| 试验编号 | 第一轮试验 | | | | | 第二轮试验 | | | | |
|---|---|---|---|---|---|---|---|---|---|---|
| | 石灰掺量/% | 粉煤灰掺量/% | 煤渣掺量/% | 中粗砂掺量/% | 膨胀土性判别 | 石灰掺量/% | 粉煤灰掺量/% | 煤渣掺量/% | 中粗砂掺量/% | 膨胀土性判别 |
| 1 | 3 | 5 | 9 | 4 | 是 | 1 | 1 | 2 | 4 | 是 |
| 2 | 3 | 10 | 18 | 8 | 否 | 2 | 3 | 5 | 8 | 否 |
| 3 | 3 | 15 | 27 | 12 | 否 | 3 | 5 | 7 | 12 | 否 |
| 4 | 5 | 5 | 9 | 12 | 否 | 1 | 1 | 5 | 12 | 否 |
| 5 | 5 | 10 | 18 | 4 | 否 | 2 | 3 | 7 | 4 | 是 |
| 6 | 5 | 15 | 27 | 8 | 否 | 3 | 5 | 2 | 8 | 否 |
| 7 | 7 | 5 | 27 | 8 | 否 | 1 | 1 | 7 | 8 | 是 |
| 8 | 7 | 10 | 9 | 12 | 否 | 2 | 3 | 2 | 12 | 否 |
| 9 | 7 | 15 | 18 | 4 | 否 | 3 | 5 | 5 | 4 | 是 |

表 2.38　部分试验结果

| 编号 | 石灰掺量/% | 粉煤灰掺量/% | 煤渣掺量/% | 中粗砂掺量/% | 时间/d | 温度/℃ | $R_{I_p}$/% | $R_S$/% | $R_F$/% |
|---|---|---|---|---|---|---|---|---|---|
| 1 | 0 | 10 | 10 | 1 | 8 | 25 | 43.2 | 51.0 | 29.7 |
| 2 | 0.1 | 12 | 11 | 4 | 8 | 25 | 52.6 | 62.0 | 37.7 |
| 3 | 0.2 | 13 | 8 | 6 | 8 | 20 | 54.2 | 60.2 | 38.0 |
| 4 | 0.3 | 2 | 12 | 4 | 8 | 20 | 34.3 | 39.8 | 25.7 |
| 5 | 0.4 | 3 | 17 | 5 | 8 | 25 | 53.1 | 54.7 | 34.4 |
| 6 | 0.5 | 4 | 4 | 6 | 8 | 20 | 46.6 | 54.5 | 33.9 |
| 7 | 0.6 | 6 | 12 | 2 | 8 | 25 | 44.6 | 52.4 | 33.0 |
| 8 | 0.7 | 7 | 2 | 1 | 8 | 25 | 36.3 | 40.2 | 27.6 |
| 9 | 0.8 | 11 | 6 | 3 | 8 | 20 | 56.3 | 60.2 | 39.8 |
| 10 | 0.9 | 12 | 4 | 1 | 8 | 25 | 52.7 | 59.2 | 37.7 |

| 编号 | 石灰掺量/% | 粉煤灰掺量/% | 煤渣掺量/% | 中粗砂掺量/% | 时间/d | 温度/℃ | $R_{I_p}$/% | $R_S$/% | $R_F$/% |
|---|---|---|---|---|---|---|---|---|---|
| 11 | 1.0 | 2 | 6 | 2 | 6 | 20 | 32.9 | 36.6 | 24.6 |
| 12 | 1.1 | 12 | 8 | 3 | 6 | 20 | 53.2 | 61.0 | 37.2 |
| 13 | 1.2 | 2 | 2 | 3 | 6 | 25 | 34.6 | 37.6 | 26.7 |
| 14 | 1.3 | 13 | 15 | 2 | 6 | 25 | 65.2 | 67.3 | 39.2 |
| 15 | 1.4 | 2 | 8 | 4 | 6 | 20 | 46.7 | 53.2 | 33.7 |
| 16 | 1.5 | 10 | 2 | 1 | 6 | 20 | 45.7 | 54.8 | 35.6 |
| 17 | 1.6 | 4 | 16 | 2 | 6 | 25 | 53.2 | 57.4 | 36.5 |
| 18 | 1.7 | 4 | 2 | 6 | 6 | 20 | 46.4 | 56.4 | 34.8 |
| 19 | 1.8 | 6 | 3 | 4 | 6 | 25 | 45.1 | 56.3 | 33.4 |
| 20 | 1.9 | 10 | 5 | 7 | 4 | 20 | 52.4 | 61.1 | 37.2 |
| 21 | 2.0 | 3 | 7 | 5 | 4 | 25 | 50.2 | 57.7 | 34.6 |
| 22 | 2.1 | 5 | 9 | 5 | 4 | 20 | 54.9 | 61.2 | 37.7 |
| 23 | 2.2 | 6 | 10 | 7 | 4 | 25 | 56.9 | 62.7 | 38.8 |
| 24 | 2.3 | 8 | 13 | 4 | 4 | 25 | 57.2 | 64.7 | 39.5 |
| 25 | 2.4 | 3 | 5 | 6 | 4 | 25 | 50.2 | 58.5 | 34.7 |
| 26 | 2.5 | 5 | 6 | 4 | 4 | 20 | 50.7 | 59.7 | 35.0 |
| 27 | 2.6 | 4 | 9 | 2 | 4 | 25 | 43.3 | 49.5 | 32.5 |
| 28 | 2.7 | 9 | 14 | 1 | 4 | 20 | 60.2 | 66.7 | 41.2 |
| 29 | 2.8 | 2 | 5 | 6 | 4 | 20 | 45.3 | 51.9 | 34.7 |
| 30 | 2.9 | 12 | 1 | 2 | 4 | 25 | 50.9 | 57.6 | 35.1 |

## 2.5.2 数值计算及验证

分析试验数据发现，塑性指数、标准吸湿含水率、自由膨胀率等 3 个指标的削减率与生石灰、粉煤灰、煤渣、中粗砂等改良材料的掺量之间具有相关关系。4 种改性材料之间有相互影响，并且生石灰掺量越多，试验结果稳定得越快，试验土样所需的养护时间也越短。根据表 2.38 的试验结果，在粉煤灰、煤渣掺量较多的试验条件下，少量的生石灰掺量，即可激发出粉煤灰与煤渣的活性。

将膨胀土的塑性指数减少率 $R_{I_p}$、膨胀土的标准吸湿含水率减少率 $R_S$、膨胀土的自由膨胀率减少率 $R_F$ 考虑为因变量，将生石灰、粉煤灰、煤渣、中粗砂等改良材料的掺量，以及时间、养护温度考虑为自变量，结合各因素的敏感性，建立模型如下：

$$Y = a_1 S^b + a_2 F + a_3 M + a_4 Z + a_5 \ln t + a_6 w + a_7 \tag{2.41}$$

式中　$Y$——分别代表为塑性指数减少率、标准吸湿含水率减少率、自由膨胀率减少率，%；

　　　$S$——生石灰掺入量，%；

　　　$F$——粉煤灰掺入量，%；

　　　$M$——煤渣掺入量，%；

　　$Z$——中粗砂掺入量，%；

　　$t$——养护时间，d；

　　$w$——养护温度，℃。

　　通过 MATLAB 编写程序求解上述公式中的试验常数 $a_1$ 至 $a_7$。塑性指数减少率 $R_{I_p}$、标准吸湿含水率减少率 $R_S$、自由膨胀率减少率 $R_F$ 可分别表示为

$$R_{I_p} = 4.734665^{0.89972} + 1.40206F + 0.93146M + 1.77696Z +$$
$$2.05474\ln t + 0.15132w + 12.61990 \tag{2.42}$$

$$R_S = 3.98771S^{0.94148} + 1.52537F + 0.81118M + 1.77173Z -$$
$$0.95320\ln t + 0.02670w + 28.22327 \tag{2.43}$$

$$R_F = 2.26199S^{0.89972} + 0.98356F + 0.39790M + 1.01679Z +$$
$$0.77057\ln t - 0.041673w + 19.22979 \tag{2.44}$$

　　将表 2.38 试验数据对上述三个公式进行检验，发现最大误差不超过 9%，如图 2.56～图 2.58 所示。

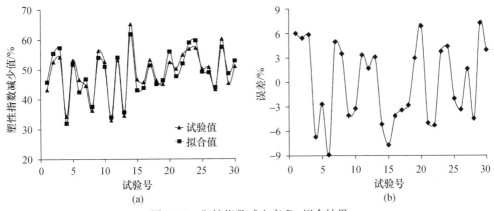

图 2.56　塑性指数减少率 $R_{I_p}$ 拟合结果

(a) 计算值与试验值对比；(b) 计算值的误差

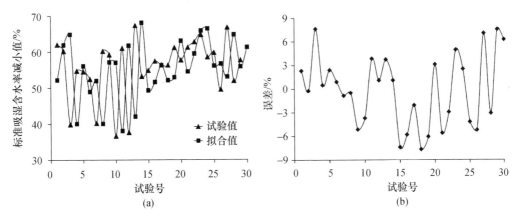

图 2.57　标准吸湿含水率减少率 $R_S$ 拟合结果

(a) 计算值与试验值对比；(b) 计算值的误差

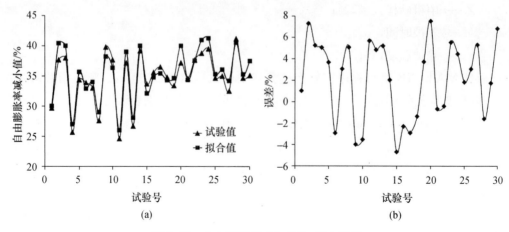

图 2.58 自由膨胀率减少率 $R_F$ 拟合结果

(a) 计算值与试验值对比；(b) 计算值的误差

## 2.6 本章小结

（1）研究了石屑作为膨胀土物理改良材料的可行性。

石屑可显著改善膨胀土的活动度，并提高膨胀土的无侧限抗压强度、CBR 以及回弹模量等力学指标。石屑可明显改善膨胀土的抗剪切特性，但石屑掺量、初始干密度对膨胀土的抗剪强度参数和抗剪强度的影响机理各不相同。在石屑改良膨胀土的路基填筑施工中，适宜的石屑掺量、较高的压实度，有利于提高石屑改良膨胀土路基施工质量。研究表明，石屑最佳掺量为 15%。

（2）研究了中粗砂作为膨胀土物理改良材料的可行性。

中粗砂可明显改变膨胀土的液限、塑限和塑性指数等指标值。中粗砂显著影响膨胀土的击实特性，对膨胀土的收缩性指标也产生较为显著的影响。本章提出了相应的函数关系，可根据路基所需的压实度计算出中粗砂改良膨胀土所需要的含水率和中粗砂掺量；提出了中粗砂改良膨胀土的线缩率、体缩率和收缩系数等收缩性指标值，与中粗砂掺量之间的函数关系，从而可方便地确定中粗砂的掺量。中粗砂作为膨胀土的物理改良材料的最佳掺量可确定为 10%～15%。

（3）研究水泥＋石屑、石灰＋石屑等复合材料对膨胀土进行复合改良的可行性。

采用水泥＋石屑、石灰＋石屑复合改良材料，能有效提高膨胀土的无侧限抗压强度值，且明显大于采用石屑单一材料改良膨胀土的无侧限抗压强度值，试验结果表明复合改良材料更有利于提高膨胀土的无侧限抗压强度值。

采用生石灰、粉煤灰、煤渣、中粗砂对膨胀土进行综合改良，提出了塑性指数、标准吸湿含水率、自由膨胀率减少率，与 4 种改良材料掺量、养护时间、养护温度等的函数关系，从而可以定量计算出膨胀土改良中 4 种改良材料的掺量。

（4）针对生石灰改良膨胀土的物理性质、胀缩性质和强度性质等开展研究，提出生石灰改良膨胀土路基施工工艺参数。

根据试验结果，当生石灰掺量为 5% 时，膨胀土的塑性指数为 10.6%，小于 15%，膨胀土的自由膨胀率、无荷膨胀率、有荷膨胀率也显著减小。因此，生石灰掺量为 5% 时是适宜的。在路基施工中，生石灰改良膨胀土的施工含水率可控制在标准击实试验结果的基础上增加 5%。

（5）通过研究生石灰改良膨胀土的长期压缩特性，提出生石灰改良膨胀土的非线性蠕变本构模型。

根据理论计算的蠕变曲线与试验蠕变曲线进行对比发现，两者能够较好地吻合，表明本章所提出的生石灰改良膨胀土的非线性蠕变本构模型的可靠性。该模型的本构方程为连续函数，克服了分段不连续函数的缺点，并且在对非线性黏塑性部分建立方程时能够更好地考虑产生黏塑性的原因，更加符合生石灰改良膨胀土的蠕变非线性的本质。

# 第3章 益娄高速公路膨胀土路基施工工艺

## 3.1 膨胀土路基处治方案

采用生石灰改良膨胀土的包边法,可减少膨胀土改良中的石灰用量,最大限度地合理利用膨胀土,降低路基填筑施工成本和难度,加快路基工程施工进度,并且基本不影响公路沿线的生态环境。

路堤包边部分可采用两种材料:一是生石灰改性膨胀土;二是非膨胀土即普通黏性土。益娄高速公路膨胀土路基处治方案包括:(1)弱膨胀土路堤包边方案;(2)中膨胀土路堤包边方案;(3)膨胀土高路堤包边方案;(4)膨胀土地基处治方案。

### 3.1.1 弱膨胀土路堤包边方案

(1)弱膨胀土路堤包边材料可分别采用生石灰改良膨胀土和非膨胀土即普通黏性土。包边方案分别如图3.1和图3.2所示。该方案适用于高度不大于6.0m的路堤。路堤边坡坡率、护坡道、边沟及道路用地等采用原设计方案。

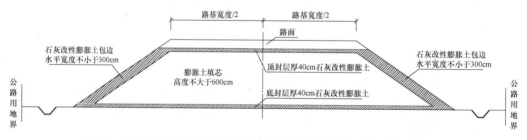

图3.1 弱膨胀土路堤包边方案示意图(包边材料为生石灰改良膨胀土)

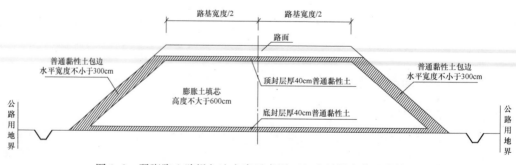

图3.2 弱膨胀土路堤包边方案示意图(包边材料为普通黏性土)

（2）处治深度主要指路面结构层底面以下需要处理的膨胀土路基深度。

对于高速公路膨胀土路基，其压实度要求较高，而膨胀土的干密度越大，膨胀性也越大，其对路基造成的危害也就越严重。道路建成后，面层下土体密实，相对隔水，且上有路面结构层隔水，不能直接接受大气降水；另一方面，由于受到路面结构层影响，减弱了土体中的水分蒸发的空间环境条件。因此，膨胀土遇水膨胀和失水收缩的条件不充分，膨胀土的膨胀力将锐减。

因此，处治深度需要综合考虑以下因素：大气影响深度、上覆面层结构、处置方法、防护与排水条件等。处治深度包括包边土层厚度、顶封层以及底封层的厚度。考虑到上覆路面结构对大气降雨的阻隔、路基土体内部水分蒸发作用的减弱，顶封层、底封层厚度可分别取 40cm；湖南地区大气影响深度保守确定为 2.0m，如边坡坡率为 1：1.5，两侧包边水平向宽度则为 3.0m。为保证路肩压实度以及路堤边坡修整以及植草防护和排水系统的需要，路堤两侧包边厚度需在上述宽度的基础上，各增加宽度不少于 50cm。

（3）顶封层和路堤边坡包边层主要用于防风化和干湿循环；底封层则是切断地下水毛细水上升路径。顶封层是指膨胀土填芯层顶的填土层；底封层是指地基顶面至膨胀土填芯层底的填土层。顶封层、底封层均采用 6％生石灰改性膨胀土。路堤两侧包边部分可采用生石灰改良膨胀土或非膨胀土即普通黏性土。

## 3.1.2　中膨胀土路堤包边方案

（1）路堤高度不大于 6.0m 的中膨胀土路堤包边方案与弱膨胀土包边方案相同，如图 3.1 或图 3.2 所示，但膨胀土填芯层采用夹层与中封层相结合的方法。

夹层：路堤填芯层每填三层膨胀土后，再填一层普通黏性土（非膨胀土）层，称为 3 夹 1 的填筑方案。

中封层：路堤填芯层高度小于 3m 处，设置 40cm 厚的 6％生石灰改性膨胀土或普通黏性土（非膨胀土）。

路堤边坡坡率、护坡道、边沟及道路用地等，采用原设计方案。

（2）对于处治深度，与 3.1.1 节相同。其中：顶封层、底封层厚度分别为 40cm；路堤边坡坡率为 1：1.5，两侧包边水平向宽度不小于 3.0m，增加不少于 0.5m，便于路堤边坡修整，总计水平向宽度不小于 3.5m；包边部分材料采用 6％生石灰改性膨胀土，或普通黏性土（非膨胀土）。

## 3.1.3　膨胀土高路堤包边方案

（1）路堤填筑高度超过 6.0m 的包边方案

如十二标和十三标，当路堤填筑高度超过 6.0m 时，膨胀土路堤包边方案如图 3.3 和图 3.4 所示。路堤边坡采用阶梯形，在 6.0m 处设置平台，宽度为 2.0m，上、下边坡坡率分别为 1：1.5 和 1：1.75。

（2）路堤填筑高度超过 8.0m 的包边方案

如二标至五标，当路堤填筑高度超过 8.0m 时，膨胀土路堤包边方案如图 3.5 和图 3.6 所示。如路堤填筑高度小于 8.0m 时，膨胀土路堤包边方案仍按 3.1.2 节处理。

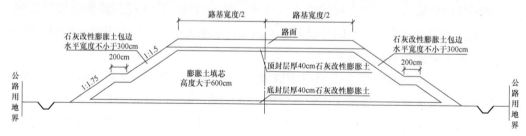

图 3.3　阶梯形路堤边坡膨胀土包边横断面图（包边材料为生石灰改良膨胀土）

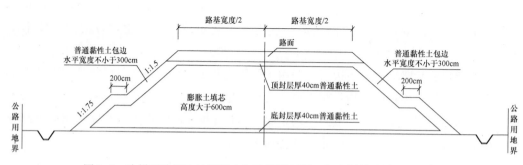

图 3.4　阶梯形路堤边坡膨胀土包边横断面图（包边材料为普通黏性土）

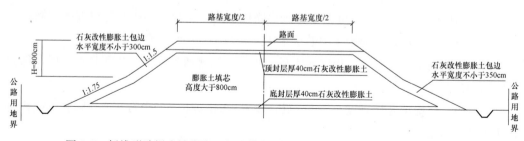

图 3.5　折线形路堤边坡膨胀土包边横断面图（包边材料为生石灰改良膨胀土）

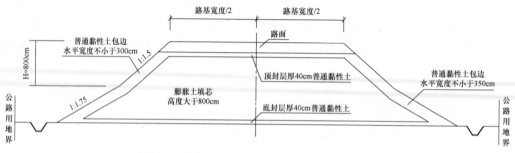

图 3.6　折线形路堤边坡膨胀土包边横断面图（包边材料为普通黏性土）

路堤边坡采用原设计的折线形方案，上、下边坡坡率分别为 1 : 1.5 和 1 : 1.75。

（3）膨胀土填芯层

弱膨胀土填芯采用 3.1.1 节的方法；中膨胀土填芯采用夹层与中封层相结合的方法，与 3.1.2 节相同。

（4）处治深度

处治深度见 3.1.1 节。其中：顶封层、底封层厚度分别为 40cm，采用 6％生石灰改性膨胀土，或普通黏性土（非膨胀土）；路堤边坡坡率为 1∶1.75，两侧包边水平向宽度为 3.5m，增加不少于 0.5m 便于路堤边坡修整，总宽度不小于 4.0m。包边采用 6％生石灰改性膨胀土，或普通黏性土（非膨胀土）。

## 3.1.4　膨胀土地基的处治方案

益娄高速公路膨胀土地基处理包括两个方面：①填方膨胀土地基处理；②挖方膨胀土地基处治。根据处治方案提出施工要点。

（1）路堤膨胀土地基处理方案

路堤膨胀土地基处理方案如图 3.7 和图 3.8 所示。

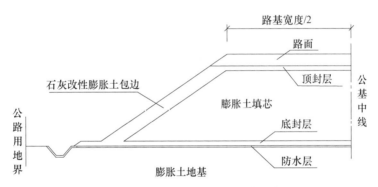

图 3.7　路堤膨胀土地基处理方案示意图

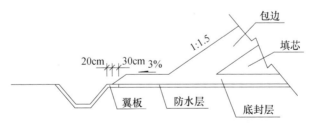

图 3.8　路堤膨胀土地基处理方案大样图

膨胀土地基处理以防水、隔水、保湿以及协调地基膨胀土由于气候环境变化而产生的不均匀变形为原则。地基表层处理完后应及时封闭，或及时进行下一道工序的施工。地基表层处理完后，铺筑半刚性防水结构，即防水层＋底封层。防水层是由中粗砂垫层＋复合防排水板＋中粗砂垫层组成的防水结构层，厚度15cm；底封层为6％生石灰改性膨胀土，厚度40cm。防水结构全断面铺设，宽度应超出路堤边坡外侧每侧不少于2.50m。在路堤边坡外侧 2.50m 处设置整体式排水沟，形式与尺寸为原设计的 G2 型。

排水沟采用现浇钢筋混凝土，厚度15cm，在路堤侧设置宽度为50cm的翼板，与防水层搭接，搭接宽度不少于20cm。

（2）路堑膨胀土地基处理方案

路堑膨胀土地基处理方案如图3.9所示。

根据公路行业规范《公路路基设计规范》（JTG D30—2004）第7.8.3条的规定进行超挖，超挖深度根据图3.9进行计算。超挖完成后，在膨胀土地基上全断面铺筑底封层，底封层为6%生石灰改性膨胀土，厚度40cm。底封层施工完成后，进行边沟施工。边沟尺寸为原设计的尺寸。翼板搭接在底封层上。碎落台宽度不小于2.0m，其上铺设浆砌混凝土预制块，厚度15cm，设置向内侧3%的横坡。边沟施工完成后，铺筑防水层。防水层结构为中粗砂垫层＋复合防排水板＋中粗砂垫层组成的防水结构层，厚度15cm，全断面铺设。

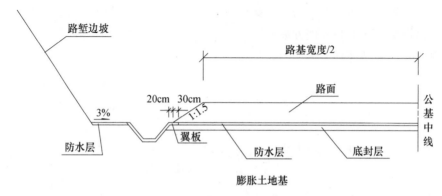

图3.9 路堑膨胀土地基处理方案示意图

## 3.2 施工控制指标

益娄高速生石灰改良膨胀土路基施工控制指标包括生石灰最佳掺量、生石灰改良膨胀土的施工控制含水率、路基包边厚度（大气影响深度）等。

### 3.2.1 生石灰掺量

根据公路行业规范《公路路基施工技术规范》（JTG F10—2006）的规定，石灰掺量必须由试验确定。

通过2.3节的试验研究发现，生石灰改性膨胀土的各项试验指标，相较于天然膨胀土均有显著改善，特别当掺灰率为5%～7%时，显著改善了膨胀土的各项物性指标；当掺灰量大于7%时，各项指标变化则不明显。

当生石灰掺量不小于5%时，CBR值大于3%，并且胀缩总率（50kPa有荷膨胀率）小于0.7%。因此，无论在何种压实区下，生石灰掺量都应不小于6%。

补做生石灰掺量为6%的CBR、胀缩总率试验，试验结果：CBR值为8.23，胀缩总率为 0.66%。这个试验结果验证了生石灰掺量为 6% 的合理性和可行性。

因此，益娄高速膨胀土路堤包边方案中，采用 6% 的生石灰掺量是比较合理的。路基现场填筑施工要解决的关键技术则是掺灰工艺、碾压压实度和含水率的控制问题。

## 3.2.2　最佳含水率

通过 2.3.2 节中的无侧限抗压强度试验发现，基于标准重型击实试验和无侧限抗压强度试验，得到的生石灰改良膨胀土的最佳含水率是不同的。通过无侧限抗压强度试验得到的最佳含水率比击实试验大 3% 左右。并且经过一定龄期养护的石灰改性膨胀土具有较高的无侧限抗压强度值。

因此，在益娄高速公路膨胀土路堤施工中，生石灰改良膨胀土的最佳含水率，宜在标准重型击实试验的基础上增加 3%，或以无侧限抗压强度试验确定其最佳含水率。

公路行业规范《公路路基设计规范》（JTG D30—2004）和《公路路基施工技术规范》（JTG F10—2006）都规定，掺石灰的最佳配比，以改良膨胀土的胀缩总率不超过 0.7% 为宜，并且采用 CBR 和胀缩总率双指标（即 CBR≥3%，且胀缩总率≤0.7%）对石灰改良膨胀土的路用性能进行控制。

根据公路行业规范《公路土工试验规程》（JTG E40—2007），膨胀土的胀缩性试验包括自由膨胀率、无荷膨胀率、有荷膨胀率以及膨胀力等试验，而对膨胀土的胀缩总率试验，规程没有相应的试验方法。本试验参照《公路土工试验规程》（JTG E40—2007）T0126—1993，按以下方法进行。

胀缩总率按以下公式进行计算：

$$e_{ps} = e_{p50} + c_{sl} \cdot (w - w_m) \tag{3.1}$$

式中　$e_{ps}$——胀缩总率，%；

　　　$e_{p50}$——50kPa 有荷膨胀率，%；

　　　$C_{sl}$——收缩系数；

　　　$w$——最佳含水率，%；

$$w_m = k \cdot w_p$$

　　　$w_p$——塑限，%；

　　　$k$——系数。

由于扰动压实土的 $c_{sl}$ 较小，且 $w - w_m$ 一般在 10% 以内，故 $c_{sl} \cdot (w - w_m)$ 对胀缩总率 $e_{ps}$ 的贡献较小，可认为 $c_{sl} \cdot (w - w_m) \approx 0$，因而：$e_{ps} \approx e_{p50}$。

因此，根据《公路土工试验规程》（JTG E40—2007）中的 T0126—1993 试验方法，开展 50kPa 有荷膨胀率试验，即以 50kPa 有荷膨胀率试验结果作为试验土样的胀缩总率值 $e_{ps}$。

在上述试验中，确定了中膨胀土的掺灰量为 6%，施工最佳含水率为 24%，最大干密度为 1.99g/cm³。制作土样试件时，根据压实度 93%、94% 和 96%，确定相应的土样干密度为 1.85g/cm³、1.87g/cm³、1.91g/cm³。

通过 2 组平行的 50kPa 有荷膨胀率试验，每组 $e_{p50}$ 的平均值都不大于 0.53%，即 $e_{ps}$

≤0.53%，满足规范小于0.7%的要求，从而验证生石灰掺量、施工最佳含水率等参数的合理性。

试验结果见表3.1。

**表3.1 胀缩总率试验结果**

| 最佳含水率 /% | 胀缩总率/% | | | | | |
|---|---|---|---|---|---|---|
| | 干密度 1.85/（g/cm³） | | 干密度 1.87/（g/cm³） | | 干密度 1.91/（g/cm³） | |
| 24 | 0.41 | 0.45 | 0.49 | 0.52 | 0.53 | 0.50 |

### 3.2.3 大气影响深度

根据大气影响深度来确定路基包边厚度和宽度。

湖南地区大气影响深度保守确定为2.0m，如边坡坡率为1∶1.5，两侧包边水平向宽度则为3.0m。为保证路肩压实度以及路堤边坡修整以及植草防护和排水系统的需要，路堤两侧包边厚度需在上述宽度的基础上，各增加不少于50cm。

### 3.2.4 离心模型试验

本节通过室内试验确定6%的生石灰掺量可改变膨胀土的膨胀性，达到包边材料的质量要求，具备非膨胀土的工程特性，但路基实际运行能否满足设计规范要求还需后期长时间观测，这就使得处治效果不具有及时说服性。为提前获知6%的生石灰改良膨胀土包边方案的处治效果，本节决定建立路基模型通过离心机模拟试验进行判定。

（1）模型试验

本试验采用的离心机为TLJ-2型土工离心机，最大容量为100g·t，模型尺寸为0.8m×0.6m×0.6m，半径为3.0m，有效半径为2.7m，最大加速度为200g，数据采集通道70个。

本试验模型根据路堤实际断面尺寸按包边方案制作，模型比例设为40∶1，试验主要考虑不同路堤高度对生石灰改良膨胀土包边处治效果的影响，共进行4组模型试验。模拟的原型路堤高度分别为2、4、6、8（m），分别对应模型的高度为50、100、150、200（mm）。试验要求4组模型控制参数相同（除路堤高度外），其中压实度要求达到96区，分层铺土厚度按同比例缩小，采用室外养护，以充分模拟现场环境。

（2）试验结果及分析

在100倍重力加速度条件下对石灰改良膨胀土包边路基进行动力离心试验。通过观察水平方向（观察点位于路基模型顶部轴线处，简称为A点）、竖直方向（观察点位于路基模型边坡中部，简称为B点）传感器的变化值，分析不同路基填筑高度下6%生石灰改良膨胀土的包边法处治效果。通过模拟试验发现，A点的水平位移随路基高度的变化不大，但竖直位移变化明显，尤其高度大于6m时，竖直位移较大，达到1.2mm；B点处的水平、竖直位移均随路基的高度增加而增大，尤其高度大于6m时，水平、竖直位移增大较明显，水平位移达到 0.8mm，竖直位移达到 1.2mm。

试验结果如图 3.10、图 3.11 所示。

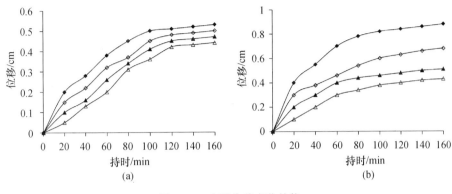

图 3.10　水平位移变化趋势

（a）模型 A；（b）模型 B

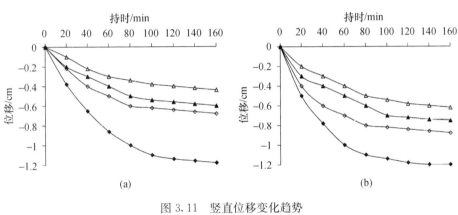

图 3.11　竖直位移变化趋势

（a）模型 A；（b）模型 B

由模型试验可知，采用 6% 的生石灰改良膨胀土包边法处治时，当路基填筑高度小于 6m 时，路基的整体稳定性较好；当路基填筑高度大于 6m 时，路基的整体稳定性较差，尤其路基边坡的失稳严重，模型存在多处裂隙情况。

（3）结论

通过离心模拟试验，发现膨胀土路堤包边厚度为 3.5m、填筑高度不超过 6m 时，包边法工程效果较好。

# 3.3　现场试验

## 3.3.1　试验目的

结合益娄高速膨胀土路堤包边方案，以及室内土工试验，开展膨胀土路堤填筑试验段的研究工作，为该线路膨胀土路堤的填料改良、修正和完善有关技术标准提供依据，试验段结果用于指导完善生石灰改良膨胀土路堤填筑方案，指导全线膨胀土路基施工，为后期进一步的膨胀土处治技术提供基础试验数据，为今后相关工程建设提供参考。

（1）验证本研究提出膨胀土路堤包边法的施工方案，在全线膨胀土路堤包边法的施工中提供指导。

（2）开展施工段填料试验、施工工序、质量控制指标及检测评定方法等方面的研究。

（3）具体确定以下施工参数：填料施工最佳含水率、松铺系数、碾压遍数与压实度的相关关系等。

（4）研究机械匹配和施工组织，验证生石灰掺量的合理性和可行性。

（5）研究机械匹配和施工组织，验证非膨胀土即普通黏性土包边方法的合理性和可行性。

## 3.3.2　基本要求

试验路段除满足公路行业规范《公路路基施工技术规范》（JTG F10—2006）第3.5节的规定外，还应满足以下基本要求：

（1）试验段长度不小于200m。

（2）试验段填筑总高度不大于6.0m。

（3）试验段位置选择：与膨胀土挖方相连、排水良好、堆料方便、填筑总高度不大于6m、完成地基清表、地表横坡较缓的填方地段。

## 3.3.3　人员、机械配备及材料用量

（1）主要人员

试验段施工的主要工作人员包括现场负责人、施工员、测量员、试验员、质检员，以及各种施工机械设备的操作人员和现场辅助人员等。

主要人员配备数量及职责，见表3.2。

（2）机械设备

用于试验段施工的主要施工机械设备包括挖掘机、推土机、路拌机、平地机、压路机、自卸汽车等。主要机械设备配备数量及用途见表3.3。

表3.3中的型号为参考型号，可根据试验段所在标段的机械设备情况做相应调整。

（3）材料用量

根据图3.1计算试验段每延米路基的膨胀土、生石灰所需最小用量，具体施工中可根据试验段长度确定膨胀土和生石灰的总用量。试验段膨胀土所需用量（压实方）为210m³/m（310t/m）。试验段生石灰所需用量为7t/m。

表 3.2　试验段工作人员配备数量及工作内容

| 人员类别 | 配备数量/人 | 工作内容 |
| --- | --- | --- |
| 现场技术负责人 | 1 | 制订施工计划、控制施工质量、安全和进度、检查和督促其他现场施工人员的工作进展情况等 |
| 施工员 | 2 | 协助技术负责人开展工作,熟悉施工方案,做好现场布局、组织各岗位人员按计划施工、实时处理施工中的有关问题等 |
| 测量员 | 2 | 确定路堤填筑边界、生石灰土包边与膨胀土填芯边界、各填筑层中桩位置及标高、石灰画格布土等 |
| 试验员 | 2 | 膨胀土和石灰土的压实度检测试验、石灰土的石灰含量试验等 |
| 质检员 | 1 | 对膨胀土、石灰和石灰土进行抽检,并对测量员和试验员的工作进行检查和验收等 |
| 机械设备操作员 | 11 | 操作各类型的施工机械设备,完成试验段的施工工作 |
| 辅助人员 | 4 | 协助现场施工员、测量员、试验员、质检员等开展工作 |

表 3.3　主要机械设备配备数量及用途

| 机械类别 | 配备数量/台 | 型号（参考） | 用途 |
| --- | --- | --- | --- |
| 挖掘机 | 1 | CAT-320 | 膨胀土取土,并与自卸车配合,为自卸车挖装土 |
| 推土机 | 2 | 小松 D6 | 推土机大致摊开填料,并将大颗粒土粉碎,推土机初平后用平地机精平 |
| 路拌机 | 1 | YWB210 | 生石灰、膨胀土路拌施工 |
| 平地机 | 1 | PY160B | 各填筑层推土机初平后用平地机精平 |
| 压路机 | 2 | YZ22 | 各填筑层平地机精平后碾压 |
| 自卸汽车 | 4 | — | 运输膨胀土、生石灰等填料 |

## 3.3.4　质量要求

（1）检测项目

碾压完成后,采用灌砂法检测压实度,水准仪、钢尺检测宽度、标高、横坡度,3m 直尺检测平整度。实测碾压遍数与压实度的关系、松铺系数等。膨胀土填芯层的含水率,石灰土包边层的含水率、CBR、胀缩总率、石灰含量。

（2）质量要求

根据公路行业规范《公路路基设计规范》（JTG D30—2004）和《公路路基施工技术规范》（JTG F10—2006）的规定,试验段路基填筑压实度标准如下:①顶封层、路面底面以下深度 80cm 内的压实度不小于 96%;②上路堤、下路堤、底封层的压实度不小于 94%;③地基的压实度不小于 90%。

（3）生石灰改良膨胀土质量要求

①CBR 的最小值:顶封层 8%,下路床 5%,上路堤 4%,下路堤和底封层 3%。②胀缩总率:≤0.7%。

### 3.3.5 膨胀土土源及相关试验

试验段位置确定在四标段 K32+200～K32+400，该段已处于 94 压实区，底封层、顶封层和保护层长度为 200m。包边层长度为 K32+240～K32+300 两层；K32+340～K32+380 两层；K32+200～K32+380 一层。填筑高度 1.05～1.55m。包边宽度每侧各 4.20m。顶封层完成后，其上设置一层 25cm 厚的保护层，以保护顶封层及以下施工的生石灰改良膨胀土结构层，防止雨水冲刷及施工车辆的破坏。

（1）膨胀土土源

膨胀土来源为 K31+000～K31+200 段，该段为挖方，距离试验段 1km。该段挖至 4～6m 时部分夹有膨胀土，经初判为中、弱膨胀土，试验段施工前评定为中膨胀土，有少量为弱膨胀土。在原施工图设计处治方案中，该段并没有列入膨胀土处治方案。

在 K31+000～K31+200 段选取 4 个点，该段取样点的土性：呈肉红色、零星灰白色，肉红色土手感有很细的砂粒，湿水后呈黏泥巴状，含水率很大，有滑腻感，干燥时呈硬大块状，表面有细小鳞片状。土样点桩号、图片如图 3.12 所示。

（2）生石灰

生石灰来源为灰山港，生石灰有两种：一是生石灰精粉；二是生石灰原灰。经检测，石灰的化学成分为 CaO 含量 78%，MgO 含量 6.0%，为Ⅲ级钙质石灰。石灰钙镁含量检测方法参照公路行业规范《公路土工试验规程》（JTG E40—2007）T0168—1993。

（3）膨胀土试验

对所取的 4 个土样点的土样进行膨胀土试验，试验结果见表 3.4。

将 4 个膨胀土的土样，开展标准重型击实试验、直剪试验、无荷膨胀率和有荷膨胀率（50kPa）等试验。

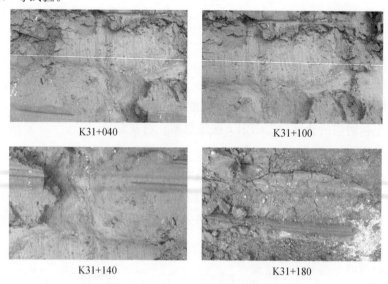

K31+040　　　　　　　　　　K31+100

K31+140　　　　　　　　　　K31+180

图 3.12　K31+000～K31+200 段膨胀土土样

试验依据：①含水率试验依据《公路土工试验规程》（JTG E40—2007）T0103—1993；②颗粒分析试验依据《公路土工试验规程》（JTG E40—2007）T0115—1993；③击实试验依据《公路土工试验规程》（JTG E40—2007）T0131—2007；④直剪试验依据《公路土工试验规程》（JTG E40—2007）T0142—1993；⑤无荷膨胀率试验依据《公路土工试验规程》（JTG E40—2007）T0125—1993；⑥胀缩总率（50kPa 有荷膨胀率）试验依据《公路土工试验规程》（JTG E40—2007）T0126—1993。膨胀土土样的物理力学指标试验结果汇总于表 3.5。

表 3.4　膨胀土判别结果

| 取样点 | 液限 /% | 塑限 /% | 自由膨胀率 $F_s$（%） | 标准吸湿含水率（%） | 塑性指数 | 判别结果 |
|---|---|---|---|---|---|---|
| K31+040 | 54 | 19 | 56 | 5.3 | 35 | 中 |
| K31+100 | 52 | 22 | 52 | 5.2 | 30 | 中 |
| K31+140 | 52 | 20 | 53 | 5.2 | 32 | 中 |
| K31+180 | 47 | 19 | 46 | 4.2 | 28 | 弱 |

（4）生石灰改良膨胀土试验

以 K31+040 土样开展生石灰改良膨胀土试验，包括：①液限、塑限和塑性指数等物理性质试验；②自由膨胀率、无荷膨胀率和胀缩总率等胀缩性质试验；③直剪 $c$、$\varphi$ 值和 CBR 值等强度性质试验。生石灰掺量的质量百分比为 2%、4%、6% 和 8%。生石灰精灰的化学成分为 CaO 含量 78%，MgO 含量 6%，Ⅲ级钙质石灰。其试验结果汇总于表 3.6。

（5）试验段生石灰合理掺量

试验段生石灰掺量确定为膨胀土干土质量的 6%。其击实试验结果：最大干密度为 1.83g/cm³，最佳含水率为 18%。

表 3.5　膨胀土土样的物理力学指标汇总表

| 土样号 | K31+040 | K31+100 | K31+140 | K31+180 |
|---|---|---|---|---|
| 天然含水率/% | 24 | 23 | 25 | 21 |
| 最大干密度/（g/cm³） | 1.80 | 1.81 | 1.79 | 1.83 |
| 最佳含水率/% | 19 | 18 | 18 | 17 |
| $c$/kPa | 85 | 83 | 80 | 69 |
| $\varphi$/（°） | 14 | 15 | 17 | 21 |
| 无荷膨胀率/% | 10.6 | 11.0 | 12.0 | 9.3 |
| 胀缩总率/% | 2.35 | 2.95 | 3.34 | 1.70 |
| CBR/% | 0.20 | 0.30 | 0.6 | 1.2 |

表 3.6　生石灰改良膨胀土试验结果汇总表

| 试验项目 | 生石灰掺量/% | | | | |
|---|---|---|---|---|---|
| | 0 | 2 | 4 | 6 | 8 |
| 液限/% | 63 | 60 | 57 | 52 | 49 |
| 塑限/% | 28 | 32 | 34 | 35 | 36 |
| 塑性指数/% | 35 | 28 | 23 | 17 | 13 |
| 自由膨胀率/% | 56 | 39 | 18 | 10 | 6 |
| 无荷膨胀率/% | 10.6 | 8.6 | 3.2 | 1.5 | 0.9 |
| 胀缩总率/% | 2.35 | 2.10 | 0.92 | 0.59 | 0.19 |
| $c$/kPa | 85 | 84 | 79 | 71 | 65 |
| $\varphi$/ (°) | 14 | 18 | 23 | 29 | 31 |
| CBR/% | 0.20 | 1.51 | 3.78 | 8.12 | 9.03 |

### 3.3.6　施工工序要点

该施工工序适用于膨胀土填芯和生石灰改良膨胀土包边，是在地基清表、底封层包括防水层施工完成后的工序。

顶封层与底封层的施工方法相同，都采取分两层、全断面施工，施工方法与生石灰改性膨胀土包边方法相同。

在碾压的同时，由人工以填层的底边线、挂线作依据，初步整理出路堤的边坡。

准备工作包括地基清表、备料（膨胀土料场及土性试验、石灰备料及技术指标、施工控制指标如最佳含水率等）、技术交底、人员培训、底封层施工等。

① 地基清表

填方地基表层处理遵照《公路路基设计规范》（JTG D30—2004）第 3.3.5 条、第 7.8.2 条的相关规定，以及《公路路基施工技术规范》（JTG F10—2006）第 4.2.2 条、第 6.5.4 条的相关规定执行。

清表完成后检测压实度，要达到压实度不小于 90％ 的要求。

② 备料

膨胀土来源为邻近试验段的挖方路段或取土场，膨胀土填料土源应一致，不同土源不得混用。对料场膨胀土开展以下试验：颗粒分析试验、天然含水率及密度试验、液限塑限试验、击实试验、标准吸湿含水率试验、自由膨胀率试验。通过上述试验，确定膨胀土：膨胀土土性；施工最佳含水率。

对外购进场的生石灰，需测定其有效氧化钙、氧化镁含量，并且尽量缩短存放时间，存放期间一定做好覆盖防雨防潮。

对生石灰改良膨胀土，应确定：生石灰掺量；施工最佳含水率。

③ 技术交底与人员培训

技术交底主要针对现场负责人、技术人员进行。交底过程中，需详细说明试验段的施工方案，以便各施工人员做到心中有数、各司其职。

人员培训包括对现场施工技术人员、各类施工设备操作人员，以及现场辅助人员进行简要培训，明确各工作岗位职责、施工注意事项，做到安全文明施工。

④ 底封层施工

在地基清表完成后、路基填筑前，首先对底封层进行施工。底封层为 6％生石灰改性中、弱膨胀土，厚度 40cm，主要作用是切断地下水的毛细水上升路径。

如地基为膨胀土地基，则需在地基与底封层之间设置防水层，防水层结构由中粗砂垫层＋复合防排水板＋中粗砂垫层组成，厚度 15cm。

底封层分两层、全断面施工，施工方法与生石灰改性膨胀土包边方法相同。

施工工序要点包括 8 个方面：放样挂线、填料运输、填料摊铺、粗整平、静碾压、精平、生石灰摊铺及路拌、碾压。

1. 放样挂线

放样挂线包括 3 个方面：①恢复中桩和边桩；②确定路堤填筑边界，即在设计边桩的基础上每侧增加 50cm；③在边桩上标出 30cm 层厚并用尼龙绳相连，以控制填筑宽度和松铺层厚。

2. 填料运输

采用挖掘机挖土和装土，自卸汽车配合运输、卸土，膨胀土路基全断面铺土的施工方法。

（1）每一个填筑层按 5m×5m 用石灰画格标示。按松铺厚度 30cm 计算，每一个网格的松土方数量为 7.5m³。

（2）根据自卸汽车的每车实际运输方量，确定每一个网格的运输车辆数量。

（3）以料场为基点，自卸汽车倒土时由远至近上土，并有专人现场指挥。

（4）施工时宜上午上土，经过晾晒 2h 左右后再进行摊铺、平整和碾压压实。

3. 填料摊铺

（1）采用推土机推开膨胀土填料。

（2）在推土机将土堆推平作业的同时，利用其履带将成团的膨胀土大土块初步碾散，目测要求留下的土块粒径小于 37.5mm。

（3）现场采用酒精烘干法快速测定膨胀土填料的含水率，控制在最佳含水率的＋3％以内。

4. 粗整平

（1）采用推土机粗平整，用平地机修平，整平时要形成 2％左右的路拱。

（2）现场快速测定含水率，必要时采用二次翻松、晾晒的方法，同时控制其含水率在最佳含水率的＋3％之内。

5. 静碾压

压路机静碾压 1～2 遍。

6. 精平

压路机静碾压完成后，采用平地机对填料进行精平整。

7. 生石灰摊铺及路拌

（1）膨胀土全断面铺土并精平后，在其表面用石灰标示包边、填芯分界线。包边与填芯分界线可内移 20cm，这样包边宽度为 300cm＋50cm＋20cm，共计 3.70m。

（2）在包边部分按 5m 一格划分网格，网格的平面尺寸为 5m×3.7m，用石灰画格标示。每一个网格的生石灰用量为 420kg。

（3）采用推土机（或人工）将生石灰堆均匀推平，采用路拌机对生石灰与膨胀土进行路拌 1～2 次，直至石灰土颜色均匀一致、无素土夹层。石灰土的施工含水率为最佳含水率增加 3%。

（4）生石灰与膨胀土路拌完成后，检测含水率和含灰量。

（5）含水率和含灰量满足要求后，包边、填芯两部分同时进行碾压施工。

8. 碾压

（1）采用压路机全断面碾压的方式。先两侧、后中间，先慢后快，先静后振，最后光面的碾压施工顺序。

（2）碾压由两边向中间纵向进退式进行，横向接头一般重叠 1/3 轮迹，前后相邻区段纵向重叠 1.0～2.0m，做到无漏压，无欠压，无死角。

（3）每层填土完成碾压后，应在 4h 左右内完成质量检测，在 6h 内完成上土覆盖。

（4）振动碾压 3 遍后，开始检测压实度，并每碾压 1 遍检测 1 次压实度，以便建立碾压遍数与压实度的相关关系。

### 3.3.7  试验段施工

根据益娄高速公路建设开发有限公司的安排，益娄高速公路膨胀土路堤包边试验段确定在四标段，试验段施工从 8 月 24 日至 9 月 23 日，历时一个月。

试验段施工前制订了《益娄高速公路膨胀土路基包边试验段工作计划》，试验段工作基本上按照该计划开展。由于施工单位的施工计划安排、施工路段的具体情况、膨胀土土源及生石灰来源、天气情况等原因，对试验段施工计划工作做了一些必要的修改。

（1）顶封层和底封层施工方法

顶封层与底封层厚度为 40cm，施工方法相同，采取分两层、全断面施工，施工方法与生石灰改性膨胀土包边方法相同。

将原工作计划中的施工工序修改为 7 个方面，包括放样画格、填料运输、填料摊铺、粗整平、精整平、生石灰摊铺及路拌、碾压。

① 放样画格

放样是指恢复中桩、边桩。画格是指用石灰在需要摊铺填土的地面上画格，以确定松铺厚度。由于试验段施工采用的自卸汽车装载量为 15m³，松铺厚度 30cm，松铺系数 1.13，因此画格的尺寸为：8m×7m。即每一网格填料为一车上。

地面石灰画格方式如图 3.13 所示。

② 填料运输

料场采用挖掘机挖土、装土,自卸汽车配合运输、卸土,膨胀土全断面铺土的施工方法。每一个填筑层按 8m×7m 用石灰画格标示,每一个网格填土数量为一车土,这样可保证松铺厚度为 30cm。

③ 填料摊铺

采用推土机推开填土堆填料。在推土机将土堆推平作业的同时,可利用其履带将成团的大土块初步碾散,如图 3.14 所示。现场采用酒精燃烧法快速测定填土的含水率,以便后续工序进度控制。

图 3.13 石灰画格　　　　　　图 3.14 推土机推开填料

④ 粗整平

填土摊铺完成后,首先采用推土机对填土表面初步平整。然后采用推土机配合路拌机路拌 1~2 遍,进一步将较大块的土块碾碎、碾散。目测要求留下的土块粒径不大于 37.5mm。路拌机路拌完成后,采用推土机对填料表面进行粗平整(图 3.15、图 3.16)。

图 3.15 路拌机路拌填料　　　　图 3.16 推土机配合路拌机路拌填料

⑤ 精整平

粗平整后,采用平地机修平填料表面,再采用压路机静碾压 1 遍,最后平地机进行精平整,整平时要形成 2% 左右的路拱(图 3.17、图 3.18)。

⑥ 生石灰摊铺及路拌

首先在精平填料表面用石灰画格,每个网格尺寸为 5m×5m,每个网格的生石灰量为 500kg。采用推土机将生石灰堆均匀推平,然后采用路拌机对生石灰与膨胀土填料路拌1～2次，直至石灰、土混合颜色均匀一致、无素土夹层（图3.19）。

图3.17　压路机静压

图3.18　平地机精平整

生石灰与膨胀土填料路拌完成后，现场快速检测含水率，并且取样回实验室检测含灰量、胀缩总率等指标（图3.20）。

图3.19　路拌机路拌

图3.20　石灰土填料路拌完成后

⑦ 碾压

生石灰摊铺及路拌完成后，采用平地机进行平整，平整完后再行碾压（图3.21、图3.22）。

图3.21　填料路拌完成后平地机平整

图3.22　压路机碾压

采用压路机全断面碾压的方式，遵循先两侧、后中间，先慢后快，先静后振，最后光面的碾压施工顺序。

碾压由两边向中间纵向进退式进行，横向轮迹重叠1/3左右，前后相邻区段纵向重叠1.0～2.0m，做到无漏压，无欠压，无死角。

每层填土完成碾压后，质量检测应在4h左右内完成，上土覆盖在6h内完成。

振动碾压 3 遍后，开始检测压实度，并每碾压 1 遍检测 1 次压实度。碾压前、后及过程中，随时检测填料含水率，控制填料含水率在最佳含水率的 +3% 以内。

每一填筑层完成碾压后，检测标高、宽度、路拱以及平整度等（图 3.23）。

图 3.23　生石灰土填料碾压完成后

（2）包边层施工方法

路堤包边、填芯部分同时摊铺膨胀土，用推土机推散，平地机粗整平，路拌机路拌，当土块粒径小于 37.5mm 时，对路堤两侧包边部分铺生石灰，并路拌机路拌，最后对包边、填芯部分两部分同时进行碾压。

施工工序要点与封层相同。生石灰摊铺及路拌只在包边部分进行。包边部分的施工方法如下：

① 膨胀土全断面摊铺并精平后，表面用石灰标示包边与填芯分界线。该分界线可向路堤内移 20cm，这样包边宽度为 300cm+50cm+50cm+20cm，共计 4.20m。

② 在包边部分按 5m 一格纵向划分网格，网格的平面尺寸即 5m×4.2m，用石灰标示。每一个网格的生石灰用量为 420kg（图 3.24）。

③ 采用推土机均匀推平生石灰堆，然后采用路拌机对生石灰、膨胀土路拌 1~2 次，直至石灰土混合均匀、颜色一致、无素土夹层。石灰土的施工控制含水率为最佳含水率的 +3%。

④ 生石灰与膨胀土路拌完成后，检测实际含水率，并且取样回实验室检测含灰量、胀缩总率等指标。

⑤ 含水率满足要求后，包边、填芯部分同时进行碾压施工（图 3.25）。

图 3.24　包边部分路拌机路拌

图 3.25　路拌完成后

（3）检测结果

1）现场检测项目

① 现场检测项目包括膨胀土实际含水率，生石灰改良膨胀土含水率，膨胀土填料压实度、生石灰改良膨胀土填料的压实度。

② 采用酒精燃烧法，现场快速测定填土的实际含水率，方法参照《公路土工试验规程》（JTG E40—2007）T0104—1993。含水率检测结果见表3.7。

表3.7　含水率检测结果

| 桩号 | 位置 | 取样数/个 | 含水率/% | |
|---|---|---|---|---|
| | | | 膨胀土填料 | 石灰土填料 |
| K32+240～K32+300 | 第一层 | 2 | 23～24 | 19～20 |
| | 第二层 | 2 | 22～23 | 20～21 |
| K32+340～K32+380 | 第一层 | 2 | 21～25 | 19～20 |
| | 第二层 | 2 | 22～24 | 20～21 |
| K32+200～K32+380 | 第一层 | 4 | 21～24 | 20～22 |
| 底封层 | 第一层 | 4 | 22～24 | 19～20 |
| | 第二层 | 4 | 21～24 | 20～21 |
| 顶封层 | 第一层 | 4 | 22～25 | 20～22 |
| | 第二层 | 4 | 21～23 | 19～22 |

膨胀土填料摊铺完成后，检测的含水率与天然含水率相近，为19%～25%。当路拌机完成后第一次路拌后，石灰土的含水率基本上固定在20%左右；当路拌机完成后第二次路拌后，石灰土的含水率约为19%，接近最佳含水率。

③ 填料压实度采用灌砂法，方法参照《公路土工试验规程》（JTG E40—2007）T0111—1993。

振动碾压5次后，石灰土填料的压实度可达95%及以上；膨胀土填料压实度满足94%及以上时，振动碾压次数至少需要6次。压实度检测结果见表3.8。从石灰土填料压实度检测结果中提出部分数据，分析振动碾压遍数、松铺厚度、含水率、压实度之间的相关关系，数据见表3.9。

表3.8　压实度检测结果

| 桩号 | 位置 | 测点数/个 | 振动碾压遍数/次 | 压实度/% | |
|---|---|---|---|---|---|
| | | | | 膨胀土 | 石灰土 |
| K32+240～K32+300 | 第一层 | 2 | 5 | 92～93 | 93～95 |
| | 第二层 | 2 | 5 | 92～93 | 95～96 |
| K32+340～K32+380 | 第一层 | 2 | 5 | 92～93 | 95～96 |
| | 第二层 | 2 | 5 | 90～93 | 95～96 |
| K32+200～K32+380 | 第一层 | 4 | 5 | 92～93 | 95～96 |

续表

| 桩号 | 位置 | 测点数/个 | 振动碾压遍数/次 | 压实度/% | |
|---|---|---|---|---|---|
| | | | | 膨胀土 | 石灰土 |
| 底封层 | 第一层 | 4 | 5 | 90～93 | 94～95 |
| | 第二层 | 4 | 5 | 92～93 | 95～96 |
| 顶封层 | 第一层 | 4 | 5 | 92～93 | 95～96 |
| | 第二层 | 4 | 5 | 92～93 | 95～96 |

表 3.9　压实度检测结果

| 松铺厚度/cm | 含水率/% | 不同振动碾压遍数下压实度/% | | | | |
|---|---|---|---|---|---|---|
| | | 3 | 4 | 5 | 6 | 7 |
| 20 | 20.5 | 83 | 91 | 94 | 96 | 97 |
| 25 | 19.8 | 84 | 90 | 95 | 96 | 96 |
| 30 | 18.9 | 85 | 93 | 95 | 96 | 98 |
| 30 | 21 | 82 | 90 | 93 | 95 | 97 |
| 30 | 18.5 | 83 | 90 | 94 | 96 | 97 |
| 25 | 22 | 88 | 92 | 95 | 96 | 96 |
| 30 | 17.9 | 86 | 93 | 95 | 96 | 97 |
| 20 | 19 | 90 | 93 | 95 | 96 | 98 |
| 25 | 22 | 86 | 90 | 93 | 95 | 97 |

将表中数据进行回归分析，得到振动碾压遍数 $N$、松铺厚度 $h$、含水率 $w$、压实度 $K$ 之间的关系式（3.2）：

$$N = 5.2654 \times 10^{-12} h^{0.1593} w^{0.3702} K^{5.7217} \tag{3.2}$$

其相关系数 $R^2 = 0.8627$。经 $F$ 检验，$F = 85.8566 > F_{0.01}(3, 45) = 0.0135$，说明回归显著。

根据式（3.2），当填土的含水率 $w$、松铺厚度 $h$ 确定后，可计算出能够达到所需要的压实度 $K$ 的碾压遍数 $N$；当压实度 $K$、碾压遍数 $N$ 固定于某一数值，利用该式可确定含水率 $w$、松铺厚度 $h$ 的适宜范围。这样，可以对整个填方填筑工程进行公式化控制，对减少施工控制的盲目性、加快施工进度、提高压实度检测合格率具有重要作用。如松铺厚度 $h$ 为 28cm，含水率 $w$ 为 19%，压实度 $K$ 需要达到 94%，根据公式（3.2）计算可得到的振动碾压遍数 $N$ 为 5.2，即振动碾压遍数至少为 5 遍。

2）实验室检测项目

实验室检测项目包括石灰土的含灰量、CBR 和胀缩总率。

石灰含量检测方法参照公路行业规范《公路工程无机结合料稳定材料试验规程》（JTG E51—2009）T0809—2009。每一个碾压层取土样 2～4 个，石灰含量检测结果为 5%～8%，说明石灰土路拌不均匀，应增加路拌机路拌次数。

石灰含量检测结果见表 3.10。

对石灰含量大于 6％的土样进行 CBR 和胀缩总率检测，其中：CBR 大于 7.5％，胀缩总率小于 0.65％。石灰含量为 5％的土样有 6 个，检测结果为 CBR 为 7.0％，胀缩总率为 0.85％。同样说明应增加路拌机路拌次数。检测结果见表 3.11。

表 3.10　石灰含量检测结果

| 桩号 | 位置 | 取样数/个 | 石灰含量/％ |
|---|---|---|---|
| K32＋240～K32＋300 | 第一层 | 2 | 5～6 |
| | 第二层 | 2 | 6～7 |
| K32＋340～K32＋380 | 第一层 | 2 | 5～7 |
| | 第二层 | 2 | 5～6 |
| K32＋200～K32＋380 | 第一层 | 4 | 6～8 |
| 底封层 | 第一层 | 4 | 6～7 |
| | 第二层 | 4 | 5～6 |
| 顶封层 | 第一层 | 4 | 5～6 |
| | 第二层 | 4 | 6～7 |

表 3.11　CBR 和胀缩总率检测结果

| 石灰土 | 检测数量/个 | CBR/％ | 胀缩总率/％ |
|---|---|---|---|
| 6％石灰土 | 4 | 7.5～9.1 | 0.30～0.65 |
| 5％石灰土 | 1 | 7.0 | 0.85 |

（4）结论

① 评价生石灰改良膨胀土的路用性能，应根据 CBR 和胀缩总率双指标进行控制，如仅采用 CBR 指标进行控制，则有可能胀缩总率达不到规范要求。本次试验段生石灰最小掺量应为 6％。

② 膨胀土掺石灰后，灰土液限随石灰掺量增加而减小，塑限随石灰掺量增加而增加，塑性指数随随石灰掺合比增加而减小。

③ 膨胀土掺入生石灰后，含水率迅速降低，拌和均匀后含水率基本上可达到施工最佳含水率的要求。生石灰改良膨胀土填料的施工含水率，可控制在最佳含水率的基础上，增加 3％。

④ 填料松铺厚度可控制在 30cm 以内，松铺系数为 1.13，石灰土填料的振动碾压次数不少于 5 次，膨胀土填料的振动碾压次数不少于 6 次。此外，拟合了石灰土填料的振动碾压遍数 $N$、松铺厚度 $h$、含水率 $w$、压实度 $K$ 之间的关系式，实际施工中，根据检测填土的实际含水率、松铺厚度、填土所在的压实区，然后计算出适宜的振动碾压遍数，这样可减少压实度检测频次，减轻检测人员的工作量。

⑤ 膨胀土路基填筑与常规土方填筑相比，施工工序主要增加了填料碾碎、石灰摊铺和路拌等工序，消耗的机械、人工也会相应增加。

⑥ 由于膨胀土天然含水率大，摊铺现场大块膨胀土较多，需要对其进行破碎处理，以保证施工含水率的要求，以及与生石灰充分拌和均匀。采用推土机和路拌机配合施工

是关键。

⑦ 在石灰摊铺和路拌工序中，生石灰与膨胀土拌和均匀是关键，否则易产生鼓包现象，增加路拌机拌和次数，并且采用推土机和路拌机配合施工能够得到较好的效果。此外，石灰土压实后若不及时上土覆盖极易开裂。

# 3.4 施工指南

掺石灰是膨胀土最有效的化学改良方法，在各地相关专题研究中得到验证。在膨胀土中掺入一定量石灰对膨胀土进行"砂化"处理，主要使膨胀土砂化从而降低其塑性指数、含水率，便于路基施工过程中膨胀土团块的粉碎、压实，同时降低膨胀土膨胀量，提高膨胀土的强度和水稳定性。

掺石灰一般分二次进行，第一次掺石灰对膨胀土进行"砂化"，以降低其塑性指数，并便于路基施工过程中膨胀土的粉碎和压实；第二次掺石灰是为控制膨胀土的膨胀量、提高其强度和水稳定性。

本方案针对"二次掺灰法"，提出掺加生石灰的"一次掺灰"的路堤压实控制标准，为益娄高速路堤膨胀土的填筑提供施工方法和工艺。

## 3.4.1 总则

（1）为适应益娄高速公路路基膨胀土填筑需要，指导膨胀土路堤的合理填筑、膨胀土地基的合理处治，确保膨胀土路基工程质量，特制定本指南。

（2）本指南是在调研益娄高速公路沿线膨胀土分布情况、室内试验及试验段研究、以及参考现有研究成果的基础上制定，作为公路行业规范《公路路基施工技术规范》（JTG F10—2006）的细化和补充。

（3）本指南包括 3 部分：膨胀土路堤包边法施工指南、路堤膨胀土地基处理施工指南、路堑膨胀土地基处理施工指南。

（4）本指南针对的是中、弱膨胀土，所提的技术要求和标准，均符合现行公路路基设计和施工规范的规定和要求。

（5）本指南依据的标准有《公路路基设计规范》（JTG D30—2004）；《公路路基施工技术规范》（JTG F10—2006）；《公路工程质量检验评定标准 第一册 土建工程》（JTG F80/1—2012）；《公路路面基层施工技术规范》（JTJ 034—2000）；《公路土工试验规程》（JTG E40—2007）；《湖南省高速公路精细化施工实施细则》（2009 年版）。

## 3.4.2 路堤包边法施工指南

1. 基本要求

（1）符合公路行业规范《公路路基施工技术规范》（JTG F10—2006）第 6.5.1 和 6.5.2 条规定。即避开雨期施工，加强现场排水，基底、已填筑的路基填土层不得被水浸泡。路基施工分段进行，各道工序紧密衔接、连续完成，边坡按设计修整。

（2）底封层和顶封层采用全断面、分两层满铺的方式施工。先铺设中膨胀土，用推土机碾压破碎，土块粒径小于37.5mm，再铺生石灰并搅拌均匀，最后进行碾压。底封层和顶封层的施工方法和工序，与生石灰改良膨胀土的施工方法和工序相同。

（3）包边、填芯部分同时铺设中膨胀土，用推土机碾压破碎，土块粒径小于37.5mm，然后在路堤两侧包边部分铺生石灰并路拌均匀，最后对包边、填芯部分同步碾压。

（4）施工时最好是上午上土，经过晾晒2～5h后再进行平整压实，每个填土层完成碾压后，应在4h内完成质量检测，并在6h内完成上土覆盖。

（5）包边及填芯部分每层填筑最大松铺厚度不大于30cm，并确定好松铺系数、平均松铺厚度。

2. 填料要求

顶封层、底封层和路堤两侧包边部分，采用6％生石灰改良中膨胀土，改良后的膨胀土其胀缩总率应不大于0.7％，并且采用CBR和胀缩总率双指标进行质量控制。施工最佳含水率为击实试验确定的最佳含水率增加3％。

顶封层和底封层厚度为40cm。两侧包边水平向宽度：3.0m（边坡坡率为1：1.5），或3.5m（边坡坡率为1：1.75）。在此基础上增加0.5m，以便于边坡修整。

3. 准备工作

（1）地基清表

① 填方地基表层处理遵照《公路路基设计规范》（JTG D30—2004）第3.3.5条、第7.8.2条的相关规定，以及《公路路基施工技术规范》（JTG F10—2006）4.2.2条、第6.5.4条的相关规定执行。

② 清表完成后检测压实度，要求压实度不小于90％。

（2）备料

① 确定每一施工段的膨胀土和生石灰数量。

② 膨胀土来源为挖方或取土场，膨胀土填料土源应一致，不同土源不得混用。对料场膨胀土开展以下试验：颗粒分析、天然含水率及密度、液限塑限、标准重型击实试验、标准吸湿含水率、自由膨胀率。通过上述试验，确定膨胀土的膨胀土土性和施工最佳含水率。

③ 对外购进场的生石灰，测定其有效氧化钙、氧化镁含量，并尽量缩短存放时间，做好覆盖防雨防潮。

（3）技术交底与人员培训

① 技术交底主要针对现场负责人、技术人员，交底过程中应详细说明施工方案，做到所有现场施工人员心中有数、各司其职。

② 人员培训针对现场施工技术人员、各种施工机械设备的操作人员，以及现场辅助人员进行，目的是明确各工作岗位职责、施工注意事项，做到安全文明施工。

③ 每一施工段可参考配备以下主要人员：现场技术负责人 1 人，施工员、测量员、试验员各 1 人，质检员 1 人，辅助人员 4 人。

（4）机械设备配置

① 每一施工段可参考配备以下机械设备：挖掘机 1 台，推土机 1～2 台，路拌机 1 台，平地机 1 台，压路机 1～2 台，自卸汽车 4 台。

② 根据机械设备配备相应的操作人员。

## 3.4.3　路堤膨胀土地基处理施工指南

（1）填方地基表层处理遵照《公路路基设计规范》（JTG D30—2004）第 3.3.5 条、第 7.8.2 条的相关规定，以及《公路路基施工技术规范》（JTG F10—2006）第 4.2.2 条、第 6.5.4 条的相关规定执行。

（2）地基表层处理完后，铺筑半刚性防水结构，即防水层＋底封层。

防水层：由中粗砂垫层＋复合防排水板＋中粗砂垫层组成的防水结构层，厚度 15cm；底封层：6％生石灰改性中膨胀土，厚度 40cm。

防水结构全断面铺设，宽度应超出路堤边坡外侧每侧不少于 2.50m。

（3）在路堤边坡外侧 2.50m 处设置整体式排水沟。排水沟采用现浇钢筋混凝土，厚度 15cm，在路堤侧设置宽度为 50cm 的翼板，与防水层搭接，搭接宽度不少于 20cm。

（4）防水层和排水沟施工完成后，铺筑底封层，再进行膨胀土路堤包边方案的施工。

## 3.4.4　路堑膨胀土地基处理施工指南

（1）根据《公路路基设计规范》（JTG D30—2004）第 7.8.3 条的规定进行超挖。

（2）超挖完成后，在膨胀土地基上全断面铺筑底封层，底封层为 6％生石灰改性中膨胀土，厚度 40cm。

（3）底封层施工完成后，进行边沟施工。翼板搭接在底封层上。碎落台宽度不小于 2.0m，其上铺设浆砌混凝土预制块防水层，厚度 15cm，设置向内侧 3％的横坡。

（4）边沟施工完成后，铺筑防水层。防水层结构为中粗砂垫层＋复合防排水板＋中粗砂垫层组成的防水结构层，厚度 15cm，全断面铺设。

（5）地基处理完后，进行路堑路床的施工，填土为非膨胀土，填料的强度、压实度等符合《公路路基设计规范》（JTG D30—2004）第 3.2.1 条的规定。

## 3.4.5　质量控制

1. 压实度要求

根据公路行业规范《公路路基设计规范》（JTG D30—2004）、《公路路基施工技术规范》（JTG F10—2006）的规定，压实度要求如下：

（1）顶封层、路面底面以下深度 80cm 内的压实度不小于 96％。

（2）上路堤、下路堤、底封层的压实度不小于 94％。

（3）地基的压实度不小于 90％。

2. 生石灰改良膨胀土的质量要求

（1）CBR 的最小值：顶封层 8％、下路床 5％、上路堤 4％、下路堤和底封层 3％。

（2）胀缩总率：≤0.7％。

3. 原材料质量控制

（1）同一路段、同一填土层，膨胀土的土源应一致，不同土源不得混用，以免填筑时填土层内部形成水囊或薄弱面。

（2）每一批次进场的生石灰都应抽检，测定其有效氧化钙、氧化镁含量。检验合格的生石灰应尽快使用，尽量缩短存放时间，存放期间一定要做好覆盖防雨防潮。

4. 填筑质量控制

（1）分层填筑厚度的控制

① 根据路基下层的含水率、相应的压实度要求，需对石灰土分层填筑的厚度做出相应的调整。

② 施工前先计算用土量，计算依据为填土层的厚度、填土层的松铺系数。自卸汽车进场卸土时，需安排专人指挥车辆倒土，并且收方计量。

③ 现场施工人员需随时对填土层的松铺厚度进行检测、调整、记录。

（2）填料粒径的控制

① 膨胀土土块粒径应小于 37.5mm。

② 在生石灰与膨胀土路拌过程中，不允许含有大块土团，以免影响改良土的性能。

（3）含水率的控制

① 生石灰改良膨胀土的施工控制含水率，可在标准重型击实试验确定的最佳含水率的基础上，增加 3％左右。

② 在路基分段、分层填筑中，都应采用同一土源，并且尽快集中填筑施工，保持一个工作段、同一个填土层的填土的含水率保持基本一致。

③ 现场可采用酒精烘干法，快速测定填料实际含水率，以及含水率的变化情况。

（4）压实度的控制

① 根据规定的压实度标准，选择适宜的压路机进行路基填筑碾压施工。

② 按照"先轻后重，先慢后快、先边后中"的原则，进行路基填土层的碾压施工，并且保证足够的振动碾压遍数。

③ 现场质检人员应跟踪监控每一个填土层的压实质量，如发现局部混合料未压实或含水率过大，应指导施工人员将其挖除后换填混合料，再压实至满足要求。

5. 施工质量检测

（1）生石灰改良膨胀土质量检测

① 每一个填土层每 1000m² 内，采用随机抽样方式至少开挖检测四个点。

② 每一个点的检测内容包括填土层的松铺厚度以及压实后的厚度、掺灰量、实际

含水率、填料的胀缩总率等。

（2）压实度的检测

① 采用灌砂法，现场检测填土层的压实度，压实度检验合格后方能进入下一个填土层的施工。

② 若抽检点的填土层压实度检测不合格，要求进行继续碾压补强，或静置 1d 后继续碾压，直至满足规范要求为止。

③ 压实度检测执行《公路工程质量检验评定标准　第一册　土建工程》（JTG F80/1—2012）的相关规定。

## 3.5　本章小结

（1）膨胀土的工程特性研究首先应选取足够多的代表性土样，然后对土样颜色、触感、成分等进行大致描述，最后根据详判结果进行对照分析，增加从表观状态对膨胀土进行判别的经验。

（2）黏性土的塑性指数、标准吸湿含水率、自由膨胀率中有两个指标达标时即可判定为膨胀土，单纯以自由膨胀率判别容易造成误判。

（3）膨胀土的膨胀特性是通过自身的物理力学特性显现的，不同地区膨胀土的特性不同，因此对膨胀土进行处治前，应通过试验对其特性进行全面了解，为后续处治工作打下基础。

（4）石灰掺量的多少及石灰改良膨胀土是否具备非膨胀性的要求，应根据改性土的物理力学特性指标进行判断分析，进而确定合理的石灰掺量以及包边材料。

（5）采用包边法处治膨胀土，路堤包边厚度应根据外界气候的变化进行确定。综合考虑益娄高速公路大气影响深度、干湿循环的裂隙深度、膨胀土改良材料、膨胀土地基防排水条件等的影响，最终确定包边厚度为 3.5m。

（6）石灰改良膨胀土包边法效果，需长时间观测才能确定。为确定合理的处治方案，本章引入离心模拟试验进行了验证，发现当路堤填筑高度不超过 6m 时，3.5m 的包边厚度处治效果较好。

# 第4章 生物酶改良膨胀土物理力学特性

## 4.1 概　述

在膨胀土地区的道路路基工程建设中，对膨胀土进行改良的目的是降低膨胀土的胀缩总率、提高 CBR 值等，以满足相关技术规范对膨胀土作为路基填料的要求。通过控制弱膨胀土的含水率和密度，可以消除其一部分胀缩性，而对于中、强膨胀土须进行改性处理。

目前，工程实践中较为成熟的膨胀土改良方法，是在膨胀土中掺加一定量的石灰、水泥或粉煤灰等无机材料，对膨胀土进行化学改良。膨胀土改性后产生新的胶结物，黏粒含量降低，能将膨胀土改为非膨胀土。但这种化学改良方法对环境污染大，并且石灰等无机材料不易与膨胀土拌和均匀，并且工程造价较高，因而有必要寻求膨胀土改良的替代材料。

虞海珍等[125]采用 ESR 生态改性剂对膨胀土进行化学改良，膨胀土经化学改性后，膨胀土体的亲水性得到改善，并且水稳定性较好，尤其是地表浅部的改良土能达到长期浸泡而不产生崩解的效果。余颂、余飞等[126-127]结合工程实践，采用蒙脱石中和剂 CMA 对膨胀土进行改性，但是石灰的改性效果优于 CMA。尚云东等[128]采用可溶于水的阳离子型表面活性剂 HTAB 对膨胀土进行化学改良，研究后发现改性膨胀土的膨胀速率减小，土体的强度指标、地基承载力显著提高，水稳定性明显改善。李志清等[129]通过试验研究发现，一种阳离子改性剂可以明显改善膨胀土的亲水性、胀缩性，并且降低其自由膨胀率，显著改善膨胀土的颗粒级配、强度以及水理等性质。刘清秉等[130-132]结合工程实践，采用离子土壤固化剂 ISS 对膨胀土进行化学改良试验研究，改良后的膨胀土其抗剪强度和抗压缩能力明显提高，能达到较好的水稳性效果。

生物酶土壤固化剂（简称生物酶）在国外得到广泛的研究和应用，近年来在国内也得到一定的应用。生物酶是一种无毒、无污染、植物蛋白多酶氨基酸产品，可提高土壤密度，降低膨胀性土壤的膨胀系数，减少土壤的含水率，大幅提高土体的密实度和承载力。将生物酶作为膨胀土的改良材料，可以一定程度上克服膨胀土吸水膨胀、失水收缩的不良工程特性，降低其胀缩性，因而是一种高效、环保、经济的膨胀土改良材料。

本章结合娄益高速公路路基膨胀土处治研究，采用生物酶这种新型土壤固化剂对膨胀土进行改良，以使生物酶改良后的膨胀土的强度、变形等指标能够满足作为路基填料的要求。本章通过基本物理特性试验、膨胀性试验、基本力学特性试验，分析生物酶掺量对膨胀土胀缩性的抑制作用，以及强度提高作用等；并且分别与石灰、水泥改良后的膨胀土进行对比分析。分析生物酶掺量对膨胀土力学性能的影响，并且提出确定生物酶的最佳掺量的方法，研究生物酶作为膨胀土改良材料的可行性。

本章主要研究内容如下

（1）生物酶改良膨胀土的物理性质。通过液塑限、标准吸湿含水率、自由膨胀率与标准重型击实试验等试验，研究生物酶改良膨胀土的物理性质，并且与未改良的膨胀土、石灰改良的膨胀土进行对比分析。

（2）生物酶改良膨胀土的胀缩性质。通过自由膨胀率、无荷膨胀率、有荷膨胀率等试验，研究生物酶对膨胀土胀缩特性的影响，从而确定生物酶的最佳掺量；并且分别与未改良的膨胀土、石灰改良的膨胀土、水泥改良的膨胀土进行对比分析。

（3）生物酶改良的膨胀土的基本力学特性。通过直接剪切试验、固结试验以及常规三轴压缩试验，研究生物酶改良膨胀土剪切位移与剪应力、黏聚力、内摩擦角、抗剪强度、应力-应变关系曲线的影响；并且分别与未改良的膨胀土、石灰改良的膨胀土、水泥改良的膨胀土的剪切位移与剪应力、黏聚力、内摩擦角、抗剪强度、应力-应变关系曲线进行对比分析。

# 4.2　试验方案

## 4.2.1　试验项目

本章研究生物酶改良膨胀土物理特性、膨胀特性和力学特性，主要的试验项目如下：

（1）物理特性试验，包括液限塑限试验、标准重型击实试验；

（2）膨胀特性试验，包括自由膨胀率、无荷膨胀率、有荷膨胀率、标准吸湿含水率等试验；

（3）力学特性试验，包括一维固结试验、直剪试验、常规三轴压缩试验。

试验依据的标准：公路行业规范《公路土工试验规程》（JTG E40—2007）。一维固结试验采用 GDG-4S 型三联高压固结仪，如图 4.1 所示。直剪试验采用 ZJ 型应变控制式直剪仪（四联剪），如图 4.2 所示。常规三轴剪切试验采用 GDS-Instruments 三轴试验系统，如图 4.3 所示。

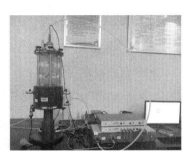

图 4.1　固结仪　　　　　图 4.2　直剪仪　　　　　图 4.3　三轴试验系统

## 4.2.2  试验材料

（1）膨胀土

膨胀土试验土样取自益娄高速 K28＋900 处，取土深度 1.5～2.0m，该土试样为中膨胀土，其物理力学指标见表 4.1，筛分结果见表 4.2。

表 4.1  膨胀土试样物理力学指标

| 天然含水率 /% | 液限 /% | 塑限 /% | 塑性指数 /% | $c$ /kPa | $\varphi$ / (°) | $\rho_{dmax}$ / (g/cm³) |
|---|---|---|---|---|---|---|
| 24.0 | 68.0 | 32.1 | 35.9 | 63.0 | 18.0 | 1.79 |
| $w_{opt}$/% | 自由膨胀率 /% | 标准吸湿含水率/% | 无荷膨胀率 /% | 胀缩总率 /% | CBR /% | 活动度 |
| 18.0 | 54.0 | 5.8 | 12.8 | 3.95 | 1.51 | 2.38 |

表 4.2  膨胀土试样筛分结果　　　　　　　　　％

| <$\phi$0.002mm 颗粒含量 | $\phi$0.002～$\phi$0.005mm 颗粒含量 | $\phi$0.005～$\phi$0.075mm 颗粒含量 | >$\phi$0.075mm 颗粒含量 |
|---|---|---|---|
| 15.11 | 38.76 | 40.12 | 6.01 |

（2）生物酶

生物酶为生物酶土壤固化剂的简称。试验所用的生物酶为进口产品 TerraZyme，是一种能够改善黏性土理化、工程特性的生物化学试剂。其外观指标：褐色黏稠液体，无毒、无腐蚀性，并且易溶于水，带有特殊气味。其基本理化指标：pH 值为 4～8，含水率不大于 10％，植物酶含量不小于 60％。

## 4.2.3  土试样制作

生物酶掺量是指膨胀土中掺加的生物酶质量与膨胀土试样的干质量之比。生物酶掺量为 0％、1％、2％、3％、4％。按照生物酶掺量分别制作各个试验项目的试验土样。为了使生物酶与膨胀土试验土样充分拌和均匀，先按照膨胀土液限所需的水量配置生物酶溶液。

通过标准重型击实试验发现，生物酶掺量对膨胀土的击实试验结果影响较小。因此，为方便试验以及试验结果的比较分析，所有试验土样统一采用干密度 1.61g/cm³、含水率 18.0％来制作试验的土试件。

土试样制作包括两个方面：

（1）生物酶膨胀土混合料。混合料的含水率为 18.0％，生物酶掺量分别为 0％、1％、2％、3％、4％。

（2）试件制作，包括满足液限塑限试验、有荷膨胀率试验、固结试验、直剪试验、常规三轴试验等的试件。

# 4.3　物理特性

## 4.3.1　生物酶对液限塑限的影响

生物酶改良膨胀土的液限塑限试验结果见表 4.3。生物酶掺量对膨胀土的液限、塑限及塑性指数的影响规律如图 4.4 所示。

表 4.3　生物酶改良膨胀土的液限塑限试验结果　　　　　　　　　%

| 指标 | 生物酶掺量 | | | | |
|---|---|---|---|---|---|
| | 0 | 1 | 2 | 3 | 4 |
| 液限 | 68.0 | 48.8 | 41.2 | 38.3 | 38.8 |
| 塑限 | 38.2 | 28.2 | 24.8 | 25.6 | 29.0 |
| 塑性指数 | 29.8 | 20.6 | 16.4 | 12.7 | 9.8 |

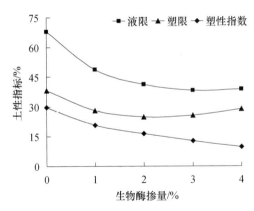

图 4.4　生物酶对膨胀土液限塑限的影响

根据表 4.3，当生物酶掺量分别为 1%、2%、3%、4% 时，膨胀土的液限、塑限、塑性指数分别下降了 28.24%、39.41%、43.68%、42.94%；26.18%、35.08%、32.98%、24.08%；30.87%、44.97%、57.38%、67.11%。

膨胀土的塑性指数随生物酶的掺量而直线减小，当生物酶的掺量为 3% 时，膨胀土的塑性指数为 12.7%，小于 15%。

液限、塑限、塑性指数与生物酶掺量之间的关系，可分别表示为

$$y_1 = -0.68z^3 + 7.25z^2 - 25.37z + 67.92$$
$$y_2 = -0.33z^3 + 4.21z^2 - 13.82z + 38.19 \tag{4.1}$$
$$y_3 = -0.35z^3 + 3.04z^2 - 11.54z + 29.73$$

式中　$y_1$、$y_2$、$y_3$——液限、塑限、塑性指数指标值,%;

　　　　$z$——生物酶的掺量,%。

### 4.3.2 生物酶对击实特性的影响

标准重型击实试验结果见表 4.4。生物酶掺量对膨胀土的最佳含水率 $w_{opt}$、最大干密度 $\rho_{dmax}$ 的影响规律如图 4.5 所示。

试验结果表明，生物酶掺量对膨胀土的击实试验结果影响较小。生物酶各掺量下，膨胀土最佳含水率 $w_{opt}$ 维持在 18% 左右、最大干密度 $\rho_{dmax}$ 维持在 1.80g/cm³ 左右。

**表 4.4 标准击实试验结果**

| 指标 | 生物酶掺量/% | | | | |
|---|---|---|---|---|---|
| | 0 | 1 | 2 | 3 | 4 |
| $w_{opt}$/% | 18.0 | 18.0 | 19.0 | 18.0 | 19.0 |
| $\rho_{dmax}$/ (g/cm³) | 1.79 | 1.80 | 1.81 | 1.79 | 1.78 |

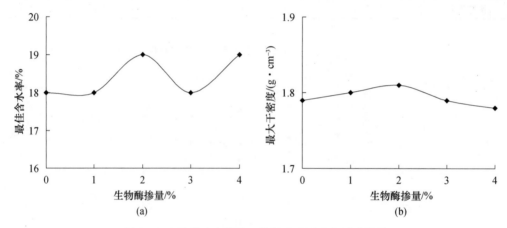

图 4.5 生物酶改良膨胀土的标准重型击实试验结果

（a）最佳含水率 $w_{opt}$；（b）最大干密度 $\rho_{dmax}$

### 4.3.3 生物酶对标准吸湿含水率的影响

生物酶改良膨胀土的标准吸湿含水率的试验结果见表 4.5。生物酶掺量对膨胀土的标准吸湿含水率的影响规律如图 4.6 所示。

根据试验结果，膨胀土的标准吸湿含水率随生物酶掺量增加而急剧减小，当生物酶掺量大于 3% 时，这种减小的幅度变小。当生物酶的掺量为 3% 时，膨胀土标准吸湿含水率为 2.4%，小于 2.5%。

标准吸湿含水率与生物酶掺量之间的关系，可表示为

$$y = 0.18z^2 - 1.60z + 5.73 \tag{4.2}$$

式中　$y$——标准吸湿含水率指标值，%；

　　　$z$——生物酶的掺量，%。

**表 4.5　标准吸湿含水率试验结果**　%

| 指标 | 生物酶掺量 | | | | |
|---|---|---|---|---|---|
| | 0 | 1 | 2 | 3 | 4 |
| 标准吸湿含水率 | 5.8 | 4.1 | 3.5 | 2.4 | 2.2 |

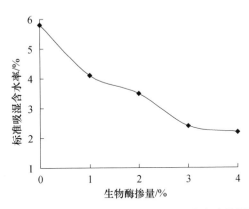

图 4.6　生物酶掺量对膨胀土标准吸湿含水率的影响

# 4.4　膨胀特性

生物酶改良膨胀土的自由膨胀率、无荷膨胀率、50kPa 有荷膨胀率即胀缩总率等三个膨胀性指标，试验结果见表 4.6。

**表 4.6　生物酶改良膨胀土的膨胀性试验结果**　%

| 指标 | 生物酶掺量 | | | | |
|---|---|---|---|---|---|
| | 0 | 1 | 2 | 3 | 4 |
| 自由膨胀率 | 54.0 | 50.0 | 44.2 | 38.0 | 27.0 |
| 无荷膨胀率 | 12.8 | 10.3 | 8.5 | 5.1 | 4.3 |
| 胀缩总率 | 3.95 | 2.12 | 1.89 | 0.65 | 0.45 |

## 4.4.1　生物酶掺量对自由膨胀率的影响

根据表 4.6 的试验结果，生物酶掺量对膨胀土的自由膨胀率的影响规律，如图 4.7 所示。根据试验结果，随着生物酶含量的增加，膨胀土的自由膨胀率几乎是直线减小的。当生物酶的掺量为 3% 时，膨胀土的自由膨胀率为 38.0%，小于 40%。

自由膨胀率与生物酶掺量之间的关系，可表示为

$$y = -6.60z + 55.84 \tag{4.3}$$

式中　$y$——自由膨胀率指标值，%；

　　　$z$——生物酶的掺量，%。

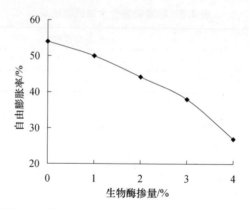

图 4.7　生物酶掺量对膨胀土的自由膨胀率影响

### 4.4.2　生物酶对无荷膨胀率的影响

生物酶掺量对膨胀土的无荷膨胀率的影响规律如图 4.8 所示。

根据试验结果，随着生物酶含量的增加，膨胀土的无荷膨胀率同样几乎是直线减小的。当生物酶的掺量为 3% 时，膨胀土的无荷膨胀率为 5.1%。

无荷膨胀率与生物酶掺量之间的关系可表示为

$$y = -2.22z + 12.64 \tag{4.4}$$

式中　$y$——无荷膨胀率指标值，%；

　　　$z$——生物酶的掺量，%。

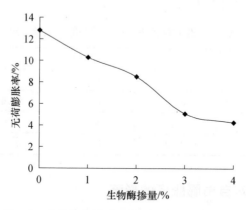

图 4.8　生物酶掺量对膨胀土无荷膨胀率的影响

### 4.4.3　生物酶对胀缩总率的影响

生物酶掺量对膨胀土的 50kPa 有荷膨胀率即胀缩总率的影响规律，如图 4.9 所示。

根据试验结果，随着生物酶掺量的增加，膨胀土的胀缩总率急剧减小的。当生物酶的掺量为 3% 时，膨胀土的胀缩总率为 0.65%，小于 0.7%。

胀缩总率与生物酶掺量之间的关系可表示为

$$y=0.16z^2-1.49z+3.83 \tag{4.5}$$

式中　$y$——胀缩总率指标值，$\%$；

　　　$z$——生物酶的掺量，$\%$。

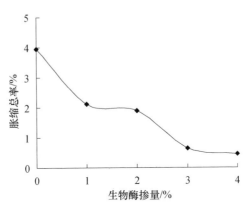

图 4.9　生物酶掺量对膨胀土胀缩总率的影响

# 4.5　力学特性

## 4.5.1　生物酶对压缩特性的影响

（1）生物酶对膨胀土孔隙比的影响

根据一维固结试验，生物酶改良膨胀土的 $e$-$p$ 曲线如图 4.10 所示。

① 对于曲线的初始阶段，$e$-$p$ 曲线较为陡峭，膨胀土体的压缩量较大。随着固结压力 $p$ 增大，$e$-$p$ 曲线趋于平缓，也即土体压缩量随之减小。这是由于土体密实度随孔隙比减小而逐渐增大。但当密实度达到一定程度之后，土颗粒相对位置的移动速率逐渐变缓慢，并且相对位置的改变越来越困难，因此由固结压力增量 $\Delta p$ 所产生应变增量亦即孔隙比的增量 $\Delta e$ 也逐渐减小，因而 $e$-$p$ 曲线变得平缓。

② 在一定的固结压力 $p$ 下，膨胀土孔隙比 $e$ 最小。随着生物酶含量的增加，膨胀土体孔隙比先增大后减小。当固结压力 $p$ 超过 300kPa 时，3％生物酶改良膨胀土的孔隙比最大。

③ 一般来说，在一定的固结压力 $p$ 下，应变增量也即孔隙比的增量 $\Delta e$ 越小，其压缩性越小。因此，当生物酶掺量为 3％时，可以有效改善膨胀土压缩性能。

（2）生物酶对膨胀土压缩系数的影响

根据一维固结试验，得到生物酶改良膨胀土的压缩系数 $\alpha_{1-2}$ 试验结果，见表 4.7。压缩系数 $\alpha_{1-2}$ 与生物酶掺量之间的关系，如图 4.11 所示。

① 根据试验结果，生物酶可显著降低膨胀土压缩系数。膨胀土的压缩系数 $\alpha_{1-2}=$ 1.13MPa$^{-1}$，属于高压缩性土；膨胀土经过生物酶改性后，其压缩系数均小于

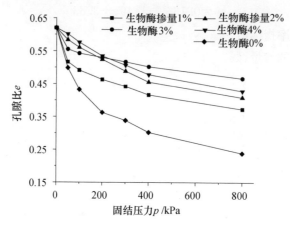

图 4.10　生物酶改良膨胀土的 $e$-$p$ 曲线

$0.12\mathrm{MPa}^{-1}$，接近中压缩性土的标准。当生物酶掺量为 $3\%$ 时，膨胀土压缩系数 $\alpha_{1-2}=0.10\mathrm{MPa}^{-1}$，属于低压缩性土。

② 膨胀土压缩系数 $\alpha_{1-2}$ 随生物酶的掺量增加而显著减小，当生物酶掺量为 $4\%$ 时，膨胀土压缩系数 $\alpha_{1-2}$ 反而较生物酶掺量 $3\%$ 时 $\alpha_{1-2}$ 稍大，生物酶掺量为 $3\%$ 时的压缩系数 $\alpha_{1-2}$ 最小。

表 4.7　压缩系数 $\alpha_{1-2}$ 试验结果

| 指标 | 生物酶掺量/% | | | | |
|---|---|---|---|---|---|
| | 0 | 1 | 2 | 3 | 4 |
| $\alpha_{1-2}/\mathrm{MPa}^{-1}$ | 1.13 | 0.12 | 0.07 | 0.10 | 0.11 |

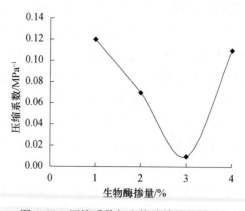

图 4.11　压缩系数与生物酶掺量的关系

（3）压缩量与固结压力的关系

生物酶改良膨胀土的单位压缩量 $\Delta S$ 与固结压力 $p$ 的关系如图 4.12 所示。

根据试验结果，膨胀土土体的单位压缩量随固结压力 $p$ 的增大而增大。随着生物酶掺量的增大，土体的单位压缩量增加的幅度逐渐减小。生物酶改良膨胀土的单位压缩量可采用下式表示：

$$\Delta S_i = a p_i^b \tag{4.6}$$

式中　$\Delta S_i$——某一级固结压力 $p_i$ 下的单位压缩量，m/mm；

　　　$p_i$——某一级固结压力值；

　　$a$，$b$——试验常数。

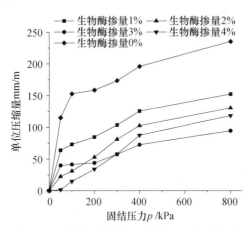

图 4.12　单位压缩量与固结压力的关系曲线

根据 $\Delta S$-$p$ 曲线，可拟合得到试验常数 $a$，$b$，见表 4.8。参数 $a$、$b$ 与生物酶掺量 $z$ 之间的关系，可分别表示为

$$a = 19.236z^2 - 101.500z + 244.95$$
$$b = 0.0329z^2 + 0.0186z + 0.2437 \tag{4.7}$$

**表 4.8　试验常数 $a$，$b$ 拟合结果**

| 试验常数 | 生物酶掺量/% | | | | |
| --- | --- | --- | --- | --- | --- |
| | 0 | 1 | 2 | 3 | 4 |
| $a$ | 243.92 | 164.27 | 120.34 | 110.05 | 148.23 |
| $b$ | 0.24 | 0.31 | 0.39 | 0.61 | 0.84 |

## 4.5.2　生物酶对剪切特性的影响

（1）剪切位移与剪应力的关系

根据直剪试验，可得到剪切位移、剪应力的关系曲线，如图 4.13 所示。通过分析剪切位移、剪应力试验结果可得到：

① 当剪切位移为 1～2cm 时，生物酶改良膨胀土抗剪强度达到峰值，随后变化幅度较小。当生物酶掺量为 3% 时，土试样抗剪强度随着剪切位移增大而增大，剪切位移为 1cm 左右时土试样的抗剪强度达到峰值，随后保持稳定。

② 膨胀土抗剪强度随垂直压力 $P$ 增大而增大，改良后的膨胀土抗剪强度均大于改良前的抗剪强度，也就是说生物酶能提高膨胀土体的抗剪强度。

③ 图 4.13 中的剪切位移、剪应力关系曲线，并没有出现诸如急剧上升，抑或是急剧下降等情形，而是逐渐平稳上升随后稳定。表明生物酶与膨胀土拌和较为均匀，土体密实、抗剪强度均匀分布。

④ 当生物酶掺量不大于 3％时，固结压力较小如固结压力为 50kPa 时，剪切位移与剪应力关系曲线表现为软化型的应力-应变关系。当生物酶含量为 4％时，固结压力为 150kPa 时，剪切位移与剪应力关系曲线同样表现出软化型的应力-应变关系。而其他条件下，剪切位移与剪应力关系曲线则表现出硬化型的应力-应变关系。

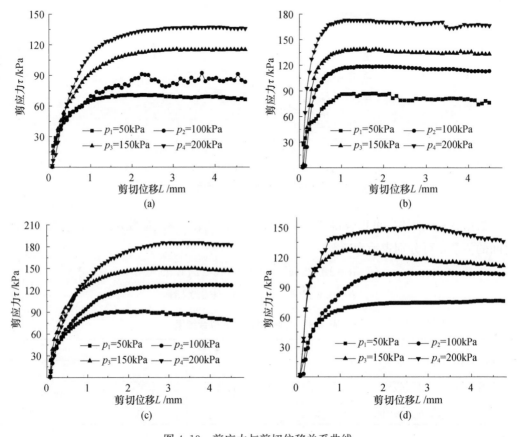

图 4.13　剪应力与剪切位移关系曲线

(a) 生物酶掺量 1％；(b) 生物酶掺量 2％；(c) 生物酶掺量 3％；(d) 生物酶掺量 4％

(2) 生物酶对抗剪强度指标的影响

直剪试验结果见表 4.9。生物酶掺量对抗剪强度指标 $c$、$\varphi$ 的影响如图 4.14 所示。

试验结果表明：当生物酶掺量从 0％增至 3％时，膨胀土的黏聚力 $c$、内摩擦角 $\varphi$ 随着生物酶掺量增加而增大，黏聚力 $c$、内摩擦角 $\varphi$ 分别增加了 20.07％、64.76％。当生物酶掺量继续增加至 4％时，相比于生物酶掺量 3％，黏聚力 $c$、内摩擦角 $\varphi$ 反而减小了 6.34％、23.65％。这一现象表明，采用生物酶改良膨胀土，黏聚力 $c$、内摩擦角 $\varphi$ 随着生物酶掺量的增加而先增大后减小，因而适当提高生物酶掺量能提高膨胀土抗剪强度。

生物酶能够提高膨胀土抗剪强度指标，这是由于生物酶中所含有机化学成分，与膨胀土中的黏土矿物、水发生复杂的物理、化学反应，从而改变膨胀土体内部结构，提高了膨胀土体的压实特性和承载力特性。

**表 4.9　直剪试验结果**

| 试验常数 | 生物酶掺量/% | | | | |
|---|---|---|---|---|---|
| | 0 | 1 | 2 | 3 | 4 |
| $c$/kPa | 51.91 | 52.68 | 59.62 | 62.33 | 58.38 |
| $\varphi$/ (°) | 19.07 | 26.47 | 29.12 | 31.42 | 23.99 |

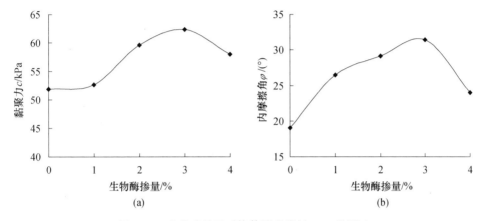

图 4.14　生物酶掺量对抗剪强度指标 $c$、$\varphi$ 的影响

（a）生物酶掺量对黏聚力 $c$ 的影响；（b）生物酶掺量对内摩擦角 $\varphi$ 的影响

（3）生物酶对抗剪强度的影响

生物酶对膨胀土抗剪强度的影响，如图 4.15 所示。试验结果表明：生物酶能够有效提高膨胀土抗剪强度。

当生物酶掺量增加到 3% 时，膨胀土抗剪强度是增加的。但当生物酶掺量从 3% 继续增至 4% 时，其抗剪强度反而减小。也即生物酶掺量在 3% 时，膨胀土抗剪强度达到峰值。

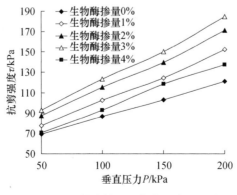

图 4.15　生物酶掺量对抗剪强度的影响

### 4.5.3　生物酶对应力-应变关系的影响

（1）应力差（$\sigma_1-\sigma_3$）与轴向应变 $\varepsilon_1$ 的关系

根据三轴试验结果，生物酶改良膨胀土土样的应力差（$\sigma_1-\sigma_3$）与轴向应变 $\varepsilon_1$ 的关系曲线，如图 4.16 所示。

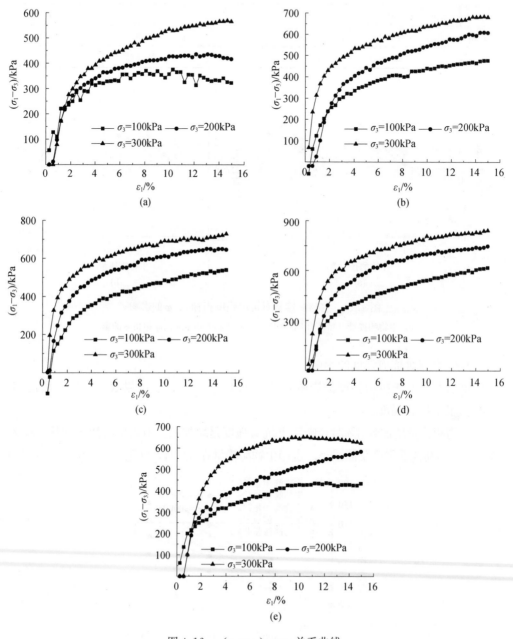

图 4.16　（$\sigma_1-\sigma_3$）—$\varepsilon_1$ 关系曲线

（a）生物酶 0%；（b）生物酶 1%；

（c）生物酶 2%；（d）生物酶 3%；（e）生物酶 4%

根据试验结果：在不同的围压 $\sigma_3$ 条件下，膨胀土、生物酶改良的膨胀土的轴向应变 $\varepsilon_1$ 随偏应力差（$\sigma_1 - \sigma_3$）的增加而增大。但随着围压 $\sigma_3$ 的增大，轴向应变 $\varepsilon_1$ 随偏应力差（$\sigma_1 - \sigma_3$）的增加速率则越来越慢，最后趋于稳定。膨胀土、生物酶改良的膨胀土的（$\sigma_1 - \sigma_3$）-$\varepsilon_1$ 关系曲线表现为应变硬化型。

围压 $\sigma_3$ 对土体强度影响较大，破坏时的偏应力差（$\sigma_1 - \sigma_3$）$_f$ 随着围压 $\sigma_3$ 增大而增大。当围压 $\sigma_3$ 由 100kPa 增至 200kPa，以及围压 $\sigma_3$ 由 100kPa 增至 300kPa 时，膨胀土破坏时的偏应力差值 $\Delta$（$\sigma_1 - \sigma_3$）$_f$ 分别增加了 10.81%、48.03%；而生物酶改良膨胀土破坏时偏应力差值 $\Delta$（$\sigma_1 - \sigma_3$）$_f$ 则分别平均增加了 25.86%、41.14%。

总之，生物酶能显著提高膨胀土抗剪强度。在相同的含水率和相同的围压 $\sigma_3$ 的条件下，随着生物酶含量的增加，膨胀土土体破坏时的偏应力差（$\sigma_1 - \sigma_3$）$_f$ 相应地增加，即生物酶提高了膨胀土体的抗剪强度。

（2）生物酶对应力差（$\sigma_1 - \sigma_3$）的影响

根据三轴试验，生物酶改良膨胀土破坏时的应力差（$\sigma_1 - \sigma_3$）试验结果见表 4.10。生物酶掺量对土样应力差（$\sigma_1 - \sigma_3$）的影响规律如图 4.17 所示。

**表 4.10　土样破坏时的应力差（$\sigma_1 - \sigma_3$）试验结果**　　　　kPa

| 生物酶掺量/% | $\sigma_3$/kPa | | |
|---|---|---|---|
| | 100 | 200 | 300 |
| 0 | 384.40 | 425.96 | 569.05 |
| 1 | 477.28 | 609.99 | 684.02 |
| 2 | 539.67 | 649.58 | 729.33 |
| 3 | 618.21 | 747.96 | 841.86 |
| 4 | 434.73 | 583.74 | 651.83 |

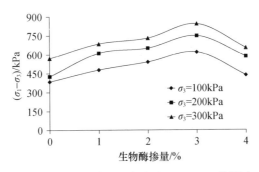

图 4.17　生物酶掺量对应力差（$\sigma_1 - \sigma_3$）的影响

根据试验结果，在较小的围压 $\sigma_3 = 100$kPa 条件下，随着生物酶掺量增加，膨胀土的最大偏应力差值先增大后减小，在生物酶掺量为 3% 时应力差（$\sigma_1 - \sigma_3$）达到峰值，其破坏时的最大偏应力差值相比于未改良膨胀土，增大了 60.82%。

在较大的围压 $\sigma_3 = 300$kPa 条件下，随着生物酶掺量的增大，膨胀土的最大偏应力差值也是先增大后减小的，在生物酶掺量为 3% 时应力差（$\sigma_1 - \sigma_3$）达到峰值，破坏时的最大偏应力差值相比于未改良膨胀土，增大了 47.94%。

试验结果表明：在一定的围压 $\sigma_3$ 条件下，生物酶改良膨胀土承受偏应力能力均有大幅度提高，也就是说生物酶改良膨胀土剪切破坏时的剪应力值大幅度提高了，说明生物酶能有效提高膨胀土的抗剪切强度，其中生物酶掺量为 3% 时的改良膨胀土试样承受偏应力的能力是最大的。

（3）生物酶对抗剪强度指标的影响

根据三轴试验结果，生物酶各掺量下的土样的抗剪强度指标 $c$、$\varphi$ 值见表 4.11。生物酶掺量对抗剪强度指标 $c$、$\varphi$ 的影响如图 4.18 所示。

根据试验结果，生物酶对膨胀土的黏聚力 $c$ 有明显提高，而对内摩擦角 $\varphi$ 的影响并不显著。生物酶改良膨胀土黏聚力 $c$ 随着生物酶掺量是先增大后减小的，并且在生物酶掺量为 3% 时，黏聚力 $c$ 达到最大值。

**表 4.11　生物酶改良膨胀土抗剪强度指标 $c$、$\varphi$ 值**

| 试验常数 | 生物酶掺量/% | | | | |
|---|---|---|---|---|---|
| | 0 | 1 | 2 | 3 | 4 |
| $c$/kPa | 96.13 | 133.55 | 160.86 | 175.64 | 115.80 |
| $\varphi$/(°) | 18.84 | 20.05 | 18.80 | 21.06 | 20.82 |

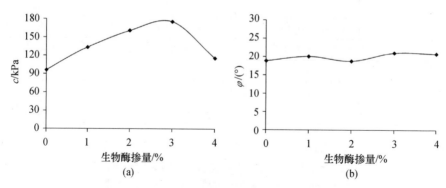

图 4.18　生物酶掺量对抗剪强度指标的影响

（a）对 $c$ 值的影响；（b）对 $\varphi$ 值的影响

## 4.6　本章小结

（1）在膨胀土中掺加 3% 的生物酶时，其塑性指数为 12.7%，小于 15%。这一项指标达到非膨胀土的标准。

生石灰改良膨胀土液限、塑限试验结果见表 4.12。

随着生石灰掺量增加，膨胀土试样的土性指标是逐渐降低的，其降低的幅度由大变小，并且逐渐趋于平缓。当生石灰掺量从 0 增加到 5% 时，液限、塑限、塑性指数等指标值下降幅度较大，当生石灰掺量从 5% 增加至 9% 时，液限、塑限、塑性指数等指标值的下降幅度较小。当生石灰的掺量为 5% 时，膨胀土的塑性指数为 10.6%，小于 15%。这一项指标达到非膨胀土的标准。

表 4.12　生石灰改良膨胀土液限塑限试验结果　　　　　　　　　　%

| 指标 | 生石灰掺量 | | | | |
|---|---|---|---|---|---|
| | 0 | 3 | 5 | 7 | 9 |
| 液限 | 68.0 | 49.8 | 38.6 | 38.8 | 39.1 |
| 塑限 | 38.2 | 30.0 | 28.0 | 31.0 | 30.0 |
| 塑性指数 | 29.8 | 19.8 | 10.6 | 7.8 | 9.1 |

（2）生物酶掺量对膨胀土的击实试验结果影响较小。也就是说，在膨胀土中掺加生物酶时，膨胀土最大干密度、最佳含水率变化较小。

通过标准重型击实试验，生石灰掺量对膨胀土击实试验结果的影响同样较小。击实试验结果见表 4.13。

表 4.13　生石灰改良膨胀土标准重型击实试验结果

| 指标 | 生石灰掺量/% | | | | |
|---|---|---|---|---|---|
| | 0 | 3 | 5 | 7 | 9 |
| $w_{opt}$/% | 18.0 | 17.0 | 18.0 | 19.0 | 19.0 |
| $\rho_{dmax}$/（g/cm³） | 1.79 | 1.78 | 1.82 | 1.80 | 1.81 |

（3）当生物酶的掺量为 3% 时，膨胀土的标准吸湿含水率为 2.4%，小于 2.5%。这一项指标达到非膨胀土的标准。

生石灰改良膨胀土标准吸湿含水率试验结果，见表 4.14。

根据试验结果，当生石灰的掺量为 9% 时，膨胀土的标准吸湿含水率为 2.3%，小于 2.5%。因此，就这一指标而言，生物酶相比生石灰的改良效果更好。

表 4.14　生石灰改良膨胀土标准吸湿含水率试验结果　　　　　　　%

| 指标 | 生石灰掺量 | | | | |
|---|---|---|---|---|---|
| | 0 | 3 | 5 | 7 | 9 |
| 标准吸湿含水率 | 5.8 | 4.7 | 3.5 | 3.1 | 2.3 |

（4）当生物酶的掺量为 3% 时，膨胀土的自由膨胀率为 38.0%，小于 40%；无荷膨胀率为 5.1%；胀缩总率为 0.65%，小于 0.7%。对于自由膨胀率这一指标，达到了非膨胀土的标准。对于胀缩总率这一指标，符合作为公路路基填料的要求。

生石灰改良膨胀土的膨胀性指标试验结果见表 4.15。

当生石灰的掺量为 5% 时，膨胀土的自由膨胀率为 39.2%，小于 40%；无荷膨胀率为 9.8%。当生石灰的掺量为 7% 时，膨胀土的胀缩总率为 0.60%，小于 0.7%。也就是说，改良后的膨胀土能够作为公路路基填料，生石灰的掺量需要为 7%。

**表 4.15　生石灰改良膨胀土的膨胀性试验结果**　　　　　　　　　%

| 指标 | 生石灰掺量 | | | | |
|---|---|---|---|---|---|
| | 0 | 3 | 5 | 7 | 9 |
| 自由膨胀率 | 54.0 | 47.5 | 39.2 | 38.0 | 39.0 |
| 无荷膨胀率 | 12.8 | 11.3 | 9.8 | 7.6 | 6.5 |
| 胀缩总率 | 3.95 | 3.11 | 2.89 | 0.60 | 0.61 |

水泥改良膨胀土的膨胀性指标试验结果见表 4.16。

当水泥的掺量为 7% 时，膨胀土的自由膨胀率为 40%；无荷膨胀率为 8.7%；胀缩总率为 0.68%，小于 0.7%。也就是说，改良后的膨胀土能够作为公路路基填料，水泥的掺量需要为 7%。

**表 4.16　水泥改良膨胀土的膨胀性试验结果**　　　　　　　　　%

| 指标 | 水泥掺量 | | | | |
|---|---|---|---|---|---|
| | 0 | 3 | 5 | 7 | 9 |
| 自由膨胀率 | 54.0 | 50.1 | 42.2 | 40.0 | 39.0 |
| 无荷膨胀率 | 12.8 | 11.8 | 10.8 | 8.7 | 7.1 |
| 胀缩总率 | 3.95 | 2.80 | 1.36 | 0.68 | 0.61 |

（5）当生物酶掺量为 3% 时，可以有效改善膨胀土压缩特性。膨胀土压缩系数 $\alpha_{1-2}$ ＝ 0.07MPa$^{-1}$，属于低压缩性土。

生石灰、水泥改良膨胀土的 $e$-$p$ 曲线，分别如图 4.19、图 4.20 所示。

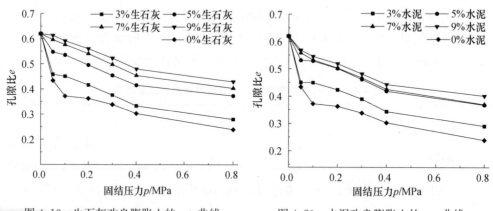

图 4.19　生石灰改良膨胀土的 $e$-$p$ 曲线　　　　图 4.20　水泥改良膨胀土的 $e$-$p$ 曲线

根据试验结果，$e$-$p$ 曲线的初始段较为陡峭，说明土体压缩量较大，随后曲线趋于平缓，说明土体压缩量随之减小。在相同固结压力 $p$ 下，膨胀土的孔隙比是最小的，9% 生石灰改良膨胀土的孔隙比，以及 9% 水泥改良膨胀土的孔隙比居中，而 3% 生物酶改良膨胀土的孔隙比最大。在掺生石灰、水泥改良膨胀土中，孔隙比随着生石灰、水泥掺量的增大而增大，在石灰、水泥掺量为 9% 时，其孔隙比最大。一般来说，在相同固结压力 $p$ 下，应变增量越小，其压缩性越小，孔隙比越大。由此可以得出：生物酶、生石灰、水泥都能改善膨胀土的压缩性能，其中生物酶掺量为 3% 时，膨胀土改良后的压缩性效果最好。

压缩系数 $\alpha_{1-2}$ 试验结果见表 4.17。根据压缩系数 $\alpha_{1-2}$ 的试验结果，在生石灰、水泥掺量相同的条件下，生石灰改良效果优于水泥。

表 4.17　压缩系数 $\alpha_{1-2}$ 试验结果

| 指标 | 生石灰、水泥掺量/% | | | | |
|---|---|---|---|---|---|
| | 0 | 3 | 5 | 7 | 9 |
| 生石灰改良 $\alpha_{1-2}$/MPa$^{-1}$ | 1.13 | 0.20 | 0.16 | 0.15 | 0.14 |
| 水泥改良 $\alpha_{1-2}$/MPa$^{-1}$ | 1.13 | 0.24 | 0.23 | 0.20 | 0.21 |

（6）直剪试验表明，对于生物酶改良膨胀土，其黏聚力 $c$、内摩擦角 $\varphi$ 随着生物酶含量的增加而先增大后减小，因而适当提高生物酶的含量能提高膨胀土的抗剪强度。生物酶能够有效提高膨胀土的抗剪强度。当生物酶含量增加到 3% 时，膨胀土的抗剪强度是增加的。但当生物酶掺量从 3% 继续增加至 4% 时，膨胀土的抗剪强度反而减小。也即生物酶掺量在 3% 时，膨胀土的抗剪强度达到峰值。

（7）三轴试验表明，生物酶改良膨胀土土样的应力差（$\sigma_1 - \sigma_3$）与轴向应变 $\varepsilon_1$ 的关系为应变硬化型。生物酶显著提高膨胀土体的抗剪强度。在相同的含水率和相同的围压 $\sigma_3$ 的条件下，随着生物酶掺量的增加，膨胀土土体破坏时的偏应力差（$\sigma_1 - \sigma_3$）相应地增加，即土体的抗剪强度增加。

围压 $\sigma_3$ 对土体强度影响较大，破坏时的偏差应力 $(\sigma_1 - \sigma_3)_f$ 随着围压 $\sigma_3$ 增大而增大。在相同围压 $\sigma_3$ 下，生物酶改良膨胀土承受偏应力的能力均有大幅度提高，也就是说生物酶改良膨胀土剪切破坏时的剪应力大幅度提高，说明生物酶能有效提高膨胀土抗剪切强度，其中生物酶掺量为 3% 时的改良膨胀土试样承受偏应力的能力最大。

生物酶对膨胀土的黏聚力 $c$ 有明显的提高，而对内摩擦角 $\varphi$ 的影响并不显著。生物酶改良膨胀土的黏聚力 $c$ 随着生物酶掺量增加，是先增大后减小的，并且在生物酶掺量为 3% 时，黏聚力 $c$ 达到最大值。

（8）生石灰、水泥改良膨胀土的三轴试验结果，分别如图 4.21、图 4.22 所示。

围压 $\sigma_3 = 100\text{kPa}$ 时，生石灰改良膨胀土的应力-应变关系表现为应变软化型。当 $\sigma_3 = 200$、$300\text{kPa}$ 时，表现为应变硬化型。

在不同围压 $\sigma_3$ 下，水泥改良膨胀土的应力-应变关系，开始时表现为轴向应变 $\varepsilon_1$ 随偏差应力（$\sigma_1 - \sigma_3$）增加而增大，当达到一个峰值之后，应力随应变的增加而下降，最后趋于稳定，表现出为应变软化型的应力-应变关系。

围压 $\sigma_3$ 对土体的应力-应变关系影响较大，破坏时的偏差应力随着围压增大而增大。当 $\sigma_3 = 100\text{kPa}$ 时，生石灰、水泥改良膨胀土发生了剪切破坏，而生物酶改良膨胀土仅仅只发生压缩变形。当围压 $\sigma_3$ 分别由 100kPa 增至 200kPa、围压 $\sigma_3$ 由 200kPa 增至 300kPa 时，生物酶改良膨胀土破坏时偏差应力值分别增加了 25.86%、41.14%；生石灰改良膨胀土破坏时偏差应力则分别增加了 26.61%、38.03%；水泥改良膨胀土破坏时的偏差应力值分别增加了 25.76%、47.29%。

在相同含水率、相同围压 $\sigma_3$ 的条件下，随着生物酶、生石灰、水泥的含量增加，土体破坏时的偏差应力（$\sigma_1-\sigma_3$）随之增加，即提高了土体的抗剪强度值。在改良剂含量、含水率、围压 $\sigma_3$ 相同的情况下，生物酶改良膨胀土的抗剪强度值最大，生石灰改良膨胀土抗剪强度值次之，水泥改良膨胀土抗剪强度值是最小的。

当生物酶掺量为 3% 时的改良膨胀土试样能承受的偏应力值是最大的，其次为 7% 的生石灰，9% 水泥改良膨胀土能够承受的偏应力值相比较而言是最小的。

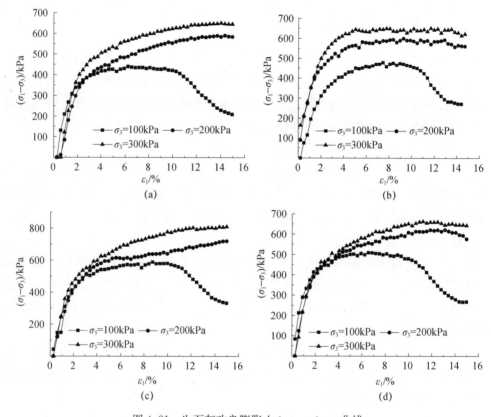

图 4.21　生石灰改良膨胀土（$\sigma_1-\sigma_3$）-$\varepsilon_1$ 曲线

（a）3% 生石灰；（b）5% 生石灰；（c）7% 生石灰；（d）9% 生石灰

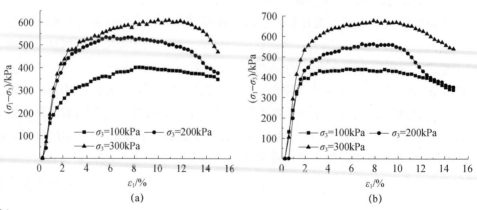

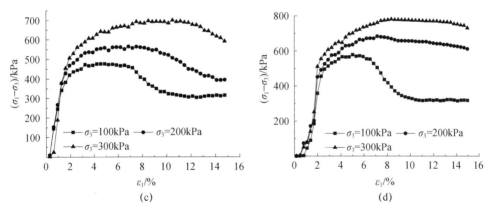

图 4.22　水泥改良膨胀土 $(\sigma_1-\sigma_3)$-$\varepsilon_1$ 曲线

(a) 3%水泥；(b) 5%水泥；(c) 7%水泥；(d) 9%水泥

# 第5章 生物酶改良膨胀土非线性弹性本构模型

## 5.1 概　述

土是岩石风化而成的散碎矿物颗粒的集合体，一般由固、液、气三相组成。在土形成的漫长地质过程中，由于受到风化、搬运、沉积、固结和地壳运动的影响，其应力-应变关系十分复杂，并且与诸多因素有关。土的宏观变形的原因不是土颗粒本身的变形，而主要是土颗粒间相对位置的变化而引起的。这样在不同的应力水平下，相同的应力增量所引起的应变增量就会不同，也即表现出非线性。

对于诸如很硬的黏土之类的结构性很强的原状土，在某个应力范围内，其变形可能是"弹性"的。只有当应力水平增大到一定的范围时，才会产生塑性变形。一般土在加载过程中，弹性变形和塑性变形几乎是同时产生的，并且没有明显的屈服点，土体材料可称为弹塑性材料。

加载后卸载至原应力状态时，土一般不会恢复至原应变状态，其中有部分应变是可以恢复的弹性应变，一部分应变则是不可恢复的塑性应变。塑性应变往往占有较大的比例。在应力加载卸载循环过程中，土的另外一个特性是存在滞回圈。卸载初期，应力-应变曲线陡降。当卸载减小至一定的偏差应力时，卸载曲线变缓，再加载时曲线开始陡随后变缓，这样就形成了一个滞回圈，越接近破坏应力时，这一现象就越明显。卸载时试样还发生体缩。由于卸载时平均正应力 $p$ 是减小的，显然无法用弹性理论来解释这种卸载体缩现象。一般认为这是由于土的剪胀变形的可恢复性和加载卸载引起的土结构的变化所造成的。总之，即使是在同一个应力路径上的卸载-再加载过程中，土体变形也并不是完全弹性的，但在一般情况下可近似认为是弹性的。

土的变形模量随着围压 $\sigma_3$ 而提高的现象，也称为土的压硬性。由于土是由散碎的颗粒组成的，所以围压所提供的约束对于其强度和刚度是至关重要的。这也是土区别于其他材料的重要特性之一。

土的应力-应变关系是土力学中目前得到迅速发展的一个领域。对于土的应力-应变关系本构模型，学者建议的数学模型有许多种，归纳起来可分为两大类：一类是弹性模型，包括线性的、非线性的模型。另一类是弹塑性模型。

土体的基本变形特性之一是其应力-应变关系非线性。为了反映土体的这种非线性，在线弹性理论范畴内有两类模型：割线模型、切线模型。

割线模型是计算材料应力-应变全量关系的模型，其弹性参数 $E_s$、$\upsilon_s$，或者 $K_s$、$G_s$

是应变或应力的函数，而不再是常数，这样可以反映土体变性的非线性以及应力水平的影响。割线模型的另一个明显的优点在于，这种割线模型可以应用于应变软化阶段。但该类模型理论上不够严密，不一定能保证解的唯一性以及稳定性。

切线模型则是一种建立在增量应力-应变关系基础上的线弹性模型。实际上，切线模型是一种采用分段线性化的广义胡克定律的形式，其弹性参数 $E_t$、$\upsilon_t$，或者 $K_t$、$G_t$ 也是应变或应力的函数，但在每一级增量的情况下认为是常数，这样可较好地描述土体受力变形过程，在岩土工程实践中得到广泛应用。

弹性本构关系可分为线弹性本构关系和非线性弹性本构关系，如图 5.1 所示。线弹性本构关系服从广义胡克定律。非线性弹性本构关系是弹性理论广义胡克定律的推广。

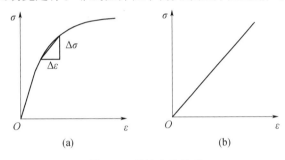

图 5.1　弹性本构关系

（a）非线性弹性材料；（b）线性弹性材料

由于土的性质极为复杂，要想找到一个理想的本构模型在目前还难以办到。现有的几十种，上百种本构模型尽管可以解决不同的工程问题，但各有其局限性。总之，比较实际的做法是针对某一特定的问题，考虑本构模型的合理性和实用性。也就是说，最好的本构模型应该是能够满足分析的需要，计算结果可靠且是数学形式最简单的。

在土体本构模型发展过程中，一些被普遍接受和使用的模型都具有以下一些共性：第一，形式比较简单；第二，模型参数不多并且有明确的物理意义、容易采用简单的试验确定；第三，能够反映土体变形的主要特性等。

基于广义胡克定律的线弹性理论的特点：本构模型形式简单，参数少，并且参数的物理意义明确，在岩土工程实践中得到广泛应用。土力学中计算应力采用弹性理论，计算变形采用直线变形体理论，即计算土体中的应力采用 Boussinesq 弹性理论，计算应变采用胡克定律，计算变形采用分层总和法。现有的地基沉降计算也主要是在经典的线弹性理论的基础上进行的。

采用线弹性理论描述土的应力-应变关系过于简化，但当应力水平较低，并且在一定的边界条件下，线弹性理论还是较为实用的。目前，在土力学地基附加应力计算中，仍然采用线弹性理论中的 Boussinesq 解或 Mindlin 解，在配合一定的经验计算地基变形时，能够为岩土工程问题提供实用的解答。

线弹性分析只适用于安全系数较大、不发生屈服的情况下，因而是很不经济的。实际上，土体在一般应力状态下都可能发生屈服，并且其应力-应变关系是非线性的。

常见的非线性弹性本构模型有非线性 Mohr-Coulomb 模型、Duncan-Chang 双曲线模型和 $K$-$G$ 模型等。Duncan-Chang 模型和 $K$-$G$ 模型属于次弹性模型类型，能够近似描述应力路径对土体的应力-应变关系特性的影响，一般情况下仅适用于采用增量法描述土体的非线性性质。非线性 $E$-$\upsilon$ 模型主要基于常规三轴排水试验条件下土体的应力-应变关系非线性特征而提出的，模型建立思路是参照弹性模型中的弹性模量 $E$、泊松比 $\upsilon$ 的定义，采用增量法逼近非线性应力-应变关系曲线，对应的模型参数采用切线弹性模量 $E_t$ 和切线泊松比 $\upsilon_t$。Duncan-Chang 模型（1970—1972）就是典型的非线性 $E$-$\upsilon$ 模型，以常规三轴固结排水剪切试验（CD 试验）得到的 $(\sigma_1 - \sigma_3)$-$\varepsilon_1$ 曲线以及 $\varepsilon_v$-$\varepsilon_1$ 曲线为确定弹性常数 $E_t$、$\upsilon_t$（或 $B_t$）等的基础。非线性 $K$-$G$ 模型是基于等向固结排水试验（$q=0$，各向等压固结试验）和等 $p$ 三轴固结排水剪切试验而提出的一类模型。$E$-$\upsilon$、$E$-$B$ 和 $K$-$G$ 模型中的参数存在互换关系。

弹性参数一般可有弹性模量（杨氏模量）$E$ 和泊松比 $\upsilon$，或体积变形模量 $K$ 和剪切弹性模量 $G$，或 Lame 常数 $\lambda$ 及侧限压缩（$\varepsilon_x = \varepsilon_y = 0$）模量 $M$。当土体被视为弹性介质时，其弹性参数均取不同应力-应变下的切线值，如切线弹性模量 $E_t$ 和切线泊松比 $\upsilon_t$、切线体积模量 $K$ 和切线剪切模量 $G$ 等。此时，土体的应力-应变关系需采用增量形式来表示，建立变弹性本构模型。这样，非线性弹性模型的根本问题就在于正确确定各类增量型的弹性参数与应力-应变关系式即增量型的本构模型。非线性弹性模量与线性弹性模型不同之处在于，前者的模量参数是随应力水平变化的，后者则是不变的。根据所采用的模量参数不同，广泛应用的非线性弹性模型又可分为 $E$-$\upsilon$（包括 $E$-$B$）模型和 $K$-$G$ 模型。

以弹性模量 $E$ 和泊松比 $\upsilon$ 为基本参数的本构模型称为 $E$-$\upsilon$ 模型。由于土的应力-应变关系具有如图 5.2 所示的非线性特征，因而弹性模量 $E$ 是变量，泊松比 $\upsilon$ 也不一定是常数。对于土体的应力-应变关系的非线性特性，基于广义胡克定律的增量非线性弹性模型认为，土体应力-应变关系虽然是非线性的，但在微小应变增量的条件下则可认为是线性的，并且服从增量线性的、各向同性的广义胡克定律。

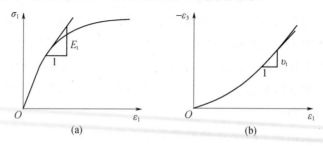

图 5.2　土的应力-应变关系曲线

（a）轴应力与轴应变关系曲线；（b）轴应变与水平应变关系曲线

Duncan-Chang 模型和 $K$-$G$ 模型是土的两种典型的非线性弹性模型。Duncan-Chang 模型又称为 Duncan-Chang 双曲线模型、Duncan-Chang-Kulhaway 模型，或简称为

Duncan 模型，其弹性常数由常规三轴试验确定。

Duncan-Chang 模型的基本特点如下：

（1）非线性 $E$-$\upsilon$、$E$-$B$ 模型概念清楚、本构模型形式简单，模型参数几何意义、物理意义明确。

（2）反映了土体应力-应变关系的非线性。

（3）模型没有区分土体的弹性变形和塑性变形，只是将土体塑性变形部分当成弹性变形处理，通过弹性常数的调整近似反映土体的塑性变形。

（4）对于连续加荷的情况能够较好地进行模拟，用于增量计算能够反映应力路径对土体变形的影响。

（5）通过回弹模量 $E_{ur}$ 与加荷模量 $E_t$ 的差别，部分体现了加荷历史对变形的影响，但没有反映固结压力变化的差别，也没有反映加荷、卸荷对泊松比 $\upsilon$ 的影响。尽管模型通过回弹模量 $E_{ur}$ 在一定程度上模拟了卸载的情况，但不能完全反映应力历史的影响。

（6）没有体现中主应力 $\sigma_2$ 对弹性常数 $E$、$\upsilon$ 的影响。

（7）模型不能反映土体的剪胀性，也没有反映平均正应力 $p$ 对剪应变 $\varepsilon_s$ 的影响，即没有反映压缩与剪切的交叉影响。

（8）模型只考虑硬化的应力-应变关系，不能反映软化。对于紧砂、超固结土等应变软化型土体易产生较大的误差。为此，沈珠江曾提出应变软化型驼峰曲线模型，将剪胀引起的体应变按初应变进行处理。

（9）模型不能反映土体材料的各向异性。

（10）模型不能反映剪胀性，但是模型在确定参数时所用的体积应变包含了平均正应力 $p$ 增加所引起的压缩，也包含了剪切所引起的体积变化。根据胡克定律，体积应变全部为 $p$ 增加所引起的，因此对剪缩土来说就使确定的体积模量 $K$ 或泊松比 $\upsilon$ 偏小。

以体变模量 $K$ 和剪切模量 $G$ 为基本参数的本构模型称为 $K$-$G$ 模型。由于土的应力-应变关系的非线性特性，体变模量 $K$ 和剪切模量 $G$ 也不一定是常数。非线性弹性 $K$-$G$ 模型是将应力张量、应变张量分别分解为球张量、偏张量两部分，分别建立球张量 $p$（$\sigma_m$）与 $\varepsilon_v$、偏张量 $q$ 与 $\varepsilon_s$ 之间的增量关系，一般通过等向固结排水试验确定体变模量 $K$，通过等 $p$ 三轴固结排水剪切试验确定剪切模量 $G$。一般情况下，不考虑两个张量的交叉影响，即将球张量和偏张量分开考虑，这样的应力-应变关系称为非耦合的关系，这类 $K$-$G$ 模型有 Domaschuk-Valliappan $K$-$G$ 模型、Naylor $K$-$G$ 模型等。有时为了反映土体的剪胀性，则需要考虑球张量和偏张量的交叉影响，即两者的耦合作用，这样的应力-应变关系称为耦合的关系，这类 $K$-$G$ 模型有 Izumi-Verruijt $K$-$G$ 模型、沈珠江 $K$-$G$ 模型、成都科技大学修正 $K$-$G$ 模型等。

$K$-$G$ 模型有一定的合理性和适用性，并且有许多特定形式。$K$-$G$ 模型易于与应力状态关联，从而得到一般解，但模型不能反映中主应力 $\sigma_2$ 对土体变形的影响，也不能完全反映应力历史的影响，并且还隐含土体各向同性的假定。此外，考虑球张量和偏张量耦合作用的 $K$-$G$ 模型，对于一般的数值计算不太方便。Naylor 的 $K$-$G$ 模型数学表达式更为简单，使用更为方便。但 Naylor 的 $K$-$G$ 模型在测定 $G$ 时采用 $p$ 为常数的三轴压缩试验，试验路径不完全与实际问题的应力路径相一致。

在土的非线性弹性模型中，一方面，由变形模量取代了弹性模量（有卸荷情况时，再引入卸荷模量）；另一方面，模量和其他弹性参数均取不同应力、应变条件下相应参数的切线值；此外，采用增量形式建立应力-应变关系的表达式。$E$-$\upsilon$、$E$-$B$ 得到了广泛应用，但 $K$-$G$ 模型更具优越性。一方面，$K$-$G$ 模型反映了在球应力 $p$ 以及在偏应力 $q$ 作用下土体变形的弹性性质，便于通过等向固结排水试验、等 $p$ 三轴固结排水剪切试验直接、独立且较为准确测定弹性参数；另一方面，模型引入球应力 $p$、偏应力 $q$ 两个分量来反映土的复杂应力状态，也能考虑 $K$、$G$ 对应变的交叉影响；此外，模型还可考虑土的剪胀性和压硬性。

由于土的性质复杂，并且随地而异，没有哪一种非线性弹性模量能准确模拟实际土的真实的应力-应变关系。不同的 $K$-$G$ 模型各有其特点，$K$-$G$ 模型优于 $E$-$\upsilon$ 模型体现在以下几个方面：一是 $K$-$G$ 模型中的两个物理量都能通过试验独立测定；二是 $K$-$G$ 模型比较容易与应力状态相联系，能够得到一般解；三是如果在排水条件下发生强烈剪胀现象，则泊松比 $\upsilon$ 有可能大于或等于 0.5，这时用 $E$-$\upsilon$ 模型就会遇到很大的困难。

本章基于现有研究成果，基于 Duncan-Chang 非线性弹性模型、Naylor $K$-$G$ 模型，对生物酶改良膨胀土非线性弹性本构关系进行研究。其主要研究内容如下：

（1）通过常规三轴试验，对生物酶改良膨胀土 Duncan-Chang 模型参数进行拟合，并且建立该模型参数与生物酶掺量的相关关系表达式。

（2）采用合适的归一化因子，研究生物酶改良膨胀土非线性应力-应变关系归一化特性，建立基于生物酶掺量的非线性应力-应变关系的统一表达式，并且将该本构模型的预测结果与三轴试验结果进行对比分析。

（3）通过等向固结排水试验和等 $p$ 三轴固结排水剪切试验，研究生物酶改良膨胀土的 Naylor $K$-$G$ 模型参数随生物酶掺量的变化规律，建立 $K$-$G$ 模型参数与生物酶掺量的相关关系式。

（4）以生物酶掺量为扰动参量，建立统一的扰动函数式，基于扰动状态理论对 $K$-$G$ 模型中的参数进行修正，建立考虑生物酶掺量扰动影响的、适应生物酶改良膨胀土非线性应力-应变关系描述的修正 $K$-$G$ 模型。

## 5.2  基于 Duncan-Chang 模型的非线性弹性本构模型

### 5.2.1  引言

有学者对改良膨胀土的应力-应变关系开展过专门研究，取得了一些有意义的研究成果。惠会清等[55]基于三轴固结不排水剪切试验，研究了石灰改良膨胀土、石灰及粉煤灰综合改良膨胀土的应力-应变关系，膨胀土经过石灰，或石灰和粉煤灰改良后，其应力-应变关系曲线都表现出应变软化特性。周葆春等[88]通过三轴固结排水剪切试验，对石灰改良膨胀土的应力-应变-强度特性开展了研究，进而提出了基于 Duncan-Chang 模型的、能合理描述石灰改良膨胀土应力-应变特性的本构模型。沈泰宇等[90]在通过三轴固结不排水试验研究改良膨胀土应力-应变关系特性的基础上，提出了筛选膨胀土复合改良剂的方法。

现有的研究表明，土的应力-应变关系受多种因素影响，并且这些影响因素之间还可能存在着复杂的耦合关系，因此土体真实的应力-应变关系特性是十分复杂的，对土体的这种复杂的应力-应变关系特性进行描述，则是土体力学性质研究的核心[133]。有研究表明，土的应力-应变关系特性存在归一化性状[134]-[135]。目前，对土的应力-应变关系归一化性状的研究方法，主要是通过常规三轴试验，采用双曲线模型、结合适宜的归一化因子对试验数据进行拟合，进而提出能合理描述土的应力-应变关系特性的归一化方程[136]-[139]。实际上，土的应力-应变关系归一化，也就是采用一个统一的数学公式来表达土的应力-应变关系，这个数学公式即归一化本构方程。

本章在现有研究的基础上，首先基于 Duncan-Chang 非线弹性模型，研究生物酶改良膨胀土的非线性弹性本构关系，然后采用主应力差（即偏差应力）渐近值 $(\sigma_1-\sigma_3)_{ult}$ 作为归一化因子，研究生物酶改良膨胀土应力-应变关系的归一化特性，然后建立基于生物酶掺量的应力-应变关系归一化的统一表达式，即归一化的本构方程，最后将归一化本构方程的预测结果与三轴试验结果进行对比验证。

## 5.2.2 非线性 Duncan-Chang 模型

Kondner 在大量土的三轴试验研究成果基础上，于 1963 年提出一般土的三轴试验 $(\sigma_1-\sigma_3)$ -$\varepsilon_a$ 曲线可采用双曲线拟合，即

$$\sigma_1-\sigma_3=\frac{\varepsilon_a}{a+b\varepsilon_a} \tag{5.1}$$

式中　$\sigma_1$、$\sigma_3$——大主应力、小主应力；

　　　　$\varepsilon_a$——轴应变。对于常规三轴试验，$\varepsilon_a=\varepsilon_1$；

　　　　$a$、$b$——试验常数。

Duncan 等根据这一双曲线的应力-应变关系，提出了一种目前被广泛应用的增量非线性弹性本构模型，一般称为 Duncan-Chang 模型。

（1）切线变形模量 $E_t$

在常规三轴压缩试验中，式（5.1）也可表示为

$$\frac{\varepsilon_1}{\sigma_1-\sigma_3}=a+b\varepsilon_1 \tag{5.2}$$

根据式（5.2），$\frac{\varepsilon_1}{\sigma_1-\sigma_3}$ -$\varepsilon_1$ 的关系为直线。因此，将常规三轴压缩试验结果按照 $\frac{\varepsilon_1}{\sigma_1-\sigma_3}$ -$\varepsilon_1$ 进行整理，理论上为一条直线，该直线的截距、斜率分别为 $a$、$b$，如图 5.3 所示。

在常规三轴压缩试验中，由于 $d\sigma_2=d\sigma_3=0$，根据式（5.2），切线模量 $E_t$ 可表示为

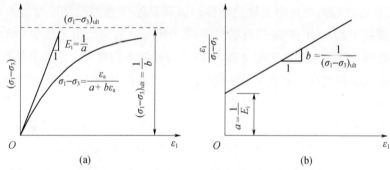

图 5.3 土的应力-应变的双曲线关系及参数确定

(a) $(\sigma_1-\sigma_3)-\varepsilon_1$ 曲线；(b) $\dfrac{\varepsilon_1}{\sigma_1-\sigma_3}-\varepsilon_1$ 关系

$$E_t=\frac{\mathrm{d}(\sigma_1-\sigma_3)}{\mathrm{d}\varepsilon_1}=\frac{a}{(a+b\varepsilon_1)^2} \qquad (5.3)$$

在试验的开始点，切线变形模量 $E_t$ 为初始切线模量 $E_i$，即 $E_t=E_i$。由于此时有 $\varepsilon_1=0$，因此初始切线模量 $E_i$ 为

$$E_i=\frac{1}{a} \qquad (5.4)$$

式（5.4）表明，在常规三轴试验中，参数 $a$ 的物理意义是初始变形模量 $E_i$ 的倒数，即

$$a=\frac{1}{E_i} \qquad (5.5)$$

试验资料表明，侧限压力 $\sigma_3$ 对初始切线模量 $E_i$ 的影响，可采用 1963 年 Janbu 提出的经验关系式：

$$E_i=Kp_a\left(\frac{\sigma_3}{p_a}\right)^n \qquad (5.6)$$

式中　$p_a$——大气压，一般取为 101.33kPa；

　　$K$、$n$——试验常数。

根据该表达式可知：$\lg\dfrac{E_i}{p_a}=\lg K+n\lg\dfrac{\sigma_3}{p_a}$，即 $\lg\dfrac{E_i}{p_a}-\lg\dfrac{\sigma_3}{p_a}$ 成直线关系。如果绘制 $\lg\dfrac{E_i}{p_a}-\lg\dfrac{\sigma_3}{p_a}$ 直线图，如图 5.4 所示，则 $\lg K$、$n$ 分别为该直线的截距、斜率。

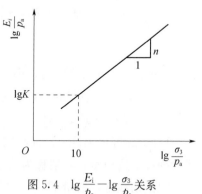

图 5.4 $\lg\dfrac{E_i}{p_a}-\lg\dfrac{\sigma_3}{p_a}$ 关系

当 $\varepsilon_1\to\infty$ 时，根据式（5.2）可得到

$$(\sigma_1-\sigma_3)_{ult}=\lim_{\varepsilon_1\to\infty}(\sigma_1-\sigma_3)=\lim_{\varepsilon_1\to\infty}\frac{\varepsilon_1}{a+b\varepsilon_1}=\frac{1}{b} \qquad (5.7)$$

该式表明，在常规三轴试验中，参数 $b$ 的物理意义是双曲线渐近线所对应的极限偏差应力 $(\sigma_1-\sigma_3)_{ult}$ 的倒数，即

$$b=\frac{1}{(\sigma_1-\sigma_3)_{\text{ult}}} \tag{5.8}$$

在土的常规三轴试验中，如果应力-应变曲线近似双曲线，通常是根据一定的应变值，如 $\varepsilon_1=15\%$，来确定土的强度 $(\sigma_1-\sigma_3)_{\text{f}}$，而不可能是通过使得 $\varepsilon_1\to\infty$ 的方法来求取 $(\sigma_1-\sigma_3)_{\text{ult}}$。对于应力-应变曲线有峰值点的情况，则取偏差应力 $(\sigma_1-\sigma_3)$ 的峰值点作为土的强度 $(\sigma_1-\sigma_3)_{\text{f}}$。

由于双曲线总是位于其渐近线的下面，因而应力差渐近值 $(\sigma_1-\sigma_3)_{\text{ult}}$ 总是大于土的破坏强度 $(\sigma_1-\sigma_3)_{\text{f}}$。定义破坏比 $R_{\text{f}}$ 为土的强度 $(\sigma_1-\sigma_3)_{\text{f}}$ 与极限偏差应力 $(\sigma_1-\sigma_3)_{\text{ult}}$ 的比值，即

$$R_{\text{f}}=\frac{(\sigma_1-\sigma_3)_{\text{f}}}{(\sigma_1-\sigma_3)_{\text{ult}}} \tag{5.9}$$

破坏比 $R_{\text{f}}$ 通常为 $0.75\sim1.00$，并且假定与侧限压力 $\sigma_3$ 无关。

于是可得到参数 $b$ 为

$$b=\frac{1}{(\sigma_1-\sigma_3)_{\text{ult}}}=\frac{R_{\text{f}}}{(\sigma_1-\sigma_3)_{\text{f}}} \tag{5.10}$$

这样，根据式（5.3）可得到切线变形模量 $E_{\text{t}}$ 的表达式为

$$E_{\text{t}}=\frac{1}{E_{\text{i}}}\left[\frac{1}{E_{\text{i}}}+\frac{R_{\text{f}}}{(\sigma_1-\sigma_3)_{\text{f}}}\varepsilon_1\right]^{-2} \tag{5.11}$$

土的切线变形模量 $E_{\text{t}}$ 相当于弹性理论中的杨氏模量，式（5.11）中既包含了应力差 $(\sigma_1-\sigma_3)$ 项，也包含了应变 $\varepsilon_1$ 项，这在使用中不够方便。如果消去式中的应变 $\varepsilon_1$ 项，将 $E_{\text{t}}$ 表示为只是应力的函数，这样则更方便于有限元计算。

根据表达式（5.2），应变 $\varepsilon_1$ 可表示为

$$\varepsilon_1=\frac{a(\sigma_1-\sigma_3)}{1-b(\sigma_1-\sigma_3)}=\frac{\sigma_1-\sigma_3}{E_{\text{i}}\left[1-\dfrac{R_{\text{f}}(\sigma_1-\sigma_3)}{(\sigma_1-\sigma_3)_{\text{f}}}\right]} \tag{5.12}$$

因此，式（5.3）中的 $E_{\text{t}}$ 的可表示为

$$E_{\text{t}}=a\left[a+\frac{ba(\sigma_1-\sigma_3)}{1-b(\sigma_1-\sigma_3)}\right]^{-2}=\frac{[1-b(\sigma_1-\sigma_3)]^2}{a} \tag{5.13}$$

将式（5.5）、式（5.10）代入式（5.13），于是切线变形模量 $E_{\text{t}}$ 可改写为

$$E_{\text{t}}=E_{\text{i}}\left[1-R_{\text{f}}\frac{\sigma_1-\sigma_3}{(\sigma_1-\sigma_3)_{\text{f}}}\right]^2 \tag{5.14}$$

根据 Mohr-Coulomb 破坏准则，破坏强度 $(\sigma_1-\sigma_3)_{\text{f}}$ 与侧限压力 $\sigma_3$ 之间的关系可表示为

$$(\sigma_1-\sigma_3)_{\text{f}}=\frac{2c\cos\varphi+2\sigma_3\sin\varphi}{1-\sin\varphi} \tag{5.15}$$

将表达式（5.15）、式（5.6）代入表达式（5.14），则可得到切线变形模量 $E_{\text{t}}$ 的表达式为

$$E_{\text{t}}=Kp_{\text{a}}\left(\frac{\sigma_3}{p_{\text{a}}}\right)^n\left[1-\frac{R_{\text{f}}(\sigma_1-\sigma_3)(1-\sin\varphi)}{2c\cos\varphi+2\sigma_3\sin\varphi}\right]^2 \tag{5.16}$$

式（5.16）中不包含应变 $\varepsilon_1$ 项，切线变形模量 $E_t$ 只是应力的函数，其表达式中有 5 个材料常数：$K$、$n$、$c$、$\varphi$、$R_f$。

表达式（5.16）也可简写成

$$E_t = E_i \ (1 - R_f S)^2 \tag{5.17}$$

式中  $S$——应力水平，即

$$S = \frac{\sigma_1 - \sigma_3}{(\sigma_1 - \sigma_3)_f} \tag{5.18}$$

表达式（5.17）表明，切线变形模量 $E_t$ 随应力水平 $S$ 增大而迅速减小。

（2）切线泊松比 $\upsilon_t$

早期的 $E-\upsilon$ 模型，根据 Kulhaway 的建议，Duncan 等根据一些试验资料，假定在常规三轴试验中的轴向应变 $\varepsilon_1$ 与侧向应变 $-\varepsilon_3$ 之间，也存在双曲线关系，即

$$\varepsilon_1 = \frac{-\varepsilon_3}{f + D \ (-\varepsilon_3)} \tag{5.19}$$

表达式（5.19）也可表示为

$$\frac{-\varepsilon_3}{\varepsilon_1} = f + D \ (-\varepsilon_3) \tag{5.20}$$

式（5.20）表明，$\frac{-\varepsilon_3}{\varepsilon_1}$-$(-\varepsilon_3)$ 为直线关系。如图 5.5 所示。表达式（5.20）中的参数 $f$、$D$ 分别为该直线的截距、斜率。

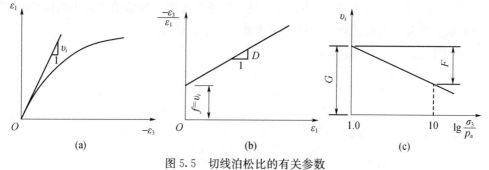

图 5.5  切线泊松比的有关参数

(a) $\varepsilon_1$-$(-\varepsilon_3)$ 双曲线；(b) $\frac{-\varepsilon_3}{\varepsilon_1}$-$(-\varepsilon_3)$ 线性关系；(c) $\upsilon_i$-$\lg \frac{\sigma_3}{p_a}$ 线性关系

三轴试验不能直接测定侧向应变 $\varepsilon_3$，而是根据体积应变 $\varepsilon_v$ 与轴向应变 $\varepsilon_1$ 之间的关系间接得到，即

$$\varepsilon_3 = \frac{\varepsilon_v - \varepsilon_1}{2} \tag{5.21}$$

根据式（5.20），当 $-\varepsilon_3 \to 0$ 时，$\left.\frac{-\varepsilon_3}{\varepsilon_1}\right|_{\varepsilon_3 \to 0} = f + D \ (-\varepsilon_3)\big|_{\varepsilon_3 \to 0} = f$，而 $\left.\frac{-\varepsilon_3}{\varepsilon_1}\right|_{\varepsilon_3 \to 0}$ 为初始泊松比 $\upsilon_i$，即

$$f = \upsilon_i \tag{5.22}$$

也就是说，参数 $f$ 是零应变时的切线泊松比 $\upsilon_i$。

当 $-\varepsilon_3 \to \infty$ 时，$\left.\dfrac{\varepsilon_1}{-\varepsilon_3}\right|_{-\varepsilon_3 \to \infty} = \dfrac{1}{D}$。即 $\varepsilon_1$-$(-\varepsilon_3)$ 双曲线的渐近线的倒数为 $D$。

试验表明，土的初始泊松比 $\upsilon_i$ 随围压 $\sigma_3$ 增加而减小。假定 $\upsilon_i - \lg\dfrac{\sigma_3}{p_a}$ 成线性关系，即

$$\upsilon_i = f = G - F\lg\frac{\sigma_3}{p_a} \tag{5.23}$$

式中　$G$、$F$——试验常数，确定方法如图 5.4（c）所示。

根据切线泊松比 $\upsilon_t$ 的定义 $\upsilon_t = \dfrac{-\mathrm{d}\varepsilon_3}{\mathrm{d}\varepsilon_1}$，对表达式（5.19）微分，即

$$\upsilon_t = \frac{(1 - D\varepsilon_1)\,f + D\varepsilon_1 f}{(1 - D\varepsilon_1)^2} = \frac{f}{(1 - D\varepsilon_1)^2} = \frac{\upsilon_i}{(1 - D\varepsilon_1)^2} \tag{5.24}$$

再根据表达式（5.23）、式（5.12）、式（5.6）、式（5.15），则可得到切线泊松比 $\upsilon_t$ 的表达式为

$$\upsilon_t = \frac{G - F\lg\dfrac{\sigma_3}{p_a}}{\left\{1 - D(\sigma_1 - \sigma_3)\left[Kp_a\left(\dfrac{\sigma_3}{p_a}\right)^n\right]^{-1}\left[1 - \dfrac{R_f(\sigma_1 - \sigma_3)\,(1 - \sin\varphi)}{2c\cos\varphi + 2\sigma_3\sin\varphi}\right]^{-1}\right\}^2} \tag{5.25}$$

表达式（5.25）表明，切线泊松比 $\upsilon_t$ 的表达式中有 8 个材料常数，即在切线变形模量 $E_t$ 的表达式中的 5 个材料常数（$K$、$n$、$c$、$\varphi$、$R_f$）的基础上，增加了 3 个参数：$G$、$F$、$D$。其中参数 $D$ 可取若干个不同围压 $\sigma_3$ 的三轴试验的平均值。根据弹性理论，切线泊松比 $\upsilon_t$ 的取值范围为 $0 \sim 0.5$。

研究表明，表达式（5.25）计算结果常偏大，1974 年 Daniel 建议采用式（5.26）计算切线泊松比 $\upsilon_t$，即

$$\upsilon_t = \upsilon_i + (\upsilon_{tf} - \upsilon_i)\frac{\sigma_1 - \sigma_3}{(\sigma_1 - \sigma_3)_f} \tag{5.26}$$

式中　$\upsilon_{tf}$——破坏时的泊松比。

1978 年 Duncan 等进一步提出采用体积模量 $K_t$ 来代替 $\upsilon_t$，$K_t$ 的表达式为

$$K_t = K_b\left(\frac{\sigma_3}{p_a}\right)^m \tag{5.27}$$

式中　$K_b$、$m$——土的材料常数，可根据常规三轴试验确定。

上述非线性弹性模型为 $E$-$\upsilon$ 模型中的一种，是目前国内外用得最广泛的，简称为 Duncan 模型。Duncan 模型的主要优点是可以利用常规三轴试验测定所需的 8 个计算参数：$K$、$n$、$R_f$、$c$、$\varphi$、$F$、$G$、$D$。有研究者认为，按照 Duncan 模型计算所得到的变形值偏大。该模型没有考虑中主应力 $\sigma_2$、应力路径及剪胀性。

（3）卸载-再加载模量 $E_{ur}$

如果三轴试验在某一阶段卸载，则卸载时的应力-应变曲线比初次加载时的应力-应变曲线更陡，如图 5.6 所示。如果继续再加载，应力-应变曲线也陡于初次加载时的应力-应变曲线，并且与卸载时的应力-应变曲线具有相近的坡度。由于初次加载时产生的

应变在卸载时仅有部分恢复，所以土的性状的应力-应变关系是非线性的、应变是非弹性的即弹塑性的。卸载后再继续加载，常有一些滞后现象，但通过略去滞后作用而将卸载、再加载应力-应变变化的性质近似地认为是线性的、弹性的。

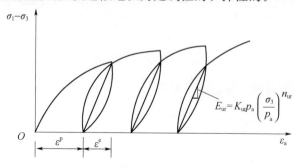

图 5.6　土体的加载-卸载-再加载

为了反映土变形的可恢复部分与不可恢复部分，Duncan-Chang 模型在弹性理论的范围内，采用了一种卸载-再加载模量不同于初始加载模量的方法。

通过常规三轴压缩试验的卸载-再加载曲线确定其卸载模量。由于该过程中的应力-应变关系表现为一个滞回圈，在双曲线关系中的卸载-再加载模量都可采用相同的数值，所以采用一个平均斜率来代替，该平均斜率表示为 $E_{ur}$ 即卸载-再加载模量。如图 5.6 所示，在不同的应力水平下的卸载-再加载循环中，这个平均斜率都接近于相等，所以可认为在同样的围压 $\sigma_3$ 的条件下，该平均斜率为常数。但是，该平均斜率随着围压 $\sigma_3$ 的增大而增大。试验表明，在双对数坐标中，平均斜率 $E_{ur}$ 与围压 $\sigma_3$ 的关系近似为一条直线，即 $\lg \dfrac{E_{ur}}{p_a}$-$\lg \dfrac{\sigma_3}{p_a}$ 为直线关系。因此，卸载-再加载模量 $E_{ur}$ 与围压 $\sigma_3$ 可表示为

$$E_{ur} = K_{ur} p_a \left( \frac{\sigma_3}{p_a} \right)^{n_{ur}} \tag{5.28}$$

式中　$K_{ur}$、$n_{ur}$——材料参数。

$\lg K_{ur}$、$n_{ur}$ 分别为 $\lg \dfrac{E_{ur}}{p_a}$-$\lg \dfrac{\sigma_3}{p_a}$ 直线的截距、斜率，如图 5.7 所示。式（5.28）中的参数 $n_{ur}$ 与式（5.6）中的参数 $n$ 相同。

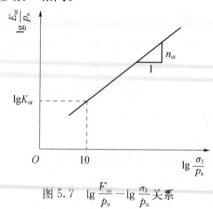

图 5.7　$\lg \dfrac{E_{ur}}{p_a}$—$\lg \dfrac{\sigma_3}{p_a}$ 关系

实际上，式（5.28）中的参数 $n_{ur}$ 与式（5.6）中的参数 $n$ 不会完全相等，但两者差别不会太大。当两个表达式中的参数 $n$、$n_{ur}$ 取为相等时，可采用 $K$ 或 $K_{ur}$ 来调整其误差，这样就可将 $n$、$n_{ur}$ 两个材料参数合并为一个参数 $n$。一般情况下，$K_{ur}$ 值常大于初次加载时的 $K$ 值，即 $K_{ur} > K$。

Duncan-Chang 模型在加载、卸载时使用了不同的变形模量，从而可以反映土变形不可恢复的部分。但是，该模型毕竟不是弹塑性模型，没有离开弹性理论的框架及理论基础，因而在复杂应力路径中如何判断加载、卸载就成为一个问题。最初，Duncan 等根据三轴试验，采用 $(\sigma_1 - \sigma_3)$ 或 $q$ 来判断加载、卸载，而没有考虑 $\sigma_3$ 的变化，这显然是不合理的。后来，有人提出了不同的加载、卸载准则，1984 年 Duncan 等提出了加载函数，即

$$S_s = S \left( \frac{\sigma_3}{p_a} \right)^{\frac{1}{4}} \tag{5.29}$$

式中　$S$——应力水平，$S = \dfrac{\sigma_1 - \sigma_3}{(\sigma_1 - \sigma_3)_f}$。

如果在加载历史中，加载函数的最大值为 $S_{sm}$，则临界应力水平为

$$S_m = S_{sm} \left( \frac{\sigma_3}{p_a} \right)^{-\frac{1}{4}} \tag{5.30}$$

如果 $S > S_m$，则为加载；如果 $S < \dfrac{3}{4} S_m$，则为卸载或再加载，此时可使用 $E_{ur}$；如果 $\dfrac{3}{4} S_m < S < S_m$，则采用 $E_t$ 与 $E_{ur}$ 内插。显然，这是一种经验的方法。也有人提出了根据不同工程问题所采用的其他准则。

（4）$E$-$B$ 模型

试验表明，在上述模型中，$\varepsilon_1$ 与 $-\varepsilon_3$ 之间的双曲线假设与实际情况相差较大。同时，使用切线泊松比 $\upsilon_t$ 在计算中也有一些不便之处。1980 年 Duncan 等提出了 $E$-$B$ 模型。$E$-$B$ 模型中的 $E_t$ 的表达式与式（5.16）相同。另外，引入体变模量 $B$ 来代替切线泊松比 $\upsilon_t$，即

$$B = \frac{E}{3(1 - 2\upsilon)} \tag{5.31}$$

通过三轴试验，并且采用式（5.32）来确定体变模量 $B$：

$$B = \frac{(\sigma_1 - \sigma_3)_{70\%}}{3(\varepsilon_v)_{70\%}} \tag{5.32}$$

式中　$(\sigma_1 - \sigma_3)_{70\%}$、$(\varepsilon_v)_{70\%}$——分别为 $(\sigma_1 - \sigma_3)$ 达到 70% 的 $(\sigma_1 - \sigma_3)_f$ 时的偏差应力和相应的体应变的试验值。

根据式（5.32），对于每一个 $\sigma_3$ 为常数的三轴压缩试验，体变模量 $B$ 就是一个常数。试验表明，体变模量 $B$、围压 $\sigma_3$ 两者在双对数坐标中可近似为直线关系，即 $\lg \dfrac{B}{p_a}$-$\lg \dfrac{\sigma_3}{p_a}$ 为直线关系，如图 5.8 所示。

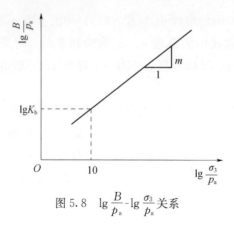

图 5.8    $\lg \dfrac{B}{p_a}$-$\lg \dfrac{\sigma_3}{p_a}$ 关系

因此，体变模量 $B$ 与围压 $\sigma_3$ 可表示为

$$B=K_b p_a \left(\frac{\sigma_3}{p_a}\right)^m \tag{5.33}$$

式中    $K_b$、$n$——材料参数。

$\lg K_b$，$n$ 分别为 $\lg \dfrac{B}{p_a}$-$\lg \dfrac{\sigma_3}{p_a}$ 直线的截距、斜率，如图 5.8 所示。

根据表达式（5.16）可知：$\dfrac{1}{3}E_t < B$。当 $B \approx 17E_t$ 时，$v_t = 0.49$。这时可用于饱和土体的总应力分析。

关于 $E$-$v$ 模型与 $E$-$B$ 模型哪一个更为适用的问题，目前还存在不同的意见。

（5）参数的确定

在确定参数 $a$、$b$ 时，采用表达式（5.2）和图 5.3（b）来求取 $\dfrac{\varepsilon_1}{\sigma_1-\sigma_3}$-$\varepsilon_1$ 之间的直线关系时，常发生低应力水平以及高应力水平的试验点都偏离直线的情况。因此，对于同一组试验因人而异可能会得到不同的 $a$、$b$ 值。

对于切线泊松比 $v_t$，其中的参数确定的任意性更大。对于有剪胀性的土，在高应力水平下，切线泊松比 $v_t$ 的确定实际意义不大。为此，Duncan 等在总结许多试验资料的基础上，建议采用如下方法来计算相关参数。

对于参数 $b$，Duncan 等建议的方法为

$$b=\frac{1}{(\sigma_1-\sigma_3)_{ult}}=\frac{\left(\dfrac{\varepsilon_1}{\sigma_1-\sigma_3}\right)_{95\%}-\left(\dfrac{\varepsilon_1}{\sigma_1-\sigma_3}\right)_{70\%}}{(\varepsilon_1)_{95\%}-(\varepsilon_1)_{70\%}} \tag{5.34}$$

对于参数 $a$，Duncan 等建议的方法为

$$\frac{1}{a p_a}=\frac{E_i}{p_a}=\frac{1}{p_a}\frac{2}{\left(\dfrac{\varepsilon_1}{\sigma_1-\sigma_3}\right)_{95\%}+\left(\dfrac{\varepsilon_1}{\sigma_1-\sigma_3}\right)_{70\%}-\left(\dfrac{\varepsilon_1}{\sigma_1-\sigma_3}\right)_{ult}}\left[(\varepsilon_1)_{95\%}+(\varepsilon_1)_{70\%}\right]$$

$$\tag{5.35}$$

对于参数 $B$，Duncan 等建议的方法为

$$B = \frac{\Delta p}{\Delta \varepsilon_v} = \frac{(\sigma_1 - \sigma_3)_{70\%}}{3 \, (\varepsilon_v)_{70\%}} \tag{5.36}$$

上述各式中，下标 95%、70% 分别代表 $(\sigma_1 - \sigma_3)$ 达到 95%、70% 的 $(\sigma_1 - \sigma_3)_f$ 时的有关试验数据。

采用上述各式列表对不同的围压 $\sigma_3$ 下的试验结果进行计算，然后在双对数坐标中来确定相关参数，这样的计算结果离散性较小，也不会因人而异。

### 5.2.3　三轴试验及应力-应变关系

（1）试验材料

试验材料包括膨胀土和生物酶。

膨胀土试样取自益娄高速公路 K28+960 处，取土深度 1.5~2.0m，其物理力学指标见表 5.1。该土样为中膨胀土。

生物酶为 Terra Zyme，其试剂为褐色黏稠液体，无毒，无腐蚀性，易溶于水，植物酶含量>60%。

生物酶掺量（以 $z$ 表示）是指生物酶质量与膨胀土试样干土质量的比值。生物酶掺量设为 0%、1%、2%、3%、4%、5%。

为方便试验以及试验结果的分析比较，所有土试件的干密度均为 1.62g/cm³、含水率均为 18.0%。土试件为直径 39.1mm、高度 80mm 的圆柱形，其物理特性指标见表 5.2。

**表 5.1　膨胀土试样主要物理力学指标**

| 含水率 $w$ /% | 塑性指数 $I_p$/% | 自由膨胀率 /% | 标准吸湿含水率 /% | 无荷膨胀率 /% |
|---|---|---|---|---|
| 28 | 38.0 | 52 | 5.0 | 8.2 |
| 胀缩总率 /% | CBR /% | 无侧限抗压强度/kPa | <0.002mm 含量/% | 活动度 |
| 3.5 | 1.28 | 270 | 17.0 | 2.24 |

**表 5.2　土试样的物理特性指标**

| 含水率 $w$ /% | 干密度 $\rho_d$ / (g/cm³) | 湿密度 $\rho$ / (g/cm³) | 试样直径 $d$ /mm | 试样高度 $h$ /mm |
|---|---|---|---|---|
| 18.0 | 1.62 | 1.91 | 39.1 | 80 |

（2）试验方法

土试件制作完成后，首先进行反压饱和，之后再开展三轴固结排水剪切试验。

试验采用 GDS-Instruments 三轴试验系统，试验方法依照《公路土工试验规程》（JTG E40—2007）进行。试验围压设定为 100kPa、200kPa 和 300kPa。共开展 18 个土试件的三轴试验。

（3）试验结果

三轴固结排水剪切试验结果，如图 5.9 所示。

① 主应力差 $(\sigma_1 - \sigma_3)$（偏应力 $q$）与轴向应变 $\varepsilon_1$ 关系均呈现应变硬化特性，且 $q$-$\varepsilon_1$

曲线呈现出双曲线特征；

② 主应力差（$\sigma_1-\sigma_3$）随轴向应变 $\varepsilon_1$ 增大而增大，没有明显峰值点，当 $\varepsilon_1 \geqslant 6\%$ 时（$\sigma_1-\sigma_3$）增大的幅度变缓；

③ 主应力差（$\sigma_1-\sigma_3$）（偏应力 $q$）随生物酶掺量 $z$ 增加而增大，说明生物酶土壤固化剂提高了膨胀土抗剪切能力。

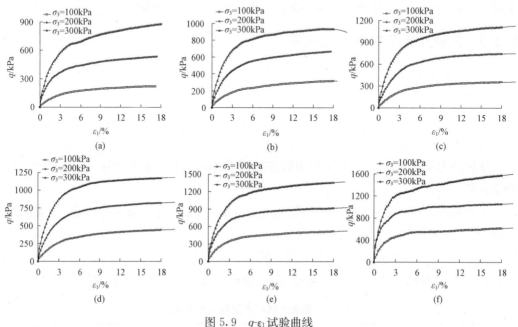

图 5.9　$q$-$\varepsilon_1$ 试验曲线

(a) $z=0\%$；(b) $z=1\%$；(c) $z=2\%$；(d) $z=3\%$；(e) $z=4\%$；(f) $z=5\%$

## 5.2.4　模型参数及分析

Duncan-Chang 模型相关参数拟合结果见表 5.3。

（1）生物酶掺量 $z$ 对膨胀土的 $c$、$\varphi$ 值的影响

根据表 5.3 可知，生物酶对膨胀土内摩擦角 $\varphi$ 值影响较小，可取平均值 $\varphi=32.5°$。生物酶主要影响膨胀土黏聚力 $c$，膨胀土黏聚力 $c$ 值随着生物酶含量的增加而增大，当生物酶含量大于 3% 时，这种增大的幅度变大。生物酶掺量 $z$ 对膨胀土 $c$ 值影响，如图 5.10 所示。经拟合可得到黏聚力 $c$ 与生物酶掺量 $z$ 关系为

$$c=8.784\mathrm{e}^{0.308z} \tag{5.37}$$

表 5.3　Duncan-Chang 模型参数拟合结果

| 生物酶掺量/% | $\sigma_3$ /kPa | $a$ $\times 10^{-2}$ | $b$ $\times 10^{-3}$ | $E_i$ /kPa | $(\sigma_1-\sigma_3)_{\mathrm{ult}}$ /kPa | $c$/kPa | $\varphi$ /(°) | $K$ | $n$ | $R_{\mathrm{f}}$ |
|---|---|---|---|---|---|---|---|---|---|---|
| 0 | 100 | 0.0187 | 3.3847 | 5344.19 | 295.447 | 8.80 | 31.60 | 53.901 | 1.646 | 0.805 |
| | 200 | 0.0060 | 1.5876 | 16725.43 | 629.873 | | | | | |
| | 300 | 0.0031 | 0.9794 | 32600.45 | 1021.033 | | | | | |

续表

| 生物酶掺量/% | $\sigma_3$/kPa | $a$ $\times 10^{-2}$ | $b$ $\times 10^{-3}$ | $E_i$/kPa | $(\sigma_1-\sigma_3)_{ult}$/kPa | $c$/kPa | $\varphi$/(°) | $K$ | $n$ | $R_f$ |
|---|---|---|---|---|---|---|---|---|---|---|
| 1 | 100 | 0.0145 | 2.461 | 6878.55 | 406.339 | 12.10 | 32.40 | 69.295 | 1.564 | 0.800 |
| | 200 | 0.0049 | 1.283 | 20337.98 | 779.423 | | | | | |
| | 300 | 0.0026 | 0.917 | 38345.52 | 1090.340 | | | | | |
| 2 | 100 | 0.0111 | 2.191 | 9003.44 | 456.392 | 15.90 | 32.50 | 90.594 | 1.474 | 0.798 |
| | 200 | 0.0040 | 1.119 | 25010.74 | 893.815 | | | | | |
| | 300 | 0.0022 | 0.774 | 45465.83 | 1292.324 | | | | | |
| 3 | 100 | 0.0087 | 1.755 | 11458.93 | 569.866 | 22.10 | 32.60 | 115.292 | 1.468 | 0.798 |
| | 200 | 0.0032 | 1.026 | 31699.76 | 974.469 | | | | | |
| | 300 | 0.0017 | 0.749 | 57485.45 | 1335.827 | | | | | |
| 4 | 100 | 0.0063 | 1.636 | 15970.43 | 611.172 | 31.00 | 32.80 | 160.398 | 1.329 | 0.790 |
| | 200 | 0.0025 | 0.983 | 40122.26 | 1017.605 | | | | | |
| | 300 | 0.0015 | 0.652 | 68771.85 | 1533.978 | | | | | |
| 5 | 100 | 0.0048 | 1.4157 | 20727.139 | 706.340 | 40.50 | 33.10 | 207.872 | 1.219 | 0.791 |
| | 200 | 0.0021 | 0.8694 | 48249.734 | 1150.195 | | | | | |
| | 300 | 0.0013 | 0.6112 | 79095.208 | 1636.100 | | | | | |

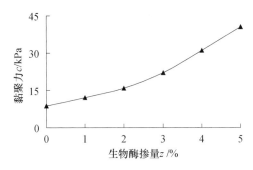

图 5.10　生物酶掺量对膨胀土黏聚力 $c$ 值的影响

（2）生物酶掺量 $z$ 对初始切线模量 $E_i$ 的影响

初始切线模量 $E_i$ 与围压 $\sigma_3$ 的关系，采用 Janbu 提出的经验公式（5.6）进行拟合。根据 $E_i=1/a$，由 $E_i$ 与相应的 $\sigma_3$ 通过 $\lg(E_i/K)=\lg p_a+n\lg(\sigma_3/p_a)$，可拟合不同生物酶掺量 $z$、围压 $\sigma_3$ 条件下试验常数 $K$、$n$ 值，拟合结果见表 5.3。

试验参数 $K$ 随着生物酶掺量增加而增大，当生物酶含量大于 3% 时，这种增大的幅度变大。试验参数 $n$ 随生物酶含量的增加而直线减小。生物酶掺量 $z$ 对试验参数 $K$、$n$ 的影响，如图 5.11 所示。根据拟合结果，可得到 $K$、$n$ 与生物酶掺量 $z$ 的关系式为

$$K=53.077e^{0.272z}, \quad n=-0.081z+1.653 \tag{5.38}$$

（3）生物酶掺量 $z$ 对破坏比 $R_f$ 的影响

破坏比 $R_f=(\sigma_1-\sigma_3)_f/(\sigma_1-\sigma_3)_{ult}$，其中 $(\sigma_1-\sigma_3)_f$ 为土的破坏强度，$(\sigma_1-\sigma_3)_{ult}$ 为

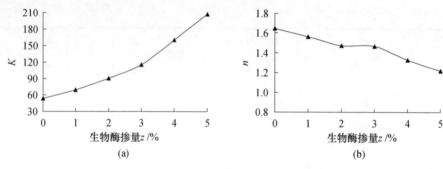

图 5.11　生物酶掺量对试验参数 $K$、$n$ 的影响

(a) $z$ 与 $K$ 的关系；(b) $z$ 与 $n$ 的关系

主应力差 $(\sigma_1 - \sigma_3)$ 的渐近值，即式 (5.8) 中 $b$ 的倒数。$R_f$ 拟合结果见表 5.3。根据拟合结果，生物酶掺量 $z$ 对破坏比 $R_f$ 的影响较小，可取平均值 $R_f = 0.797$。

(4) 生物酶掺量 $z$ 对破坏强度 $(\sigma_1 - \sigma_3)_f$ 的影响

根据 $(\sigma_1 - \sigma_3)_f = K_1 p_a (\sigma_3 / p_a)^{n_1}$，采用与 $E_i$ 同样的拟合方法，可得到 $K_1$、$n_1$ 与生物酶掺量 $z$ 的关系为

$$K_1 = 0.608z + 2.129, \quad n_1 = -0.095z + 1.240 \tag{5.39}$$

(5) 生物酶掺量 $z$ 对主应力差渐近值 $(\sigma_1 - \sigma_3)_{ult}$ 的影响

根据破坏比 $R_f = (\sigma_1 - \sigma_3)_f / (\sigma_1 - \sigma_3)_{ult}$，可得到主应力差渐近值 $(\sigma_1 - \sigma_3)_{ult}$ 为 $(\sigma_1 - \sigma_3)_{ult} = (\sigma_1 - \sigma_3)_f / R_f$。生物酶掺量 $z$ 对 $(\sigma_1 - \sigma_3)_{ult}$ 的影响可表示为

$$(\sigma_1 - \sigma_3)_{ult} = \frac{0.608z + 2.129}{0.797} p_a (\sigma_3 / p_a)^{-0.095z + 1.240} \tag{5.40}$$

### 5.2.5　应力-应变关系归一化

(1) 归一化因子

在三轴试验中，土试样的主应力差 $(\sigma_1 - \sigma_3)$（偏应力 $q$）与轴向应变 $\varepsilon_1$ 之间的关系一般表现出应变硬化或应变软化。对于应变硬化形式的应力-应变关系，可采用 Duncan-Chang 模型进行拟合。

选用适宜的归一化因子是研究土的应力-应变关系归一化特性的关键。目前，应用较多的归一化因子主要有围压 $\sigma_3$、平均主力 $\sigma_m$、极限偏差应力渐近值 $(\sigma_1 - \sigma_3)_{ult}$ 以及 $\sigma_3^n$ 等。如果采用 Duncan-Chang 非线性模型对土的应力-应变关系归一化分析，应力-应变关系的归一化方程可表示为

$$\frac{\varepsilon_1}{\sigma_1 - \sigma_3} \cdot X = aX + bX\varepsilon_1 \tag{5.41}$$

式中　$X$——归一化因子。

在 Duncan-Chang 模型中，初始切线模量 $E_i$ 为 $a$ 的倒数，即 $E_i = 1/a$；主应力差渐近值 $(\sigma_1 - \sigma_3)_{ult}$ 为 $b$ 的倒数，即 $(\sigma_1 - \sigma_3)_{ult} = 1/b$。归一化因子 $X$ 需同时与 $E_i$、$(\sigma_1 - \sigma_3)_{ult}$ 成正比，且 $E_i$ 与 $(\sigma_1 - \sigma_3)_{ult}$ 成正比。

研究表明，归一化因子对土的应力-应变关系归一化程度产生直接影响。常丹等[136] 认为归一化因子 $(\sigma_1-\sigma_3)_{ult}^2/E_i$ 适合于粉砂土冻融循环条件下应力-应变关系归一化分析；倪钧钧等[137] 则采用围压 $\sigma_3$、极限偏差应力渐近值 $(\sigma_1-\sigma_3)_{ult}$ 作为归一化因子；张勇等[138] 将 $(\sigma_1-\sigma_3)_{ult}$ 作为归一化因子研究了武汉软土应力-应变关系的归一化特征，并且认为围压 $\sigma_3$ 或平均应力 $\sigma_m$ 是 $(\sigma_1-\sigma_3)_{ult}$ 作为归一化因子的特例；李作勤[139] 采用围压 $\sigma_3$、平均应力 $\sigma_m$ 作为归一化因子分析了黏土的应力-应变关系特性；马倩倩等[140] 对原状饱和黄土的应力-应变关系归一化分析后认为，$(\sigma_1-\sigma_3)_{ult}$ 作为归一化因子的效果较好；项良俊等[141]、陈剑平等[142]、赵鑫等[143] 研究中所采用的归一化因子都是 $(\sigma_1-\sigma_3)_{ult}$；李燕[144] 认为不论采用 $\sigma_3$ 还是 $\sigma_m$ 作为归一化因子，都需要分别满足相应的土性条件；刘国清等[145] 分析了武汉软土卸荷应力-应变关系归一化特性后认为，平均应力 $\sigma_m$ 的归一化效果优于围压 $\sigma_3$；王晓磊等[146] 认为邯郸粉质黏土应力-应变关系归一化因子宜采用 $\sigma_m^n$。总之，研究中所选用的归一化因子需满足以下两个基本条件才算是适宜的：满足相应的土性条件、土的应力-应变关系归一化的线性程度较高。

本章在现有研究的基础上，采用极限偏差应力渐近值 $(\sigma_1-\sigma_3)_{ult}$ 作为归一化因子，分析生物酶改良膨胀土应力-应变关系的归一化特性。根据式（5.41），$X=(\sigma_1-\sigma_3)_{ult}$。令：$aX=M$。由于 $bX=1$，则可得归一化条件为

$$(\sigma_1-\sigma_3)_{ult}=ME_i \tag{5.42}$$

因此，$(\sigma_1-\sigma_3)_{ult}$ 作为归一化因子的条件：与 $E_i$ 成线性关系，并且 $M$ 为常数。

（2）归一化分析

根据表 5.3 的拟合结果，各生物酶掺量下的 $(\sigma_1-\sigma_3)_{ult}$ 与 $E_i$ 都成正比例关系，因而满足式（5.42）的归一化条件。

根据不同生物酶掺量 $z$、不同围压 $\sigma_3$ 条件下的应力-应变试验数据，对 $\frac{\varepsilon_1}{\sigma_1-\sigma_3}(\sigma_1-\sigma_3)_{ult}$-$\varepsilon_1$ 的关系进行线性拟合，其相关关系表达式为

$$\frac{\varepsilon_1}{\sigma_1-\sigma_3}(\sigma_1-\sigma_3)_{ult}=1.001\varepsilon_1+3.774 \tag{5.43}$$

其相关系数 $R^2=0.9542$，具有较高的线性相关性，归一化程度较高。

由式（5.40）和式（5.43）联立可得

$$\sigma_1-\sigma_3=\frac{\varepsilon_1}{3.008+0.798\varepsilon_1}\cdot(0.608z+2.129)\,p_a\,(\sigma_3/p_a)^{-0.095z+1.240} \tag{5.44}$$

式（5.44）就是采用 $(\sigma_1-\sigma_3)_{ult}$ 作为归一化因子所建立的生物酶改良膨胀土应力-应变关系归一化方程。

如设 $K_G=(0.608z+2.129)\,p_a\,(\sigma_3/p_a)^{-0.095z+1.240}$，$K_G$ 是生物酶掺量 $z$、围压 $\sigma_3$ 的函数，于是式（5.44）可简写成

$$\sigma_1-\sigma_3=\frac{\varepsilon_1}{3.008+0.798\varepsilon_1}\cdot K_G \tag{5.45}$$

式（5.45）与式（5.1）类似。

生物酶掺量 $z=3\%$ 的生物酶改良膨胀土，在不同围压 $\sigma_3$ 下的 $(\sigma_1-\sigma_3)_{ult}$ 和 $E_i$ 的相关关系，可表示为

$$(\sigma_1-\sigma_3)_{ult}=0.022E_i+169.700 \tag{5.46}$$

该式的相关系数 $R^2=0.9770$，满足式（5.42）的归一化条件。

根据 $(\sigma_1-\sigma_3)_{ult}$ 拟合数据对 $z=3\%$、$\sigma_3=100kPa$、$200kPa$、$300kPa$ 下的应力-应变试验数据分别进行 $\frac{\varepsilon_1}{\sigma_1-\sigma_3}(\sigma_1-\sigma_3)_{ult}-\varepsilon_1$ 的线性拟合，归一化结果如图 5.12 所示，归一化方程为

$$\frac{\varepsilon_1}{\sigma_1-\sigma_3}(\sigma_1-\sigma_3)_{ult}=1.0052\varepsilon_1+3.7097 \tag{5.47}$$

该式的相关系数 $R^2=0.9447$，归一化线性程度较高，并且与式（5.43）基本一致。

用式（5.44）预测生物酶掺量 $z=3\%$ 的生物酶改良膨胀土应力-应变关系，即对其 $(\sigma_1-\sigma_3)-\varepsilon_1$ 曲线进行预测，如图 5.13 所示。该预测曲线与试验曲线较为接近。

通过上述分析可得到，采用 $(\sigma_1-\sigma_3)_{ult}$ 作为归一化因子，生物酶改良膨胀土应力-应变关系归一化线性拟合度高，归一化效果较好。采用式（5.44）预测生物酶掺量 $z=3\%$ 的生物酶改良膨胀土应力-应变关系曲线，与试验曲线基本一致。因此，式（5.44）能够在三轴固结排水剪切作用下，较好预测出不同生物酶掺量条件下的改良膨胀土应力-应变关系。

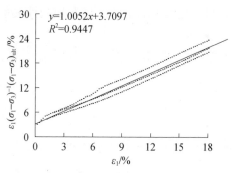

图 5.12　应力-应变关系归一化曲线

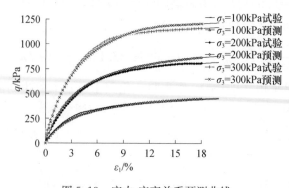

图 5.13　应力-应变关系预测曲线

# 5.3 基于 K-G 模型的非线性弹性本构模型

## 5.3.1 引言

目前，主要基于非饱和土理论来建立膨胀土的弹塑性或非线性弹性本构模型。但这种模型的本构方程表达式复杂，并且参数多也获取不易，因而实用性不强[147]。在改良膨胀土本构模型方面，研究成果相对还较少。

K-G 模型与 E-υ（或 E-B）模型一样，也是常用的土体非线性弹性本构模型，其参数少并且物理意义明确，只需要通过常规三轴试验，或等向固结排水试验和等 p 三轴固结排水剪切试验即可获得模型参数。该模型适用的土类广，应用最为普及。此外，K-G 模型一定程度上近似反映了应力路径因素，因而有学者认为，K-G 模型优于 E-υ 模型[148]。

K-G 模型是一个包括切线体积模量 $K_t$、切线剪切模量 $G_t$ 的双模量非线性弹性本构模型。该模型反映了在球应力 p、偏应力 q 作用下土体的弹性性质，并可通过 p、q 反映土体的复杂应力状态，以及对应变的交叉影响，并且可考虑土的剪胀性和压硬性等。自 1975 年 Domaschuk-Valliappan[149] 在等向固结排水试验、等 p 三轴固结排水剪切试验研究基础上提出该模型以来，国内外学者对该弹性本构模型进行了大量研究，并且提出了多种修正模型，使得该模型得到较为深入的发展，概念上也更加完整。

Izumi-Verruijt 认为 $\varepsilon_v$ 受到 p 和 q 的影响，$\varepsilon_s$ 受 p 的影响较小，提出了考虑土的剪胀的三模量 K-G 模型。Battelino-Majes 通过实际路径三轴试验，提出了采用八面体应力、应变表示的 K-G 模型。沈珠江认为，p 和 q 对 $\varepsilon_v$ 和 $\varepsilon_s$ 有交叉影响，提出了考虑剪切胀缩性的 K-G 模型[150]。此外，其他一些学者也对 K-G 模型进行了各种改进，但需要注意的是，这些方法仍然属于拟合试验结果的理论和方法，在实用上并无本质差异[150]。

20 世纪 70 年代 Desai 等人提出了扰动状态概念[151]。该理论采用相对完整状态、完全调整状态来描述变形材料单元，采用扰动度衡量材料受扰动程度，以扰动函数描述材料受扰动演化过程。我国学者引入该理论后，在粗粒土[152]、结构性土[153]、砂土及中粗砂[154]-[156] 等领域得到一定的应用，并且在描述土体的应力-应变关系方面较多地将该理论与 Duancan-Chang 非线性弹性模型相结合[153]-[156]。

本节基于等向固结排水试验、等 p 三轴固结排水剪切试验，研究生物酶改良膨胀土 K-G 模型参数随生物酶掺量的变化规律，建立 K-G 模型参数与生物酶掺量的相关关系式。然后以生物酶掺量作为扰动参量建立统一的扰动函数，基于扰动状态理论对 K-G 模型中的参数进行修正，建立考虑生物酶掺量扰动影响的、合理描述生物酶改良膨胀土应力-应变关系特性的 K-G 模型。

## 5.3.2 非线性 K-G 模型

非线性弹性本构模型的理论基础是弹性理论。该本构模型将应力、应变分别分解为球张量、偏张量两部分，球应力（平均应力）$p$、偏应力（广义剪应力）$q$ 分别与球应变（体积应变）$\varepsilon_v$、偏应变（剪切应变）$\varepsilon_s$ 相适应，采用切线体积模量 $K_t$、切线剪切模量 $G_t$ 描述应变关系。该本构模型的增量形式表示为

$$\mathrm{d}\varepsilon_v = \frac{\mathrm{d}p}{K_t}, \ \mathrm{d}\varepsilon_s = \frac{\mathrm{d}q}{3G_t} \tag{5.48}$$

根据式（5.48）可得 $K_t = \Delta p / \Delta \varepsilon_v$，体现了平均应力体积应变 $p$-$\varepsilon_v$ 关系曲线的切线斜率具有 $K_t$ 的物理意义[157]。因此，通过等向固结排水试验，将 $p$-$\varepsilon_v$ 关系曲线转换为近似直线的 $\varepsilon_v$-$\ln p$ 关系，其斜率为 $k$，截距为 $\varepsilon_{v0}$，于是 $\varepsilon_v$-$\ln p$ 直线可表示为 $\varepsilon_v = \varepsilon_{v0} + k \ln p$，对其进行微分可得到

$$K_t = \frac{\mathrm{d}p}{\mathrm{d}\varepsilon_v} = \frac{p}{k} \tag{5.49}$$

根据式（5.48）可得 $3G_t = \Delta q / \Delta \varepsilon_s$，体现了剪应力剪应变 $q$-$\varepsilon_s$ 关系曲线的切线斜率具有 $3G_t$ 的物理意义[157]。在常规三轴试验中：$\sigma_2 = \sigma_3$、$\varepsilon_2 = \varepsilon_3$、$p = (\sigma_1 + 2\sigma_3)/3$、$\varepsilon_v = \varepsilon_1 + 2\varepsilon_3$、$\varepsilon_s = 2(\varepsilon_1 - \varepsilon_3)/3 = (\varepsilon_1 - \varepsilon_v)/3$、$q = \sigma_1 - \sigma_3$。通过平均应力 $p$ 为常量的三轴固结排水剪切试验得到 $q$-$\varepsilon_s$ 关系曲线，该曲线的斜率即为 $3G_t$，可表示为

$$3G_t = \frac{\mathrm{d}q}{\mathrm{d}\varepsilon_s} \tag{5.50}$$

因此，弹性增量分析时的 $K$-$G$ 模型的应力-应变关系本构方程可表示为

$$\begin{Bmatrix} \mathrm{d}p \\ \mathrm{d}q \end{Bmatrix} = \begin{bmatrix} K_t & 0 \\ 0 & 3G_t \end{bmatrix} \begin{Bmatrix} \mathrm{d}\varepsilon_v \\ \mathrm{d}\varepsilon_s \end{Bmatrix} \tag{5.51}$$

1978 年，Naylor 提出了切线体积模量 $K_t$、切线剪切模量 $G_t$ 的数学表达式，从而建立了目前应用广泛的 Naylor $K$-$G$ 模型[150],[158]。无论是 Domaschuk-Valliappan $K$-$G$ 模型，还是 Naylor $K$-$G$ 模型，体积应变 $\varepsilon_v$ 只与平均应力 $p$ 相关，而剪应变 $\varepsilon_s$ 只与偏应力 $q$ 相关，这种应力-应变关系为非耦合的关系，其模型参数分别通过等向固结排水试验（$q = 0$）、等 $p$ 三轴固结排水剪切试验测定。

Naylor 由试验得出，切线体积模量 $K_t$ 随平均应力 $p$ 增大而增大，其建议的切线体积模量 $K_t$ 的表达式为

$$K_t = K_i + \alpha_K p \tag{5.52}$$

对式（5.49）积分并且结合式（5.52），得到体积应变 $\varepsilon_v$ 与平均应力 $p$ 关系式为

$$\varepsilon_v = \frac{1}{\alpha_K} \ln\left(1 + \frac{\alpha_K}{K_i} p\right) \tag{5.53}$$

式中：$K_i$ 和 $\alpha_K$ 为反映平均应力对切线体积模量 $K_t$ 影响的试验参数，$K_i$ 即初始切线体积模量。$K_i$ 和 $\alpha_K$ 可由等向固结排水试验的 $p$-$\varepsilon_v$ 关系曲线求得，可参见文献[150],[158]，具体方法如下：

（1）根据 $\varepsilon_v$-$p$ 试验结果，分别以 $p$、$\varepsilon_v$ 为纵坐标和横坐标，绘制 $\varepsilon_v$-$p$ 关系曲线，并拟合 $\varepsilon_v$-$p$ 的关系表达式 $p = f(\varepsilon_v)$。

（2）根据 $K = \dfrac{\mathrm{d}p}{\mathrm{d}\varepsilon_v}$，计算各数据点 $K$ 值；

（3）根据 $K$-$p$ 数据，分别以 $K$、$p$ 为纵坐标和横坐标，绘制 $K$-$p$ 关系曲线，按照直线关系对其进行拟合，该直线的截距、斜率则分别 $K_i$ 和 $\alpha_K$。

据此，可分别计算不同生物酶掺量 $z$ 条件下的数据，从而得到相应的 $K_i$ 和 $\alpha_K$ 值。

Naylor 由试验得出，切线剪切模量 $G_t$ 随平均应力 $p$ 增大而增大，随偏应力 $q$ 增大而减小，其建议的切线剪切模量 $G_t$ 的表达式为

$$G_t = G_i + \alpha_G p + \beta_G q \tag{5.54}$$

式中：$G_i$ 和 $\alpha_G$ 为反映 $p$ 对切线剪切模量 $G_t$ 影响的试验参数，$\beta_G$ 为反映 $q$ 对 $G_t$ 影响的试验参数，且 $\alpha_G > 0$，$\beta_G < 0$。$G_i$、$\alpha_G$ 和 $\beta_G$ 可由三轴试验中 $p$、$q$ 的组合满足 $M$-$C$ 准则时，即 $G_t = 0$ 得到。

由于土体破坏时 $G_t = 0$，破坏线方程可表示为

$$q = n + mp \tag{5.55}$$

结合式（5.54）可得到

$$q = -\frac{G_i}{\beta_G} - \frac{\alpha_G}{\beta_G} p \tag{5.56}$$

比较前述式（5.55）、式（5.56），并结合式（5.54），可得到

$$G_i = -n\beta_G，\quad \alpha_G = -m\beta_G，\quad \beta_G = \frac{G_t}{q - n - mp} \tag{5.57}$$

对式（5.50）积分，并结合式（5.54）或式（5.57），可得到剪切应变 $\varepsilon_s$ 与球应力 $p$、偏应力 $q$ 关系式为

$$\varepsilon_s = \frac{1}{3\beta_G} \ln\left(1 + \frac{\beta_G}{G_i + \alpha_G p} q\right) \tag{5.58}$$

或

$$\varepsilon_s = \frac{1}{3\beta_G} \ln\left(1 - \frac{1}{n + mp} q\right) \tag{5.59}$$

式中：$G_i$ 为初始切线剪切模量。

通过等 $p$ 三轴固结排水剪切试验，得到不同等 $p$ 条件下的 $q$-$\varepsilon_s$ 曲线以及破坏线方程 $q = n + mp$，求应力水平 $S_L = 0.65 \sim 0.95$ 的各 $\beta_{Gi}$ 的平均值 $\overline{\beta_G}$，作为式（5.57）计算的 $\beta_G$ 值，进而求得参数 $G_i$ 和 $\alpha_G$。可参见文献[150]、[158]，具体方法如下：

（1）根据 $q$-$\varepsilon_s$ 曲线，首先确定不同等 $p$ 条件下土体破坏时的 $q$ 值，然后分别以 $q$、$p$ 为纵坐标、横坐标，绘制 $q$-$p$ 关系曲线，采用近似直线关系对其进行拟合，该直线的截距、斜率则分别为 $n$、$m$。

（2）根据式（5.59），计算不同 $p$ 值条件下的 $\beta_G = \frac{1}{3\varepsilon_s} \ln\left(1 - \frac{1}{n + mp} q\right)$。式中，$q$ 值按土体破坏时 $q$ 值的 $0.65 \sim 0.95$ 的应力水平计，$\varepsilon_s$ 则为相应 $q$ 值的剪应变。这样即可得到某一生物酶掺量 $z$、不同 $p$ 值、$q$ 值应力水平为 $0.65 \sim 0.95$ 条件下的 $\beta_{Gi}$，取其平均值 $\overline{\beta_G}$ 作为该生物酶掺量 $z$ 的 $\beta_G$ 值。

（3）根据式（5.57）计算 $G_i$ 和 $\alpha_G$。于是可得到不同生物酶掺量 $z$ 条件下的 $G_i$ 和 $\alpha_G$ 值。

### 5.3.3 试验及结果分析

（1）试验材料

试验材料包括膨胀土、生物酶土壤固化剂。

膨胀土试样取自益娄高速公路 K28＋940 处，取土深度约 1.5m，其物理力学指标见表 5.4。该土样为中膨胀土。

试验所用生物酶为 Terra Zyme，其试剂为褐色黏稠液体，无毒、无腐蚀性、易溶于水，植物酶含量不低于 60%。

生物酶掺量是指生物酶质量与膨胀土试样干土质量之比。生物酶掺量设为 $z$，按照生物酶掺量 $z$（0%、1%、2%、3%、4%）制作 5 类试验土试件。

为方便试验以及对试验结果进行分析比较，所有土试件的干密度均为 1.67g/cm³，最佳含水率均为 18.0%。土试件为直径 39.1mm、高度 80mm 的圆柱形。每一种生物酶掺量下分别制作 5 个土试件，共 25 个试验土样。其中，等向固结排水试验的土试件 10 个，等 $p$ 三轴固结排水剪切试验的土试件 15 个。试样制备和饱和依照《公路土工试验规程》（JTG E40—2007）对重塑土样的要求进行。

表 5.4　膨胀土土样的主要物理力学指标

| $w$ /% | 液限 /% | 塑限 /% | $I_p$ /% | $\rho_{max}$/ (g/cm³) | $w_{opt}$ /% | 自由膨胀率 /% |
|---|---|---|---|---|---|---|
| 25 | 61.8 | 22.9 | 38.9 | 1.85 | 18.0 | 52.6 |

| 标准吸湿含水率/% | 无荷膨胀率 /% | 胀缩总率 /% | CBR /% | 无侧限抗压强度/kPa | <0.002mm 含量/% | 活动度 |
|---|---|---|---|---|---|---|
| 5.1 | 9.6 | 3.5 | 1.43 | 270 | 14.09 | 2.75 |

（2）试验方法

所有土试件制作完成后，都先置入真空饱和器里饱和，然后装入三轴仪先施加 10kPa 有效压力进行反压饱和。试验采用 GDS-Instruments 三轴试验系统，分别采用饱和固结模块及应力路径模块，开展等向固结排水试验、等 $p$ 三轴固结排水剪切试验。

① 等向固结排水试验中，土试件在 10 级围压 $\sigma_3$ [50、100、150、200、250、300、350、400、450、500（kPa）] 下排水固结，待固结完成后再开始下一级加载，固结完成以排水量稳定为标准。根据该试验绘制 $\varepsilon_v$-$p$ 关系曲线。

② 等 $p$ 三轴固结排水剪切试验中，采用 3 组试样，分别在 100kPa、200kPa 和 300kPa 围压下固结，固结完成后进行剪切试验。剪切过程中保持 $p=(\sigma_1+2\sigma_3)/3$ 值不变，使仪器按照 $\Delta\sigma_1/\Delta\sigma_3=2$ 的关系增大 $\sigma_1$，减小 $\sigma_3$。剪切速率为 0.05mm/min，直至轴向应变超过 15% 时结束试验。根据该试验绘制 $\varepsilon_v$-$q$、$\varepsilon_s$-$q$ 曲线。

（3）体积应变 $\varepsilon_v$ 与球应力 $p$ 试验结果

根据等向固结排水试验，得到不同生物酶掺量膨胀土的体积应变 $\varepsilon_v$ 与球应力 $p$ 的 $\varepsilon_v$-$p$ 曲线如图 5.14（a）所示，$\varepsilon_v$-$\ln p$ 曲线如图 5.14（b）所示，$\ln\varepsilon_v$-$\ln p$ 曲线如

图 5.14（c）所示。

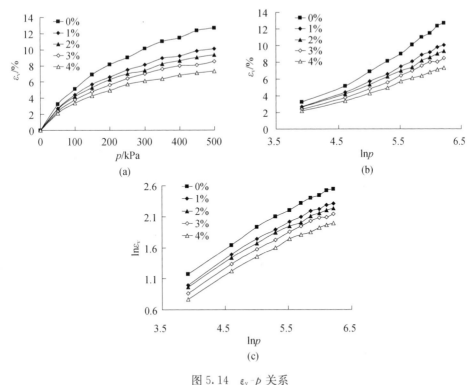

图 5.14　$\varepsilon_\text{v}$-$p$ 关系

(a) $\varepsilon_\text{v}$-$p$ 曲线；(b) $\varepsilon_\text{v}$-$\ln p$ 曲线；(c) $\ln\varepsilon_\text{v}$-$\ln p$ 曲线

① 从图 5.14（a）$\varepsilon_\text{v}$-$p$ 曲线可以看出，土体的体积应变 $\varepsilon_\text{v}$ 随 $p$ 的增大表现出非线性增大，即土体不断被压缩。在一定的 $p$ 值条件下，当膨胀土中生物酶掺量增加时，体积应变 $\varepsilon_\text{v}$ 随之减小，说明生物酶提高了膨胀土的抗压缩能力。

② 从图 5.14（b）的 $\varepsilon_\text{v}$-$\ln p$ 曲线来看，$\varepsilon_\text{v}$-$\ln p$ 关系近似为直线。设其斜率为 $k$，截距为 $\varepsilon_\text{v0}$，则 $\varepsilon_\text{v}$-$\ln p$ 关系可拟合为直线形式：$\varepsilon_\text{v}=\varepsilon_\text{v0}+k\ln p$。

③ 从图 5.14（c）的 $\ln\varepsilon_\text{v}$-$\ln p$ 曲线来看，$\ln\varepsilon_\text{v}$-$\ln p$ 关系近似为直线。设该直线斜率为 $k_1$，截距为 $\ln a_0$，则 $\ln\varepsilon_\text{v}$-$\ln p$ 关系可拟合为直线形式：$\ln\varepsilon_\text{v}=\ln a_0+k_1\ln p$。因而 $\varepsilon_\text{v}$-$p$ 关系可拟合为 $\varepsilon_\text{v}=a_0 p^{k_1}$，即 $\varepsilon_\text{v}$-$p$ 为幂函数关系。

（4）剪切应变 $\varepsilon_\text{s}$ 与偏应力 $q$ 试验结果

根据等 $p$ 三轴固结排水剪切试验，剪切应变 $\varepsilon_\text{s}$ 与偏应力 $q$ 的关系曲线，如图 5.15～图 5.17 所示。

① 在一定的 $p$ 值条件下，$q$ 值随生物酶掺量增加而增大。说明在膨胀土中掺入一定量生物酶后，膨胀土抵抗偏应力的能力得到提高，相应的抗剪强度增高。

② $\varepsilon_\text{s}/q$-$\varepsilon_\text{s}$ 曲线总体上近似为直线，说明 $q$-$\varepsilon_\text{s}$ 曲线呈现出双曲线特征，$q$-$\varepsilon_\text{s}$ 曲线可拟合为双曲线形式：$q=\dfrac{\varepsilon_\text{s}}{a+b\varepsilon_\text{s}}$。

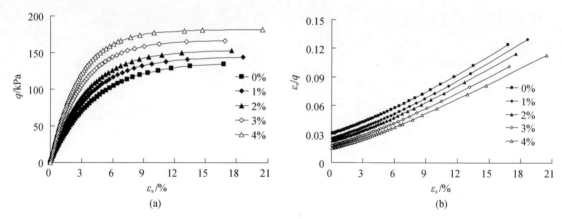

图 5.15　$p=100$kPa 时 $q\text{-}\varepsilon_s$ 关系

（a）$q\text{-}\varepsilon_s$ 曲线；（b）$\varepsilon_s/q\text{-}\varepsilon_s$ 曲线

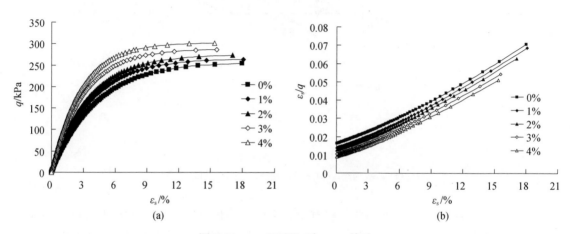

图 5.16　$p=200$kPa 时 $q\text{-}\varepsilon_s$ 关系

（a）$q\text{-}\varepsilon_s$ 曲线；（b）$\varepsilon_s/q\text{-}\varepsilon_s$ 曲线

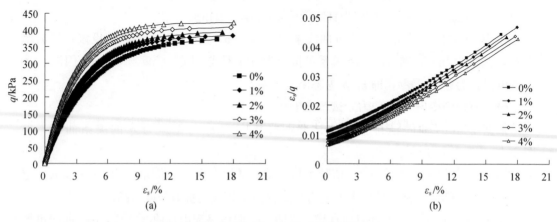

图 5.17　$p=300$kPa 时 $q\text{-}\varepsilon_s$ 关系

（a）$q\text{-}\varepsilon_s$ 曲线；（b）$\varepsilon_s/q\text{-}\varepsilon_s$ 曲线

## 5.3.4 模型参数及分析

（1）参数 $K_i$ 和 $\alpha_K$

根据等向固结排水试验得到的 $\varepsilon_v\text{-}p$ 数据，通过拟合运算可分别得到不同生物酶掺量的膨胀土体的初始切线体积模量 $K_i$、$\alpha_K$，拟合结果见表 5.5。

① 生物酶掺量 $z$ 对 $K_i$、$\alpha_K$ 的影响，均呈现出线性关系，可分别表示为

$$K_i=78.34z+1254.80, \quad \alpha_K=4.17z+16.39 \tag{5.60}$$

**表 5.5 参数 $K_i$ 和 $\alpha_K$ 的拟合值**

| 参数 | 生物酶掺量 $z/\%$ | | | | |
| --- | --- | --- | --- | --- | --- |
| | 0 | 1 | 2 | 3 | 4 |
| $K_i$/kPa | 1253.50 | 1363.77 | 1356.92 | 1500.26 | 1578.93 |
| $\alpha_K$ | 15.68 | 21.70 | 25.04 | 27.73 | 33.51 |

② 参数 $K_i$ 和 $\alpha_K$ 反映了球应力 $p$ 对切线体积模量 $K_t$ 的影响，$K_i$ 和 $\alpha_K$ 随生物酶掺量增加而线性增大，说明生物酶能显著提高膨胀土的 $K_t$，有效降低 $\varepsilon_v$，从而提高膨胀土抗压缩变形能力。

（2）参数 $\beta_G$、$G_i$ 和 $\alpha_G$

① 生物酶掺量对参数 $m$、$n$ 的影响

破坏线方程 $q=n+mp$ 根据 $q\text{-}\varepsilon_s$ 关系曲线确定，参数 $n$、$m$ 拟合结果见表 5.6。

从拟合结果来看，生物酶掺量对 $m$ 的影响较小，可取平均值 $m=1.19$。生物酶掺量对 $n$ 的影响较大，其相关关系可表示为

$$n=17.01e^{0.32z} \tag{5.61}$$

**表 5.6 参数 $n$ 和 $m$ 的拟合值**

| 参数 | 生物酶掺量 $z/\%$ | | | | |
| --- | --- | --- | --- | --- | --- |
| | 0 | 1 | 2 | 3 | 4 |
| $n$ | 16.80 | 23.27 | 33.50 | 45.80 | 60.35 |
| $m$ | 1.17 | 1.19 | 1.19 | 1.20 | 1.20 |

② 生物酶掺量对参数 $\beta_G$ 的影响

根据表 5.6 中的 $n$、$m$ 值，以及应力水平 $S_L=0.65\sim0.95$ 对应的偏应变 $\varepsilon_s$ 值，按式（5.59）计算 $\beta_{Gi}$，取 $\beta_{Gi}$ 的平均值作为 $\beta_G$，结果见表 5.7。生物酶掺量对 $\beta_G$ 的影响可表示为

$$\beta_G=-0.0093z-0.085 \tag{5.62}$$

③ 生物酶掺量对参数 $G_i$ 和 $\alpha_G$ 的影响

根据 $\beta_G$ 和表 5.6，根据式（5.57）可计算得到参数 $G_i$ 和 $\alpha_G$，见表 5.7。生物酶掺量对 $G_i$、$\alpha_G$ 的影响可分别表示为

$$G_i=1.465e^{0.413z}, \quad \alpha_G=0.012z+0.100 \tag{5.63}$$

表 5.7　参数 $\beta_G$、$G_i$ 和 $\alpha_G$ 的拟合值

| 参数 | 生物酶掺量 $z/\%$ | | | | |
|---|---|---|---|---|---|
| | 0 | 1 | 2 | 3 | 4 |
| $\beta_G$ | $-0.086$ | $-0.096$ | $-0.100$ | $-0.113$ | $-0.124$ |
| $G_i/MPa$ | 1.445 | 2.234 | 3.350 | 5.175 | 7.483 |
| $\alpha_G$ | 0.101 | 0.114 | 0.119 | 0.136 | 0.149 |

根据上述分析可得：生物酶掺量对参数 $m$、$\beta_G$ 影响较小，对参数 $n$、$G_i$ 和 $\alpha_G$ 影响较大。参数 $n$、$G_i$ 和 $\alpha_G$ 随生物酶掺量的增加而显著增大。因此，生物酶对提高膨胀土切线剪切模量的作用是显著的。由于 $\beta_G<0$，根据式（5.54），切线剪切模量 $G_t$ 随 $q$ 的增大而减小，但由于 $\beta_G$ 值较小，$\beta_G q$ 部分所占比率较小，因而 $q$ 值对 $G_t$ 的影响相对较小。

### 5.3.5　基于扰动状态理论的 *K-G* 模型

（1）扰动函数

在扰动状态中，可通过一个扰动函数（扰动度 $D$）来描述扰动过程，演化过程通过宏观量测描述扰动。因此，只要建立土体的相关力学参数与扰动度 $D$ 之间的函数关系，便可描述任意扰动状态下土体的力学特性。扰动度 $D$ 介于 $-1$ 与 1 之间，$D$ 为负值时代表材料受扰动后的力学性能得到强化。

通过上述分析，随着生物酶掺量的增加，膨胀土的 $K_t$ 和 $G_t$ 增大，工程特性得到改善。采用生物酶掺量 $z$ 为扰动参量，并参考相关研究结果，建立如下扰动函数：

$$D=\frac{2}{\pi}\arctan\left(\frac{z_0-z}{z-z_{\min}}\right) \tag{5.64}$$

式中：$z_0$、$z$、$z_{\min}$ 分别为膨胀土中生物酶掺量的初始值、当前值、最小值。

扰动函数值即扰动度 $D$，在本文中是指膨胀土中掺入生物酶后相对于未掺加生物酶的扰动程度，或者是指生物酶掺量较多的膨胀土相对于生物酶掺量较少的膨胀土的扰动程度。

随着生物酶掺量的增加，膨胀土的性能得到改善，因而 $z>z_0$，扰动过程是"有利"的，为"正扰动"。由于生物酶最小掺量 $z_{\min}=0$，因而式（5.64）可改写为

$$z=z_0\left(1+\tan\frac{\pi D}{2}\right)^{-1} \tag{5.65}$$

（2）修正 *K-G* 模型

在膨胀土中掺入一定量的生物酶后，这一扰动过程使得膨胀土的力学参数 $K_t$ 和 $G_t$ 发生改变，而生物酶掺量是影响膨胀土扰动前后土体的变形及强度特性产生较大差别的主要因素。因此，当建立了 *K-G* 模型中的相关参数与 $D$ 之间的函数关系后，便可对任意生物酶掺量扰动状态下土体的力学性质进行描述。

结合式（5.65）和式（5.60）～式（5.63），以及式（5.49）～式（5.54），

式（5.58）和式（5.59），最后可得到 $K_t$ 和 $G_t$ 的表达式分别见式（5.66）和式（5.67），体积应变 $\varepsilon_v$ 表达式见式（5.68），剪切应变 $\varepsilon_s$ 表达式见式（5.69）或式（5.70）。

式（5.66）～式（5.68），以及式（5.69）或式（5.70），构成了基于扰动状态理论的生物酶改良膨胀土修正非线性 $K\text{-}G$ 模型。

$$K_t = \left[78.34z_0\left(1+\tan\frac{\pi D}{2}\right)^{-1}+1254.80\right]+\left[4.17z_0\left(1+\tan\frac{\pi D}{2}\right)^{-1}+16.39\right]p$$

$$(5.66)$$

$$G_t = 1.465\mathrm{e}^{0.413z_0\left(1+\tan\frac{\pi D}{2}\right)^{-1}}+\left[0.012z_0\left(1+\tan\frac{\pi D}{2}\right)^{-1}+0.100\right]p+$$

$$\left[-0.0093z_0\left(1+\tan\frac{\pi D}{2}\right)^{-1}-0.085\right]q \qquad (5.67)$$

$$\varepsilon_v = \frac{1}{4.17z_0\left(1+\tan\frac{\pi D}{2}\right)^{-1}+16.39}\times\ln\left[1+\frac{4.17z_0\left(1+\tan\frac{\pi D}{2}\right)^{-1}+16.39}{78.34z_0\left(1+\tan\frac{\pi D}{2}\right)^{-1}+1254.80}p\right]$$

$$(5.68)$$

$$\varepsilon_s = \frac{1}{3\left[-0.0093z_0\left(1+\tan\frac{\pi D}{2}\right)^{-1}-0.085\right]}\times$$

$$\ln\left\{1+\frac{-0.0093z_0\left(1+\tan\frac{\pi D}{2}\right)^{-1}-0.085}{1.465\mathrm{e}^{0.413z_0\left(1+\tan\frac{\pi D}{2}\right)^{-1}}+\left[0.012z_0\left(1+\tan\frac{\pi D}{2}\right)^{-1}+0.100\right]p}q\right\} \qquad (5.69)$$

$$\varepsilon_s = \frac{1}{3\left[-0.0093z_0\left(1+\tan\frac{\pi D}{2}\right)^{-1}-0.085\right]}\times\ln\left[1-\frac{1}{17.01\mathrm{e}^{0.32z_0\left(1+\tan\frac{\pi D}{2}\right)^{-1}}+1.19p}q\right]$$

$$(5.70)$$

需要说明的是，扰动函数值即扰动度 $D$，是指膨胀土中掺入生物酶后相对于未掺加生物酶的扰动程度，或者是指生物酶掺量多的膨胀土相对于生物酶掺量少的膨胀土的扰动程度。对于同一个土试件来说，由于生物酶含量是不变的，因而 $z=z_0$，也即 $D=0$。当生物酶掺量为 0 时，可设为 $D_0=0$，当 $z$ 分别为 1%、2%、3% 和 4% 时，相对于 $z=0\%$ 时的 $D$ 值分别为 $-0.5$、$-0.295$、$-0.205$、$-0.156$。此时，采用 $D$ 或 $z$，计算式（5.66）至式（5.69）或式（5.70）是等价的。

（3）模型预测

① $K\text{-}G$ 模型计算参数

模型参数计算结果，见表 5.8，以及表 5.9～表 5.11。

② 体积应变 $\varepsilon_v$ 计算结果及分析

以图 5.14（a）中生物酶掺量 $z=3\%$ 的 $\varepsilon_v$-$p$ 实测数据为基础，采用式（5.68）预测不同扰动度 $D$ 的生物酶改良膨胀土 $\varepsilon_v$-$p$ 曲线，并与 $K\text{-}G$ 模型、试验实测数据进行对比，如图 5.18 所示。

表 5.8  *K-G* 模型参数

| $z/\%$ | $K_i/kPa$ | $\alpha_K$ | $G_i/MPa$ | $\alpha_G$ | $\beta_G$ | $n$ | $m$ |
|---|---|---|---|---|---|---|---|
| 0 | 1253.50 | 15.68 | 1.445 | 0.101 | −0.086 | 16.80 | 1.17 |
| 1 | 1363.77 | 21.70 | 2.234 | 0.114 | −0.096 | 23.27 | 1.19 |
| 2 | 1356.92 | 25.04 | 3.350 | 0.119 | −0.100 | 33.50 | 1.19 |
| 3 | 1500.26 | 27.73 | 5.175 | 0.136 | −0.113 | 45.80 | 1.20 |
| 4 | 1578.93 | 33.51 | 7.483 | 0.149 | −0.124 | 60.35 | 1.20 |

表 5.9  修正 *K-G* 模型参数（$D=0$）

| $z/\%$ | $K_i/kPa$ | $\alpha_K$ | $G_i/MPa$ | $\alpha_G$ | $\beta_G$ | $n$ | $m$ |
|---|---|---|---|---|---|---|---|
| 0 | 1254.80 | 16.39 | 1.465 | 0.100 | −0.085 | 17.01 | 1.19 |
| 1 | 1333.14 | 20.56 | 2.214 | 0.112 | −0.094 | 23.42 | 1.19 |
| 2 | 1411.48 | 24.73 | 3.346 | 0.124 | −0.104 | 32.26 | 1.19 |
| 3 | 1489.82 | 28.90 | 5.057 | 0.136 | −0.113 | 44.42 | 1.19 |
| 4 | 1568.16 | 33.07 | 7.643 | 0.148 | −0.122 | 61.18 | 1.19 |

表 5.10  修正 *K-G* 模型参数（$D=0.1$）

| $z/\%$ | $K_i/kPa$ | $\alpha_K$ | $G_i/MPa$ | $\alpha_G$ | $\beta_G$ | $n$ | $m$ |
|---|---|---|---|---|---|---|---|
| 0 | 1254.80 | 16.39 | 1.465 | 0.100 | −0.085 | 17.01 | 1.19 |
| 1 | 1306.70 | 19.15 | 1.926 | 0.108 | −0.091 | 21.03 | 1.19 |
| 2 | 1358.59 | 21.91 | 2.532 | 0.116 | −0.097 | 25.99 | 1.19 |
| 3 | 1410.49 | 24.68 | 3.329 | 0.124 | −0.103 | 32.13 | 1.19 |
| 4 | 1462.39 | 27.44 | 4.376 | 0.132 | −0.110 | 39.72 | 1.19 |

表 5.11  修正 *K-G* 模型参数（$D=-0.1$）

| $z/\%$ | $K_i/kPa$ | $\alpha_K$ | $G_i/MPa$ | $\alpha_G$ | $\beta_G$ | $n$ | $m$ |
|---|---|---|---|---|---|---|---|
| 0 | 1254.80 | 16.39 | 1.465 | 0.100 | −0.085 | 17.01 | 1.19 |
| 1 | 1370.85 | 22.57 | 2.701 | 0.118 | −0.099 | 27.01 | 1.19 |
| 2 | 1486.89 | 28.74 | 4.980 | 0.136 | −0.113 | 43.90 | 1.19 |
| 3 | 1602.94 | 34.92 | 9.182 | 0.153 | −0.126 | 70.52 | 1.19 |
| 4 | 1718.98 | 41.10 | 16.928 | 0.171 | −0.140 | 113.28 | 1.19 |

根据图 5.18 对比可知：*K-G* 模型的预测值小于试验实测值；$D=0.1$ 时修正 *K-G* 模型的预测值则大于试验实测值；$D=0$ 时的修正 *K-G* 模型的预测值与试验实测值较为接近；$D=-0.1$ 时的预测值小于试验实测值，并且相对于 $D=0.1$ 时与试验实测值差距更大。

对于不同的土试样，$D<0$ 是指膨胀土中掺入生物酶相对于未掺加生物酶的扰动程度，或指生物酶掺量多的膨胀土试样相对于生物酶掺量少的土试样的扰动程度；$D>0$ 是未掺加生物酶的膨胀土试样相对于掺加生物酶的土试样的扰动程度，或指生物酶掺量少的膨胀土试样相对于生物酶掺量多的土试样的扰动程度。

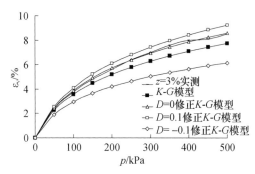

图 5.18　修正 $K$-$G$ 模型、$K$-$G$ 模型与试验 $\varepsilon_v$-$p$ 曲线

同一个土试样在试验过程中的生物酶掺量是不可能发生变化的，因而 $z = z_0$，也即 $D = 0$。因此，这就解释了 $D = 0$ 时修正 $K$-$G$ 模型预测值与试验实测值较为接近的问题。

$D > 0$ 或 $D < 0$ 表示一个土试样在试验过程中，其生物酶掺量发生了变化，当然此种情况实际上是不存在的，因此就不可能出现 $D > 0$ 或 $D < 0$ 的情形。

分析 $D > 0$ 或 $D < 0$ 的情形，只是从理论上探讨土体应力-应变关系的变化趋势。对于 $D > 0$ 的情形，也就是说生物酶掺量减少了，此时土体抵抗变形能力减弱了，体积变形增大，因而 $\varepsilon_v$-$p$ 曲线在 $D = 0$ 的上方。对于 $D < 0$ 的情形，情况正好相反，即生物酶掺量增加，此时土体抵抗变形能力增强了，体积变形则变小，因而 $\varepsilon_v$-$p$ 曲线在 $D = 0$ 的下方。这样就解释了如图 5.18 所示的应力-应变关系变化规律。

③ 剪应变 $\varepsilon_s$ 计算结果及分析

依据图 5.15～图 5.17 中生物酶掺量 $z = 3\%$ 的 $\varepsilon_s$-$q$ 实测数据，采用式（5.69）或式（5.70）预测不同扰动度 $D$ 下的生物酶改良膨胀土的 $\varepsilon_s$-$q$ 曲线，并与 $K$-$G$ 模型、试验实测结果进行对比，结果如图 5.19 所示。

根据图 5.19 对比可知：$K$-$G$ 模型的预测值大于试验实测值；$D = 0$ 时的修正 $K$-$G$ 模型预测值小于试验值，但与试验值较为接近；$D = 0.1$ 时的修正 $K$-$G$ 模型预测值小于试验试验值，并且与试验实测值的差距较大。当 $p \geq 200\text{kPa}$ 时，$K$-$G$ 模型、$D = 0$ 修正 $K$-$G$ 模型预测值都与试验实测值较为接近。$D = -0.1$ 时的预测值大于试验实测值，且相对于 $D = 0.1$ 时与试验实测值差距更大。

在上述体积应变 $\varepsilon_v$ 分析中，解释了 $D = 0$ 时的修正 $K$-$G$ 模型的 $\varepsilon_v$-$p$ 预测值与试验实测值较为接近的问题。对于剪应变 $\varepsilon_s$，图 5.19 同样说明了 $D = 0$ 时的修正 $K$-$G$ 模型的 $\varepsilon_s$-$q$ 预测值与试验值较为接近。

对于同一个土试样来说，$D > 0$ 或 $D < 0$ 是不存在的，只是从理论上分析土体的 $\varepsilon_s$-$q$ 关系的变化趋势。对于 $D > 0$ 时，即生物酶掺量减少，使得土体不仅抵抗变形能力减弱，并且抗剪切能力也减弱，故而此时的 $\varepsilon_s$-$q$ 曲线在 $D = 0$ 的下方。对于 $D < 0$ 的情形情况则相反，即生物酶掺量增加使得土体不仅抵抗变形能力增强，而且抗剪切能力也增强，因而此时的 $\varepsilon_s$-$q$ 曲线在 $D = 0$ 的上方。这样也就解释了如图 5.19 所示的土体的应力-应变关系的变化规律。

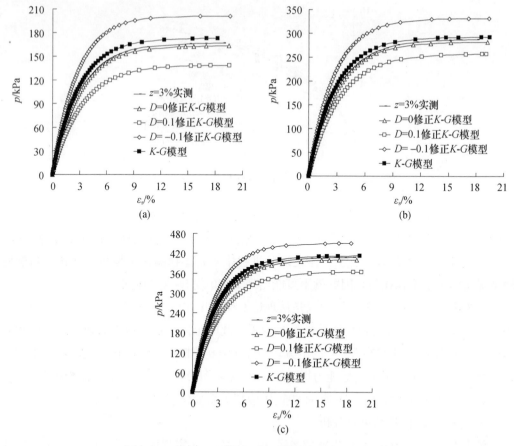

图 5.19　修正 $K\text{-}G$ 模型、$K\text{-}G$ 模型与试验 $\varepsilon_s\text{-}q$ 曲线

（a）$p=100\text{kPa}$；（b）$p=200\text{kPa}$；（c）$p=300\text{kPa}$

　　根据上述分析，当采用本文的修正 $K\text{-}G$ 模型对土体的应力-应变关系进行预测时，只要通过试验获得材料参数 $K_i$ 和 $\alpha_K$，即可描述任一生物酶掺量扰动状态下的生物酶改良膨胀土的体积应变与平均应力的关系特性。当通过试验获得材料参数 $G_i$、$\alpha_G$、$\beta_G$，或 $G_i$、$n$、$m$ 等参数，即可描述任一生物酶掺量扰动状态下的生物酶改良膨胀土的剪应变与偏应力之间的关系特性。通过上述体积应变 $\varepsilon_v$、剪应变 $\varepsilon_s$ 分析，修正 $K\text{-}G$ 模型相较于 $K\text{-}G$ 模型，其应用范围更广。

## 5.4　本章小结

　　本章的主要内容有两个方面：一是建立了生物酶改良膨胀土 Duncan-Chang 模型；二是建立了生物酶改良膨胀土的 $K\text{-}G$ 模型。在第一项研究工作中，通过三轴固结排水剪切试验拟合了 Duncan-Chang 模型各相关参数，并且研究了生物酶改良膨胀土应力-应变关系的归一化线性特性。在第二项研究工作中，通过等向固结排水试验、等 $p$ 三轴固结排水剪切试验，基于非线性弹性 $K\text{-}G$ 模型，分析了 $K\text{-}G$ 模型参数与生物酶掺量的相关关系，并且建立了基于扰动状态理论的修正 $K$-$G$ 模型。主要研究结论如下：

（1）在三轴固结排水剪切条件下，不同生物酶掺量条件下改良膨胀土的应力-应变关系均表现为应变硬化型，$(\sigma_1 - \sigma_3)$-$\varepsilon_1$ 曲线无明显峰值点，而是呈现出双曲线特征。主应力差 $(\sigma_1 - \sigma_3)$ 随轴向应变 $\varepsilon_1$ 的增大而增大，当 $\varepsilon_1 \geqslant 6\%$ 时 $(\sigma_1 - \sigma_3)$ 增大的幅度变小。

（2）采用极限偏差应力渐近值 $(\sigma_1 - \sigma_3)_{ult}$ 作为归一化因子，对不同生物酶掺量 $z$、不同围压 $\sigma_3$ 条件下的生物酶改良膨胀土应力-应变关系进行归一化分析，该归一化因子满足应力-应变关系归一化分析的条件，并且应力-应变关系归一化线性程度较高。

（3）采用所建立的归一化方程对生物酶改良膨胀土的应力-应变关系曲线进行预测，归一化本构方程的预测曲线与试验实测曲线较为接近。因而提出的归一化方程能够在三轴固结排水剪切条件下，较好地预测出各生物酶掺量改良膨胀土的应力-应变关系。

（4）生物酶能明显提高膨胀土切线体积模量 $K_t$、切线剪切模量 $G_t$，降低相应的体积应变 $\varepsilon_v$、剪切应变 $\varepsilon_s$。因此，生物酶能显著提高生物酶改良膨胀土抗剪强度、抗压缩变形的能力。

（5）$\varepsilon_v$-$p$ 曲线、$\varepsilon_s$-$q$ 曲线均表现出应变硬化特性，并且 $\varepsilon_s$-$q$ 曲线符合双曲线特征。通过 $K$-$G$ 模型参数与生物酶掺量相关关系分析，Naylor $K$-$G$ 模型能较好地描述生物酶改良膨胀土应力-应变关系的非线性特性。

（6）基于扰动状态理论建立了生物酶改良膨胀土的修正 $K$-$G$ 模型。分析表明，当扰动度为 $D=0$ 时，修正 $K$-$G$ 模型预测的应力-应变关系曲线，比 $K$-$G$ 模型的预测曲线更接近于试验实测曲线。因此，该修正 $K$-$G$ 模型更好地反映了生物酶改良膨胀土应力-应变关系的非线性性质。

（7）修正 $K$-$G$ 模型与 $K$-$G$ 模型具有相同的形式，参数确定方法与 $K$-$G$ 模型一致，能够较为准确地反映生物酶掺量对膨胀土应力-应变关系的影响，因此，该修正 $K$-$G$ 模型更具一般性。

# 第6章 生物酶改良膨胀土弹塑性本构模型

## 6.1 概　述

土的塑性力学是在经典或传统金属塑性力学理论的基础上，基于理性塑性理论的某些基本假设，如正交流动法则、硬化规律等，再结合土体材料特殊的本构特征而建立起来的塑性理论，是变形固体力学与土力学紧密结合而发展起来的新兴边缘学科。

土的非线性弹性模型是假定土体的全部变形都是弹性的，采用改变弹性参数的方法来反映土体应力-应变关系的非线性。而土的弹塑性本构模型则将总变形分为弹性变形和塑性变形两部分。采用增量法时，弹塑性本构模型则将应变增量分为弹性应变增量和塑性应变增量两部分。对于弹性应变（或弹性应变增量），仍然采用采用胡克定律进行计算。而对于塑性应变（或塑性应变增量），则需要采用塑性理论来求解。即根据塑性理论的原理和方法，建立土的弹塑性本构模型以求解塑性应变（或塑性应变增量）。

在塑性理论中，对于塑性变形需做以下三方面的假定：①屈服准则与破坏准则；②流动规则；③硬化规律。不同形式的弹塑性本构模型，这三个方面假定的具体形式也是不同的。屈服准则（条件）、流动规则（规律）和硬化规律（定律）这三大问题实际上也是塑性理论的三大支柱。以此为基础，塑性理论就可以跟踪应力变化所引起的塑性应变在其大小和方向上的变化，得到塑性应变（增量）变化的全过程，并与弹性应变（增量）变化的全过程相结合，就可建立完整的弹塑性本构模型。

屈服条件确定了开始出现塑性变形的应力条件。这些条件称为屈服函数或称为屈服面。当应力在这个屈服面以内变化时，即不大于屈服函数时，只产生弹性变形；当应力超出该屈服面后则产生塑性变形。

在应力空间中的屈服面确定了当前弹性区边界。如果一个应力点在此屈服面的里面，就称为弹性状态，并且只有弹性特性。在屈服面其上的应力状态则为塑性状态，产生弹性或弹塑性特性。在数学上：当 $f < 0$ 时，为弹性状态；当 $f = 0$ 时，为塑性状态。这里的 $f$ 就是在应力空间中定义的屈服面的函数，也称为屈服函数或屈服面，$f$ 也表示了屈服面的现状。

在复杂应力条件下，屈服条件一般是应力状态或应变状态的函数。因此屈服条件又称屈服函数或屈服准则。在常温、静力条件下，屈服条件可表示为 $f(\sigma_{ij}) = 0$。式中，$\sigma_{ij}$ 代表应力状态。屈服面的形状与采用的屈服准则有关，屈服面的大小、位置与采用的硬化参量 $H$ 有关，且与胀缩、移动等的规律有关。

剪切屈服面的形状，可用在 π 平面、子午面内的图形表示。π 平面可表示剪应力关系，子午面可表示剪应力与平均正应力之间的关系。在 π 平面内，剪切屈服面的形状根据所采用的破坏-屈服准则，可为圆形、正六边形、不等边六边形等，且由初始屈服面做等向硬化；在子午面内，剪切屈服面的形状一般为直线型、双曲线型、幂函数型、指数函数型等。其中双曲线型有两类：一类是以 Mohr-Coulomb 直线为渐近线；另一类是以水平线为渐近线。

体积屈服函数一般是以塑性体应变 $\varepsilon_v^p$ 为硬化参量的等值面，称为帽盖模型，包括初始屈服面函数、加载屈服面函数。在 π 平面内，其形状与所采用的破坏准则一致；在子午面内，其形状有弹头形、椭圆形、水滴形等。

体积屈服面与剪切屈服面都应光滑连接形成一个封闭的屈服面。一般来说，体积屈服面采用直线连接，也可采用椭圆或其他曲线相连接，或统一为其他曲线，如弹头形、椭圆形、水滴形等，形成统一的屈服面。

在加载过程中可能产生塑性应变。为了描述弹塑性的应力-应变关系特性，需定义塑性应变增量矢量 $d\varepsilon_{ij}^p$ 方向与大小，即①各分量的比率，即应变增量的方向；②相应于应力增量 $d\sigma_{ij}$ 的大小，即应变增量的大小。

在塑性理论中，流动规则是用以确定塑性应变增量矢量 $d\varepsilon_{ij}^p$ 的方向、或塑性应变增量张量的各个分量之间的比例关系。塑性应变增量矢量 $d\varepsilon_{ij}^p$ 的大小则由一致性条件来确定。或者说，确定塑性应变增量方向的规则称为流动规则或流动法则，而确定塑性应变增量大小的规则称为硬化规则或硬化定律。

基于流动规则的概念，从而定义塑性应变增量 $d\varepsilon_{ij}^p$ 各分量的比率，或塑性应变增量矢量 $d\varepsilon_{ij}^p$ 的方向。塑性理论规定由应力空间中的塑性势面 $g$（或称为塑性势函数），决定塑性应变增量的方向。即应力空间中的各个应力状态点的塑性应变增量方向，必须垂直于通过该点的塑性势面。所以，流动规则也称为正交定律或正交条件。这一规则实际上是假设在应力空间中，一点的塑性应变增量的方向应该是唯一的，也就是塑性应变增量的方向只与该点的应力状态有关，与施加的应力增量方向无关。

采用数学表达式将流动法则定义为 $d\varepsilon_{ij}^p = d\lambda \dfrac{\partial g}{\partial \sigma_{ij}}$。式中，$d\lambda$ 是一个贯穿整个加载历史的非负标量函数，称为塑性因子，表示塑性应变增量的大小；梯度矢量 $\dfrac{\partial g}{\partial \sigma_{ij}}$ 规定了塑性应变增量矢量 $d\varepsilon_{ij}^p$ 的方向，也就是势能面（塑性势能面）$g=0$ 在当前应力点的法线方向。正是由于该原因，流动规则称为正交条件。

塑性势函数 $g$ 也是应力状态的函数，可表示为 $g(\sigma_{ij}, H) = 0$。式中，$\sigma_{ij}$ 表示应力状态；$H$ 表示硬化参量。根据 Drucker 假设，对于稳定材料：$d\sigma_{ij}d\varepsilon_{ij}^p \geqslant 0$，因此塑性应变增量 $d\varepsilon_{ij}^p$ 的方向必须正交于屈服面，同时屈服面也是外凸的。也即塑性势面 $g$ 与屈服面 $f$ 是重合的，即 $g=f$。这被称为相适应的流动规则，或相关联流动规则。

如果塑性势能面 $g$ 与屈服面 $f$ 具有相同的形状，也就是 $g=f$，那么流动法则是与屈服条件相关联的，采用数学表达式为 $\mathrm{d}\varepsilon_{ij}^{\mathrm{p}} = \mathrm{d}\lambda \dfrac{\partial f}{\partial \sigma_{ij}}$。此时，塑性应变沿着当前加载面的法线方向产生。该式所示的正交条件较为简单，但以其为基础而发展起来的任何应力-应变关系，对一个给定的边界值问题有唯一解。

与屈服条件相关联的流动法则有①与 von Mises 屈服准则相关联的流动法则；②与 Drucker-Prager 屈服准则相关联的流动法则；③与 Mohr-Coulomb 屈服准则相关联的流动法则。

相适应的流动规则满足经典塑性理论所要求的材料稳定性，能够保证解的唯一性。如果 $g \neq f$，即不相适应的流动规则，不能保证解的唯一性。在不同的土的弹塑性本构模型中，有时假定塑性势函数 $g$，有时基于塑性应变增量通过试验方法确定塑性势函数 $g$。

对于岩土材料来说，其变形常常不遵守与屈服条件相关联的流动法则，即不遵守 Drucker 公设。岩土材料的塑性应变增量的方向，并不与应力存在唯一关联性，但与应力增量相关，并且当主应力轴方向发生变化时也会产生塑性应变。因此，单屈服面弹塑性本构模型常不能合理描述岩土材料的体缩和体胀。为了克服岩土塑性力学的不足，一些学者提出了许多改进，如双屈服面理论、非关联流动规律等。

在加载过程中，屈服面不断改变它的形状，以使应力点总是位于其上。然而，有无数个屈服面的演化形式可以满足这个条件。因而不是一个简单地确定加载面如何发展的问题。实际上，这是塑性加工强化理论中的主要问题之一。控制加载面发展的规则称为强化法则即硬化规则。加载面的发展实际上表示了塑性应变增量的大小。

对于流动规则或正交条件 $\mathrm{d}\varepsilon_{ij}^{\mathrm{p}} = \mathrm{d}\lambda \dfrac{\partial g}{\partial \sigma_{ij}}$，确定塑性应变增量矢量 $\mathrm{d}\varepsilon_{ij}^{\mathrm{p}}$ 的长度或大小，即塑性因子 $\mathrm{d}\lambda$ 的大小的规则，称为硬化规则或硬化定律。硬化规则也称为一致性条件。因此也可以这样说，塑性应变增量矢量 $\mathrm{d}\varepsilon_{ij}^{\mathrm{p}}$ 的大小由一致性条件来确定，而塑性应变增量矢量 $\mathrm{d}\varepsilon_{ij}^{\mathrm{p}}$ 的方向则由正交条件来确定。

硬化函数包含了加载（屈服）函数 $\phi$、硬化参量 $H$，以及塑性应变增量 $\mathrm{d}\varepsilon^{\mathrm{p}}$ 即塑性势函数 $g$。各种弹塑性本构模型的差别最终可体现在硬化函数的差异上，即体现在加载函数 $\phi$、硬化参量 $H$，以及塑性势函数 $g$ 的差异上。硬化函数不同，则塑性应变 $\varepsilon^{\mathrm{p}}$ 不同，屈服面的位置也不同，对应的硬化参量 $H$ 也就不同。

硬化参量 $H$ 随屈服面位置不同而变化的规律称为硬化规律。硬化规律是决定应力增量 $\mathrm{d}\sigma$ 能够引起多少塑性应变增量 $\mathrm{d}\varepsilon^{\mathrm{p}}$，即决定塑性因子 $\mathrm{d}\lambda$ 的一个准则。采用不同的硬化参量 $H$，如塑性应变 $\varepsilon_{ij}^{\mathrm{p}}$、广义塑性剪应变 $\varepsilon_{\mathrm{s}}^{\mathrm{p}}$、塑性体应变 $\varepsilon_{\mathrm{v}}^{\mathrm{p}}$、塑性功 $W^{\mathrm{p}}$、统一硬化参量 $H$ 等，可以推导出硬化函数（塑性系数）的不同表达式，如加载函数 $\phi$ 取混合硬化函数即一般形式，为 $\phi(\sigma_{ij} - \zeta_{ij}, H) = 0$。式中，$\zeta_{ij}$ 为加载面的中心位置。

在应力增加后，由于应力点仍需要保留在扩大后的加载面上，因而其一致性条件可表示为 $\mathrm{d}\phi = \dfrac{\partial \phi}{\partial \sigma_{ij}} \mathrm{d}\sigma_{ij} + \dfrac{\partial \phi}{\partial \zeta_{ij}} \mathrm{d}\zeta_{ij} + \dfrac{\partial \phi}{\partial H} \mathrm{d}H = 0$。

一般地，硬化参数 $H$ 是塑性应变的函数，即 $H = H(\varepsilon_{ij}^p)$。正因此，硬化参数 $H$ 是有一定的物理意义的。实际上，土的塑性应变反映的是土体中的土颗粒间相对位置的变化，以及土颗粒的破碎量，也即土的状态、组构发生变化的情况。土体受力后，其状态与组构变化的内在尺度，从宏观上影响土的应力-应变关系。

土的塑性力学基本内容之一是土的弹塑性本构理论及本构关系模型。塑性本构关系理论与弹性本构关系理论有许多相似的概念和方法，弹塑性本构关系一般包含弹性本构关系。由于土的应力-应变关系具有非线性、弹塑性的特征，因此在模拟土的这种应力-应变关系特征方面，一方面采用非线性弹性本构模型，另一方面则采用弹塑性本构模型。这也是土力学中正在发展的一个研究领域。在土的弹塑性本构模型研究领域方面，国内外学者所提出的计算模型各具特色，但一个共同点就是土的弹塑性本构模型建立在增量塑性理论的基础之上。

增量塑性理论一般包括三个方面的理论：屈服面理论、流动规则理论、加工硬化定律或硬化定律。弹塑性本构模型是当代土力学中研究土的本构关系的一个主要课题，由于在解决屈服条件、流动规律、硬化定律这三大问题，即解决屈服面 $f$、塑性势面 $g$、硬化参量 $H$ 上的理论和方法不同，就形成了各种不同形式的弹塑性本构模型，也分别形成了屈服面理论、塑性位势理论和硬化理论等。

对于岩土材料，不同的弹塑性本构模型在处理上述问题时，所依据的理论和方法就表现出实际的差异性，如：

(1) 对于屈服面来说，有无屈服面、单屈服面、双屈服面、多屈服面等，还有多重屈服面、部分屈服面等，各种屈服面还有不同的形状；

(2) 对于流动来说，有塑性势面与屈服面相一致的相关联流动规则、塑性势面与屈服面不相一致的不相关联流动规则；

(3) 对于硬化来说，有多种硬化模式和不同的硬化参量，如硬化模式有等向硬化、运动硬化、混合硬化等，硬化参量有塑性体应变、塑性剪应变、塑性功等。

在大多数土的本构模型中，假设其屈服准则与破坏准则具有相同的形式。在完全弹-塑性假设下，只存在一个表面作为屈服面和破坏面。该平面在应力空间中是固定的。对于应变强化材料，无论是单屈服面模型还是多屈服面模型，均可被采用。就单屈服面模型而言，其屈服面的尺寸、位置由强化参数决定。当达到屈服面的最大尺寸，或达到距离适当的参考状态如静水轴的偏移时，就可达到极限状态。

典型的双屈服面模型由一个位置固定的外部破坏面和一个几何相似的内部屈服面构成。内部屈服面可在破坏面以内的范围内扩展、收缩以及移动。当屈服面与破坏面接触时，则达到极限状态。

土的弹塑性本构模型就研究方法而言可分为两类：一类是经验模型，如沈珠江双屈服面模型等。这类模型是从具体的试验资料中直接确定屈服函数、加工硬化规律等，从而建立土的应力-应变关系的计算模型；另一类是从能量的物理概念出发，推导出屈服函数、加工硬化规律等，从而建立土的应力-应变关系的计算模型。这类模型主要有

Cam-clay 模型等。

国内外比较著名的土的弹塑性本构模型如下：

（1）基于"临界状态土力学"的 Cam-clay 模型、修正 Cam-clay 模型等；

（2）建立在试验基础上、能够考虑土的剪胀性的 Lade-Duncan 模型、修正 Lade 模型等；

（3）建立在采用试验寻求塑性势面、屈服面以及符合相关联流动规则硬化参量的黄文熙模型、清华模型、"南水"模型等；

（4）基于空间强度发挥面理论的松冈元模型；

（5）在上述模型基础上的改进模型。

Cam-clay 模型在剪切屈服面的基础上又引入了体积屈服面，从而开创了土的弹塑性本构模型研究的新纪元。Cam-clay 模型简称 Cam 黏土模型，属于各向同性应变硬化（等向硬化）的弹塑性模型，由英国 Cambridge 大学 Roscoe 等人于 1958 年至 1963 年，针对 Cambridge 大学附近的 Cam 河的一种黏土而提出，由于提出早并且发展也较为完善，因此得到了广泛的应用。

Cam-clay 模型最初只适用于正常固结、弱超固结黏土，其加载面或屈服面（Roscoe 面）为弹头型的，如图 6.1 所示。1967 年 Burland 将原始 Cam-clay 模型推广到严重超固结黏土、砂土等材料，相应的加载面或屈服面（Roscoe 面）也修改为椭圆形，如图 6.1 所示，从而提出了修正 Cam-clay 模型。

原始 Cam-clay 模型的屈服函数为 $f=M\ln p+\dfrac{q}{p}-C=0$，修正 Cam-clay 模型的屈服函数为 $f=q^2+M^2p^2-Cp=0$。原始和修正 Cam-clay 模型都采用相关联的流动法则，以塑性体积应变 $\varepsilon_v^p$ 作为硬化参量。

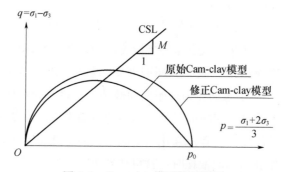

图 6.1　Cam-clay 模型的屈服面

原始 Cam-clay 模型和修正 Cam-clay 模型能较好地适用于正常固结土和弱超固结土，参数少并且可采用常规三轴试验测定。其不足之处是，仅采用塑性体积应变 $\varepsilon_v^p$ 作为硬化参量，对剪切变形的影响考虑不够充分，对砂土来说就不能考虑其剪切引起的体积膨胀等特性。因此，有学者建议增加一个以塑性剪切变形做硬化参量的剪切屈服面，比如直线、抛物线或双曲线等。

魏汝龙模型将修正 Cam-clay 模型的椭圆屈服面修正为如图 6.2 所示的椭圆屈服面。

其模型屈服面函数为 $f=\left(\dfrac{p-\gamma p_0}{\alpha}\right)^2+\left(\dfrac{q}{\beta}\right)^2-p_0^2=0$。式中：$\alpha$、$\beta$、$\gamma$ 为取决于屈服面图形的参数，如图 6.2 所示。$\alpha=1-\gamma$，$\beta=M\gamma$。当 $\alpha=\gamma=\dfrac{1}{2}$ 时，上述屈服面方程式就与修正 Cam-clay 模型的屈服面方程式相同；$R$ 为内能消散因子。

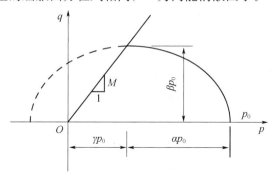

图 6.2　魏汝龙修正 Cam-clay 模型的屈服面形式

魏汝龙模型仍然采用相适应的流动法则，以塑性体积应变 $\varepsilon_v^p$、塑性剪切应变 $\varepsilon_s^p$ 为硬化参数。魏汝龙模型考虑了弹性剪应变，并且功能的假定更为全面，这是不同于修正 Cam-clay 模型的地方。试验研究表明，魏汝龙模型接近实测情况，较之修正 Cam-clay 模型有更大的适应性。Cam-clay 模型、魏汝龙模型都是单屈服面模型。

对于土的双屈服面弹塑性本构模型，殷宗泽提出的椭圆-抛物线模型是代表性模型之一。殷宗泽模型在 $p$-$q$ 平面上的屈服轨迹如图 6.3 所示。

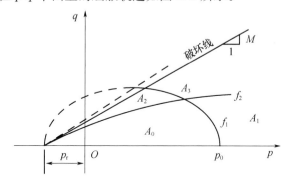

图 6.3　椭圆-抛物线模型

图中 $f_1$ 为与土体压缩相联系的屈服轨迹，$f_2$ 为与塑性膨胀相联系的屈服轨迹，分别称为第一屈服面或体积屈服面、第二屈服面或剪切屈服面。屈服函数分别为 $f_1=p+\dfrac{q^2}{M_1^2(p+p_r)}-p_0=0$，$f_2=\dfrac{aq}{G}\sqrt{\dfrac{q}{M_2(p+p_r)-q}}-\varepsilon_s^p=0$。采用相关联的流动法则，以塑性体积应变 $\varepsilon_v^p$、塑性剪切应变 $\varepsilon_s^p$ 为硬化参数。

"南水"模型采用体积屈服面、剪切屈服面等两个屈服面，对土体的屈服特性进行描述，如图 6.4 所示，其屈服面方程为 $f_1=p^2+r^2q^2$，$f_2=\dfrac{q^s}{p}$。式中：$r$、$s$ 为屈服面参数，其值的大小影响两个屈服面 $f_1$、$f_2$ 的形状，一般根据土性特点进行调整。

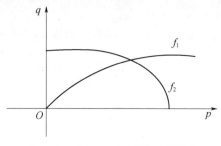

图 6.4 "南水"模型的双屈服面

首先，本章通过等向固结与回弹试验、常规三轴固结排水剪切试验，研究生物酶掺量对修正 Cam-clay 模型相关参数 $\lambda$、$\kappa$、$M$ 的"扰动"影响，并且分析生物酶掺量对魏汝龙模型相关参数的"扰动"影响，建立描述任一生物酶掺量的改良膨胀土的扰动修正 Cam-clay 模型、扰动修正魏汝龙模型。

其次，本章基于殷宗泽模型，研究生物酶掺量这一外界因素，对生物酶改良膨胀土这一重塑土的影响。在一系列不同生物酶掺量条件下的改良膨胀土的三轴固结排水剪切试验的基础上，分析生物酶对膨胀土本构模型屈服面的影响，基于分析得到的演化规律，引入生物酶掺量作为修正因子用以对殷宗泽模型进行修正。

此外，本章基于沈珠江双屈服面弹塑性本构模型即"南水"模型，研究生物酶改良膨胀土的双屈服面弹塑性应力-应变关系特性。首先，开展一系列的不同生物酶掺量的改良膨胀土三轴固结排水剪切试验，分析生物酶改良膨胀土应力-应变关系的弹塑性性质；其次，基于 Duncan-Chang 模型的参数分析方法，拟合"南水"模型中的各相关参数与生物酶掺量之间的相关关系；再次，根据 $\varepsilon_1$-$\varepsilon_v$ 关系曲线特征，修正"南水"模型切线体积比 $u_t$ 的确定方法；最后，提出基于生物酶掺量的生物酶改良膨胀土的修正"南水"模型，并且验证该修正"南水"模型的可靠性。

# 6.2 单屈服面模型

## 6.2.1 引言

原始剑桥模型（Original Cam Clay，OCC）是 Roscoe 等人[159]于 1958—1963 年提出的、适用于正常固结黏土和弱固结黏土的单屈服面弹塑性本构模型。该模型将经典塑性力学理论中的流动发展、加工硬化规律、"帽子"屈服准则等，系统地应用入该模型中，从而开创了土力学的一个分支——临界状态土力学。在土力学的发展中，它是一件具有里程碑意义的事件。随后，Roscoe 与 Burland[160]-[161]又提出了基于椭圆形屈服面的修正剑桥模型（Modified Cam Clay，MCC）。

剑桥模型能合理描述土的静水屈服特性，以及土的压硬性和剪缩性等，该模型只有

$\lambda$、$\kappa$、$M$ 三个参数，且只需常规三轴试验即可获取。这些特性使得剑桥模型拥有极强的生命力，该模型自提出以来，国内外相关学者基于该模型开展了大量研究工作，拓展了该模型的应用范围。例如，我国学者魏汝龙[162]-[163]基于能量原理、正交流动法则，采用非固定屈服面提出了被称为魏汝龙模型的弹塑性本构模型。魏汝龙的研究使得具有固定屈服面的修正剑桥模型成为魏汝龙模型的一个特例。Sandler[164]基于对剑桥模型的研究工作所提出的修正模型，能够反映土的剪胀性质和土的塑性硬化性质。Amerasinghe[165]、Banerjee[166]、Mita[167]等人基于剑桥模型的研究工作，则使得修正剑桥模型的应用范围扩展到超固结土。Hsieh 等人[168]、Arai 等人[169]、Namikawa[170]则在剑桥模型的基础上，提出了能够考虑时间效应的修正模型。Yin 等人[171]的研究工作，则使得该模型能模拟加速蠕变、加载卸载变形特性。实际上，国内外学者对剑桥模型的拓展，从本质上讲都是以原始剑桥、修正剑桥模型为理论框架，其理论基础仍然是临界状态土力学。

本节基于剑桥类模型，通过等向固结与回弹试验、常规三轴试验，研究生物酶掺量对修正剑桥模型相关参数 $\lambda$、$\kappa$、$M$ 的"扰动"影响，以及对魏汝龙模型相关参数的"扰动"影响，建立基于生物酶掺量的改良膨胀土扰动修正剑桥模型、扰动修正魏汝龙模型。

## 6.2.2　修正剑桥模型

（1）基本试验曲线

Cam-clay 模型的提出，是基于对正常固结黏土、弱超固结黏土等进行了大量的等向压缩与膨胀试验、不同固结压力条件的三轴固结排水剪切试验、三轴固结不排水剪切试验等。

在常规三轴仪上，进行黏土试样等向压缩与膨胀即回弹试验，试验结果绘制于 $v$-$\ln p$ 半对数坐标中，如图 6.5 所示。

图中 $v$ 表示单位体积固体颗粒与孔隙体积（以孔隙比 $e$ 表示）之和，即 $v=1+e$，称为比容；$p$ 为等向固结压力或静水压力，对于常规三轴试验：$p=\dfrac{1}{3}(\sigma_1+2\sigma_3)$。

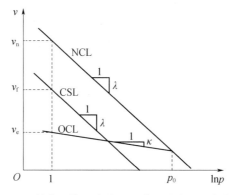

图 6.5　等向压缩、膨胀（回弹）试验理想化曲线

等向压缩或等向固结试验曲线，相当于正常固结土的初压曲线，由等向压缩试验得到，简称 NCL；忽略加载过程中的滞回环，等向卸载膨胀或再压缩曲线则相当于超固结土的压缩曲线，简称 OCL；剪切破坏时的 $v$-$\ln p$ 曲线称为破坏线，或称为临界状态线，简称 CSL。在 $v$-$\ln p$ 平面的投影，由常规三轴固结排水、不排水试验得到。

NCL、OCL、CSL 均近似为直线，并且 NCL 和 CSL 近似平行。三条直线 NCL、OCL、CSL 的方程分别为

$$v=v_{\mathrm{n}}-\lambda\ln p, \quad v=v_{\mathrm{e}}-\kappa\ln p, \quad v=v_{\mathrm{f}}-\lambda\ln p \tag{6.1}$$

式中：$\lambda$、$\kappa$ 分别为 NCL、OCL 的斜率；$v_{\mathrm{n}}$、$v_{\mathrm{e}}$、$v_{\mathrm{f}}$ 分别为 NCL、OCL、CSL 三条直线上的 $p=1$ 时的比容 $(1+e)$；$\lambda$、$\kappa$，以及 $v_{\mathrm{n}}$、$v_{\mathrm{e}}$ 与土的性质有关，$v_{\mathrm{f}}$ 与土的性质、固结压力有关。

等向固结曲线也可通过 $K_0$ 固结即无侧向应变、膨胀试验，然后进行换算。通过 $e$-$\lg p$ 曲线得到压缩系数 $C_{\mathrm{c}}$、膨胀系数 $C_{\mathrm{s}}$，然后进行换算可得到

$$\lambda=\frac{C_{\mathrm{c}}}{2.303}, \quad \kappa=\frac{C_{\mathrm{s}}}{2.303} \tag{6.2}$$

将正常固结黏土试样、弱超固结黏土试样，在不同固结压力下进行排水、不排水剪切试验，将试验结果绘制在 $p$-$q$-$v$ 的平面中。在常规三轴试验条件下，广义剪应力 $q=\sigma_1-\sigma_3$。无论是排水剪切，还是不排水剪切，剪切破坏的 $p$-$q$、$p$-$v$、$q$-$v$ 等关系曲线，分别为一条直线或一条曲线。这说明了正常固结黏土、或弱超固结黏土在破坏时的 $v$、$p$、$q$ 之间存在着唯一对应的关系。

（2）临界状态线 CSL

将三轴剪切试验 $v$、$p$、$q$ 的唯一对应关系，绘制在 $p$-$q$-$v$ 组成的三维空间中，这种关系则可表示为一条空间曲线。该曲线就是破坏线在 $p$-$q$-$v$ 三维空间中的运动轨迹，称为临界状态线，记为 CSL 线。实际上，临界状态线 CSL 就是破坏点在 $p$-$q$-$v$ 空间中运动轨迹的连线。

临界状态线 CSL 的方程为式（6.3）中的 $v=v_{\mathrm{f}}-\lambda\ln p$。在 $q$-$p$ 空间可表示为

$$q=Mp \tag{6.3}$$

于是 CSL 线的方程可以统一写成

$$q=Mp=M\cdot\mathrm{e}^{\frac{v_{\mathrm{f}}-v}{\lambda}} \tag{6.4}$$

这实际上就是 CSL 线在 $q$-$v$ 平面上的曲线方程。对于三轴压缩试验：

$$M=\frac{6\sin\varphi}{3-\sin\varphi} \tag{6.5}$$

（3）Roscoe 面或状态边界面

在 $p$-$q$-$v$ 空间中，对于三轴固结排水、或不排水路径，沿正常固结曲线随固结压力 $p_{\mathrm{c}}$ 变化而运动的轨迹所构成的空间曲面，称为 Roscoe 面或称为状态边界面（State Boundary Surface，简写 SBS）。

$p$-$q$-$v$ 空间可以分为两部分：可能应力状态区、不可能应力状态区。可能应力状

区在 Roscoe 面以内、或 Roscoe 面上；不可能应力状态区则在 Roscoe 面以外，即应力状态不可能超越 Roscoe 面。因此，Roscoe 面是正常固结黏土、或弱超固结黏土的一种应力状态边界面、或物态边界面。因此，Roscoe 面又称为状态边界面。

（4）破坏面或 Hvorslev 面

对于正常固结、弱超固结黏土、松砂等，其破坏面即临界状态线 CSL、与 CSL 在 $p$-$q$ 平面的投影线即抗剪强度线等所组成的平面。应力状态点一旦落在破坏面上，就意味着该点已经产生破坏。

对于严重超固结黏土、密实砂土等，由于其具有应变软化的应力-应变关系性质，其破坏点一般是位于临界状态线 CSL 以上的应力峰值点。该峰值点即强度峰值点，在 $p$-$q$-$v$ 空间所构成的平面即这类具有应变软化性质材料的破坏面。这类材料的抗剪强度线又称为 Hvorslev 线，因此具有应变软化性质材料的破坏面，又称为 Hvorslev 破坏面，简称 Hvorslev 面。

对于黏土类材料，由于其不能承受拉应力，当 $\sigma_3 = 0$ 时其强度 $q = \sigma_1 = 2c$，故 $p = \sigma_1/3 = 2c/3$，因此 Hvorslev 面在 $p$-$q$-$v$ 空间不能在 $v$ 轴以上与 $q$ 轴相交，而是与 $q$-$v$ 平面呈 $1:3$ 的倾角。该平面称为无拉力墙。应力在该墙面内，材料处于弹性状态。当应力达到墙顶即 Hvorslev 面上时，材料即发生单向压缩破坏。

根据上述破坏面、Hvorslev 面的定义，应力状态点是不可能超越破坏面的。因此，破坏面也是一种状态边界面。在 $p$-$q$-$v$ 空间中，由无拉力墙、Hvorslev 面、Roscoe 面等，构成了状态边界面的完整整体。如果将 Hvorslev 面、Roscoe 面等，在 $p$-$q$ 面上归一化，绘制在 $p/p_c$-$q/q_c$ 平面上，则无拉力墙、Hvorslev 面、Roscoe 面等，就构成了以 $p/p_c$ 轴为底的一条封闭曲线，该封闭曲线构成完整的归一化的状态边界线。如图 6.6 所示。其中，$p_c$ 为固结压力。

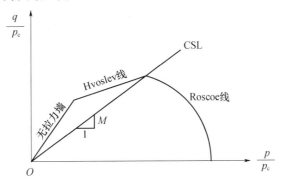

图 6.6　归一化的状态边界线

Cam-clay 模型的状态边界面、破坏面等，也可以在主应力空间中进行表示。对于正常固结的、弱超固结的黏土，其破坏面是一个以原点为顶点，以静水压力线为中心轴的六边形锥面。而其屈服面是一个半椭球面，就好像一顶半椭球形的"帽子"倒扣在破坏锥体的开口端上。随着硬化，这个半椭球形的"帽子"不断扩大。当应力点位于屈服面或破坏面以内时材料处于弹性状态；当应力点位于屈服面上时材料处于塑性状态；当应力点位于破坏面时材料就处于破坏状态。

应力状态不可能超越屈服面、破坏面。屈服面与破坏面的交线称为临界状态点的迹线。因此，带帽的六边形锥体是另一种形式的状态边界面。具有这种帽子屈服面的弹塑性本构模型一般称为帽子模型。Cam-clay 模型就是帽子模型的一种类型。

（5）弹性墙和屈服曲线

在 $p\text{-}q\text{-}v$ 空间中，以平行于 $q$ 轴的直线为母线，沿膨胀线移动，并且与 Roscoe 面以及破坏面相交而成的空间曲面，称为弹性墙。这样的弹性墙有多个。Cam-clay 模型假设当应力在这种"墙面"内变化时只产生弹性变形，故而称为弹性墙。根据弹性墙的定义，膨胀曲线即弹性墙在 $v\text{-}p$ 平面上的投影线，并且只有当应力达到墙顶，即 Roscoe 面上时，才会产生塑性变形。因此，弹性墙与 Roscoe 面交线，则可定义为一条屈服曲线。正因为如此，一个弹性墙对应于一条屈服曲线。

根据屈服曲线的定义，屈服曲线在 $v\text{-}p$ 平面上的投影即膨胀曲线，屈服曲线在 $p\text{-}q$ 平面上的投影则是一条曲线。通过固结应力为 $p_c$ 的不排水应力路径与屈服曲线两者性质是不同的。前者是不排水面、Roscoe 面的交线，该交线位于不排水面上，$\Delta v = 0$；后者是弹性墙、Roscoe 面的交线，该交线则是一条空间曲线，在屈服线上虽然有 $\Delta v^p = 0$，但是没有弹性体积变化。

在 $p\text{-}q$ 平面上，屈服曲线的方程可表示为

$$f(p,\ q,\ H_a) = p^2 - p_c p + \left(\frac{q}{M}\right)^2 = 0 \qquad (6.6)$$

式中：$p_c$ 为固结压力，在这里就是硬化参数 $H_a$，即 $H_a = p_c$；$M$ 为破坏线的斜率。

屈服线方程也可表示为

$$f(p,\ q,\ H_a) = \left(\frac{p - p_c}{p_c/2}\right)^2 + \left(\frac{q}{M p_c/2}\right)^2 - 1 = 0 \qquad (6.7)$$

该式表明，在 $p\text{-}q$ 平面上修正 Cam-clay 模型的屈服曲线是一个以 $(0,\ p_c/2)$ 为圆心、以 $p_c/2$ 为长半轴、以 $M p_c/2$ 为短半轴的椭圆。由于拉、压时的 $M$ 不同，相应的短半轴长度不同，就形成了如图 6.7 所示的两个半椭圆。

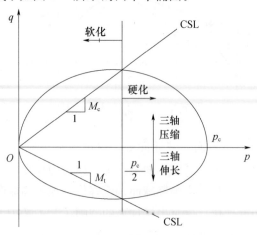

图 6.7　修正 Cam-clay 模型的屈服曲线

上述在 $p$-$q$ 平面上的屈服曲线的方程是根据能量原理推导出来的。实际上，与其他模型一样，可以直接假设屈服曲面的形状与方程。

由于屈服曲线位于 Roscoe 面上，因此上述的屈服曲线方程也是以 $p_c$ 为参量的 Roscoe 面的方程，或状态边界面的方程。也可以将 Roscoe 面定义为屈服曲线沿正常固结线或临界状态线平移而构成的空间曲面。这就是屈服曲线与 Roscoe 面，以及等向压缩试验曲线（初压曲线）NCL、临界状态线 CSL 之间的相互关系。

（6）基本假设

修正 Cam-clay 模型在推导过程中做了以下一些假设：①在 $p$-$q$-$v$ 空间中存在弹性墙；②在 Roscoe 面以下没有弹性剪应变；③服从相关联流动法则；④在一条屈服曲线上，塑性体积应变 $\varepsilon_v^p$ 为常数。

对于第一个假设，应力在弹性墙内变化，可以得到相应的弹性体积应变增量为

$$d\varepsilon_v^e = \frac{-dv}{v} = \frac{\kappa}{v}\frac{dp}{p} \tag{6.8}$$

式中　$v$——与 $p$ 相对应的比容。

由于比容 $v$ 减小时压缩体积应变增大，因而两者符号相异。按照广义胡克定律有 $dp = K_t d\varepsilon_v^e$，因此可求得切线弹性体积模量 $K_t$ 为

$$K_t = \frac{dp}{d\varepsilon_v^e} = \frac{v}{\kappa}p \tag{6.9}$$

对于第二个假设，这就是说：$d\varepsilon_s^e = 0$，即 $d\varepsilon_s^p = d\varepsilon_s$，$G - \infty$。

对于第三个假设，即 $g = f = \phi$，于是可得

$$\frac{d\varepsilon_v^p}{d\varepsilon_s^p} = \frac{\partial f/\partial p}{\partial f/\partial q} \tag{6.10}$$

对于第四个假设，即 $d\varepsilon_v^p = 0$，而 $d\varepsilon_v^e \neq 0$。由于一条屈服曲线对应着一个 $p_c$ 值，这实际上等于假设硬化函数为

$$H = p_c = H(\varepsilon_v^p) \tag{6.11}$$

（7）硬化参数和硬化模量

根据上述基本假设①、②、④，利用能量原理推导出的屈服曲线式（6.6），或式（6.7）中的 $f(p, q, H_a)$ 的表达式，屈服曲线如图 6.7 所示。

设硬化参数为 $p_c$，即：$H = p_c$，是塑性体积应变 $\varepsilon_v^p$ 的函数。见式（6.11）。并且设硬化模量为 $A$。根据图 6.5 可得 $p = 1$ 处的塑性比容 $v^p$ 为

$$v^p = v_e - v_n = -(\lambda - \kappa)\ln p_c \tag{6.12}$$

相应的塑性体积应变 $\varepsilon_v^p$ 为

$$\varepsilon_v^p = -\frac{\Delta v^p}{v_n} = \frac{\lambda - \kappa}{v_n}\ln p_c \tag{6.13}$$

或表示为

$$\ln p_c = \frac{v_n}{\lambda - \kappa}\varepsilon_v^p \tag{6.14}$$

于是得到硬化函数 $H$ 为

$$H = e^{\frac{v_n}{\lambda - \kappa} \varepsilon_v^p} \qquad (6.15)$$

这就是塑性体积应变 $\varepsilon_v^p$ 硬化规律的硬化函数表示式。

将式（6.15）硬化函数 $H$ 微分后可得到

$$\frac{\mathrm{d}H}{\mathrm{d}\varepsilon_v^p} = \frac{v_n}{\lambda - \kappa} p_c \qquad (6.16)$$

根据塑性体积应变硬化规律，将屈服曲线 $f(p, q, H_a)$ 的表达式、硬化函数 $H$ 微分后的表达式，再结合硬化模量 $A$ 的表达式：$A = -\dfrac{\partial \phi}{\partial H} \dfrac{\partial H}{\partial \varepsilon_v^p} \dfrac{\partial g}{\partial p} = -\dfrac{\partial f}{\partial H} \dfrac{\partial H}{\partial \varepsilon_v^p} \dfrac{\partial f}{\partial p}$，可得到硬化模量 $A$ 为

$$A = \frac{v_n}{\lambda - \kappa} p_c p (2p - p_c) \qquad (6.17)$$

（8）本构方程

① $\varepsilon_v^p$ 与 $p$、$q$ 的本构关系表达式

将式（6.6）中的屈服曲线 $f(p, q, H_a)$ 的表达式改写为

$$p_c = p \frac{M^2 + \eta^2}{M^2} \qquad (6.18)$$

式中：$\eta$ 为剪压比，即：$\eta = \dfrac{q}{p}$。$\eta$ 反映了剪应力、静水压力比值的大小。

由于剪切开始前，$q = 0$ 即 $\eta = 0$；剪切破坏时，$q = Mp$ 即 $\eta = M$。因此剪压比 $\eta$ 的变化范围为 0 与 $M$ 之间，上述 $p_c$ 可改写成

$$\ln p_c = \ln p + \ln \frac{M^2 + \eta^2}{M^2} \qquad (6.19)$$

于是可得到

$$\varepsilon_v^p = \frac{\lambda - \kappa}{v_n} \left( \ln p + \ln \frac{M^2 + \eta^2}{M^2} \right) \qquad (6.20)$$

该式说明了在不同的屈服曲线上的 $\varepsilon_v^p$、$p$、$q$（$\eta$）之间的变化关系。这也是全量形式的塑性体积应变 $\varepsilon_v^p$ 与应力 $p$、$q$ 的本构关系的表达式。

② $\mathrm{d}\varepsilon_v^p$ 与 $\mathrm{d}p$、$\mathrm{d}q$ 的本构关系表达式

对全量形式的 $\varepsilon_v^p$ 表达式（6.20）微分后，就可得到增量型的塑性体积应变 $\mathrm{d}\varepsilon_v^p$ 的表达式，即

$$\mathrm{d}\varepsilon_v^p = \frac{\lambda - \kappa}{v} \left( \frac{\mathrm{d}p}{p} + \frac{2\eta \mathrm{d}\eta}{M^2 + \eta^2} \right) \qquad (6.21)$$

式中，$p$ 是任意变化的，$v$ 不是 $v_n$ 而是与 $p$ 相对应的 $v$。这是增量形式的塑性体积应变 $\varepsilon_v^p$ 与应力 $p$、$q$ 的本构关系的表达式。

根据式（6.8）和式（6.21），总的体积应变增量 $\mathrm{d}\varepsilon_v$ 可表示为

$$\mathrm{d}\varepsilon_v = \mathrm{d}\varepsilon_v^e + \mathrm{d}\varepsilon_v^p$$

$$= \frac{\kappa}{v} \frac{\mathrm{d}p}{p} + \frac{\lambda - \kappa}{v} \left( \frac{\mathrm{d}p}{p} + \frac{2\eta \mathrm{d}\eta}{M^2 + \eta^2} \right) = \frac{\lambda}{v} \frac{\mathrm{d}p}{p} + \frac{\lambda - \kappa}{v} \frac{2\eta \mathrm{d}\eta}{M^2 + \eta^2} \qquad (6.22)$$

这是增量形式的弹塑性体积应变本构关系表达式。

③ $d\varepsilon_s^p$ 与 $dp$、$dq$ 的本构关系表达式

根据基本假设③相关联流动法则，即式（6.10），对屈服曲线 $f(p, q, H_a)$ 的表达式（6.6）分别求 $\dfrac{\partial f}{\partial p}$、$\dfrac{\partial f}{\partial q}$ 后可得到 $\dfrac{d\varepsilon_v^p}{d\varepsilon_s^p} = \dfrac{2p - p_c}{2q} M^2$。再根据式（6.18）可得到

$$\frac{d\varepsilon_v^p}{d\varepsilon_s^p} = \frac{M^2 - \eta^2}{2\eta} \tag{6.23}$$

根据式（6.21）、式（6.23），可得到塑性剪应变增量 $d\varepsilon_s^p$ 的表达式为

$$d\varepsilon_s^p = \frac{2\eta}{M^2 - \eta^2} d\varepsilon_v^p = \frac{2\eta}{M^2 - \eta^2} \frac{\lambda - \kappa}{v} \left( \frac{dp}{p} + \frac{2\eta d\eta}{M^2 + \eta^2} \right) \tag{6.24}$$

再根据弹性剪应变 $d\varepsilon_s^e = 0$，即 $d\varepsilon_s^p = d\varepsilon_s$ 的假设（基本假设②），得到总的剪应变增量 $d\varepsilon_s$ 的表达式为

$$d\varepsilon_s = \frac{2\eta}{M^2 - \eta^2} \frac{\lambda - \kappa}{v} \left( \frac{dp}{p} + \frac{2\eta d\eta}{M^2 + \eta^2} \right) \tag{6.25}$$

④ 矩阵形式

根据上述分析，就可得到修正 Cam-clay 模型的弹塑性本构关系的矩阵形式为

$$\begin{bmatrix} d\varepsilon_v \\ d\varepsilon_s \end{bmatrix} = \frac{2\eta}{M^2 - \eta^2} \frac{\lambda - \kappa}{v} \begin{bmatrix} \dfrac{\lambda}{\lambda - \kappa} \dfrac{M^2 + \eta^2}{2\eta} & 1 \\ 1 & \dfrac{2\eta}{M^2 + \eta^2} \end{bmatrix} \begin{bmatrix} \dfrac{dp}{p} \\ d\eta \end{bmatrix} \tag{6.26}$$

式（6.26）是以应力表示应变的增量形式的修正 Cam-clay 模型的本构方程，并且是以体积应变增量 $d\varepsilon_v$、剪应变增量 $d\varepsilon_s$ 的形式出现。式中矩阵所有元素都不为 0，说明正应力不但产生体积应变，也影响剪应变；剪应力不仅产生剪切变形，也产生体积应变。这证明了 Cam-clay 模型考虑了岩土类材料的剪胀性（对于正常固结黏土表现为剪缩性）和压硬性。

（9）模型参数

修正 Cam-clay 模型共有 3 个参数：$\lambda$、$\kappa$、$M$。可根据常规三轴试验确定：

① 参数 $\lambda$、$\kappa$ 确定方法

根据不同的 $\sigma_3$ 的等向压缩、膨胀试验，绘制出 $e$-$\lg p$ 曲线，然后求出体积压缩指数 $C_c$、膨胀指数 $C_s$，再根据 $\lambda = \dfrac{C_c}{2.303}$、$\kappa = \dfrac{C_s}{2.303}$ 可计算得到。

② 参数 $M$ 确定方法

通过三轴排水剪切试验、或不排水剪切试验，绘制出破坏时的 $p$-$q$ 曲线，该曲线近似为直线，其斜率即为参数 $M$ 值。或先求出岩土材料的内摩擦角 $\varphi$，根据 $M = \dfrac{6\sin\varphi}{3 - \sin\varphi}$ 计算得到参数 $M$ 值。

（10）修正 Cam-clay 模型的特点

①修正 Cam-clay 模型基本假设有试验依据，概念明确，参数有明确的几何意义和

物理意义；②考虑了岩土类材料的静水屈服特性，以及土的压硬性和剪胀性（严重超固结黏土）、剪缩性（正常固结黏土、弱超固结黏土）等；③模型只有 3 个参数，确定参数的试验方法简便；④模型采用 M-C 准则，没有考虑中主应力 $\sigma_2$ 的影响；⑤弹性墙是为了计算的简化而进行的假设，实际上是不存在的。因此，在弹性墙内加载，仍然有可能出现塑性变形，特别是有可能产生剪切变形。后来的模型在原弹性墙内增加了一个剪切屈服面，这样就比较符合实际了。

### 6.2.3 魏汝龙模型

魏汝龙沿用 Cam-clay 模型的思路，同样利用能量原理、正交流动法则，得到了比 Cam-clay 模型应用更为普遍的正常固结黏土的屈服方程。魏汝龙模型考虑了弹性剪应变 $d\varepsilon_s^e$，并且功能的假定更为全面，这是不同于 Cam-clay 模型的地方。试验研究表明，魏汝龙模型接近于实测情况，较之修正 Cam-clay 模型有更大的适应性。

（1）屈服面

修正 Cam-clay 模型的屈服面是一个经过原点的椭圆，而魏汝龙模型的屈服面同样是椭圆，但屈服面不再过原点，因而更具一般性，如图 6.2 所示。其屈服面方程为

$$f(p, q) = \left(\frac{p-\gamma p_0}{\alpha}\right)^2 + \left(\frac{q}{\beta}\right)^2 - p_0^2 = 0 \tag{6.27}$$

式中：$\alpha$、$\beta$、$\gamma$ 为决定屈服面形状的形状参数，如图 6.2 所示。$\alpha = 1-\gamma$、$\beta = M\gamma$。

式（6.27）表明屈服面也是一个椭圆方程。当 $\alpha = \gamma = \frac{1}{2}$ 时，$f(p, q)$ 表达式就简化为修正 Cam-clay 模型的屈服函数表达式。因此，Cam-clay 模型只是魏汝龙模型的特殊情况。

（2）本构方程

① 弹性应变

弹性体积应变增量 $d\varepsilon_v^e$、弹性剪切应变增量 $d\varepsilon_s^e$ 的表达式分别为

$$d\varepsilon_v^e = \frac{\kappa}{1+e}\frac{dp}{p}, \quad d\varepsilon_s^e = \frac{dq}{3G} \tag{6.28}$$

② 塑性应变

塑性体积应变增量 $d\varepsilon_v^p$、塑性剪切应变增量 $d\varepsilon_s^p$ 的表达式分别为

$$d\varepsilon_v^p = \frac{\lambda-\kappa}{(\alpha^2 R-\gamma)Rp}\left[(1-\gamma R)\,dp + \frac{\eta(\alpha^2-\gamma^2)}{\beta^2}dq\right] \tag{6.29a}$$

$$d\varepsilon_s^p = \frac{(\lambda-\kappa)(\alpha^2-\gamma^2)\eta}{\beta^2(\alpha^2 R-\gamma)Rp}\left[dp + \frac{\alpha^2-\gamma^2}{\beta^2(1-\gamma R)}dq\right] \tag{6.29b}$$

（3）模型参数

魏汝龙模型有以下参数：$\alpha$、$\beta$、$\gamma$、$R$、$\lambda$、$\kappa$。

### 6.2.4 试验及结果分析

（1）试验材料

试验材料包括膨胀土和生物酶土壤固化剂。

膨胀土试样取自益娄高速公路 K28+900 处，取土深度约 1.5m，其物理力学指标见表 6.1。该土样为中膨胀土。

表 6.1　膨胀土试样主要物理力学指标

| $w$ /% | 液限 /% | 塑限 /% | $I_p$ /% | $\rho_{max}$ / (g/cm³) | $w_{opt}$ /% | 自由膨胀率 /% |
|---|---|---|---|---|---|---|
| 25 | 61.8 | 22.9 | 38.9 | 1.85 | 18.0 | 52.6 |

| 标准吸湿含水率/% | 无荷膨胀率 /% | 胀缩总率 /% | CBR /% | 无侧限抗压强度/kPa | <0.002mm 含量/% | 活动度 |
|---|---|---|---|---|---|---|
| 5.1 | 9.6 | 3.5 | 1.43 | 270 | 14.09 | 2.75 |

试验所用生物酶土壤固化剂为 Terra Zyme，试剂为褐色黏稠液体，无毒、无腐蚀性，易溶于水，植物酶含量>60%。

生物酶掺量是指生物酶试剂质量与膨胀土试样干土质量之比。按照生物酶掺量（以 $z$ 表示）分别设定为 0%、2%、4%、6%。

为方便试验以及对试验结果进行分析比较，所有土试件的干密度均为 1.67g/cm³，含水率均为 18.0%。土试件为直径 39.1mm、高度 80mm 的圆柱形。

（2）试验方法

所有土试件制作完成后，均先置入真空饱和器里饱和，然后装入三轴仪先施加 10kPa 有效压力进行反压饱和。试验采用 GDS Instruments 三轴试验系统。

（3）试验结果与分析

① 等向固结、回弹试验结果分析

体应变表现为剪缩，应力-应变关系表现为应变硬化型。由于 $\varepsilon_v = \dfrac{e_0 - e}{1 + e_0}$，试验过程中只需要计算土体的体积应变 $\varepsilon_v$，即可反映土体的孔隙比 $e$ 与平均应力 $p$ 之间的关系。其中 $e_0$ 为初始孔隙比。

$\varepsilon_v$-$p$ 试验结果如图 6.8、图 6.9 所示。

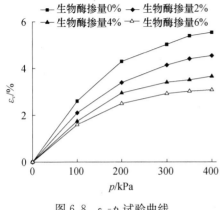

图 6.8　$\varepsilon_v$-$p$ 试验曲线

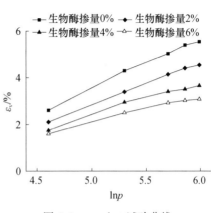

图 6.9　$\varepsilon_v$-$\ln p$ 试验曲线

当平均应力 $p$ 较小时，$\varepsilon_v$-$p$ 曲线出现极小部分直线段。说明土试样变形存在较小的弹性变形，随后 $\varepsilon_v$-$p$ 曲线呈现非线性的关系。$\varepsilon_v$-$\ln p$ 关系大致呈现为直线函数关系。设该直线的斜率为 $L$，则该直线的表达式为 $\varepsilon_v = L\ln p + \varepsilon_{v0}$。Cam-clay 模型参数中等向固结线斜率可表示为 $\lambda = (1+e_0)L$。Cam-clay 模型等向固结线方程可表示为 $e = e' - \lambda\ln p$，其中 $e'$ 为固结试验 $e$-$\ln p$ 曲线中的截距。采用近似直线整理回弹试验部分 $\varepsilon_v$-$p$ 曲线关系，设该直线的斜率为 $l$，则 Cam-clay 模型参数回弹线即膨胀线的斜率为 $\kappa = -(1+e_0)l$。卸载回弹试验曲线如图 6.10 所示，该曲线的直线段可表示为 $e = e_\kappa - \kappa\ln p$。

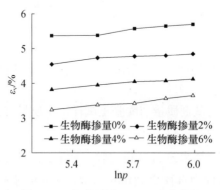

图 6.10　卸载回弹 $\varepsilon_v$-$\ln p$ 试验曲线

② 三轴试验结果与分析

三轴固结排水剪切试验结果如图 6.11～图 6.14 所示。

生物酶改良膨胀土的应力-应变关系呈现以下特性：a. 偏应力 $q$ 随生物酶掺量的增加而显著增大，生物酶使得膨胀土的抗剪切能力大大增强。b. 偏应力与轴向应变 $q$-$\varepsilon_1$ 曲线、偏应力与剪切应变 $q$-$\varepsilon_s$ 曲线表现为应变硬化型，并且近似表现为双曲线特征，其关系可分别拟合为 $q = \dfrac{\varepsilon_1}{a + b\varepsilon_1}$、$q = \dfrac{\varepsilon_s}{a_1 + b_1\varepsilon_s}$，据此可得到初始弹性模量。c. 轴向应变与体积应变 $\varepsilon_1$-$\varepsilon_v$ 曲线表现为剪缩。

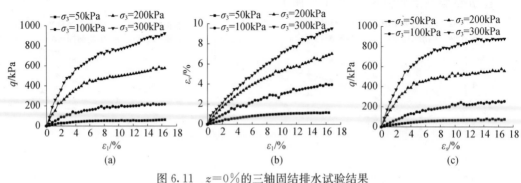

图 6.11　$z = 0\%$ 的三轴固结排水试验结果

(a) $q$-$\varepsilon_1$ 曲线；(b) $\varepsilon_v$-$\varepsilon_1$ 曲线；(c) $q$-$\varepsilon_s$ 曲线

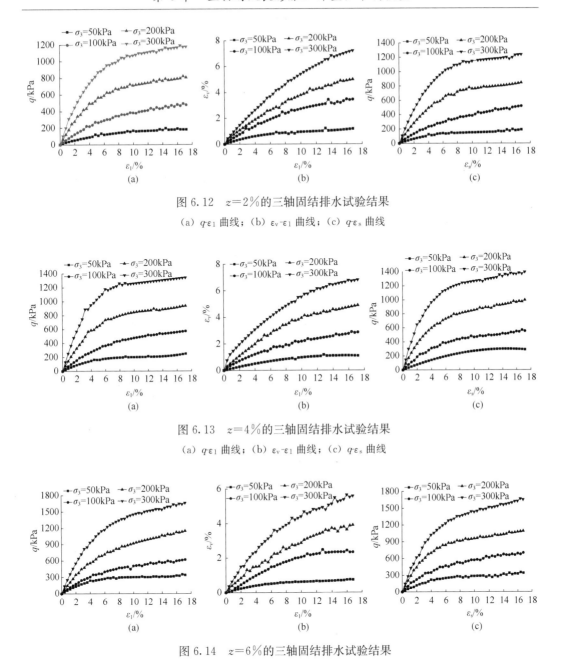

图 6.12　$z=2\%$ 的三轴固结排水试验结果

（a）$q$-$\varepsilon_1$ 曲线；（b）$\varepsilon_v$-$\varepsilon_1$ 曲线；（c）$q$-$\varepsilon_s$ 曲线

图 6.13　$z=4\%$ 的三轴固结排水试验结果

（a）$q$-$\varepsilon_1$ 曲线；（b）$\varepsilon_v$-$\varepsilon_1$ 曲线；（c）$q$-$\varepsilon_s$ 曲线

图 6.14　$z=6\%$ 的三轴固结排水试验结果

（a）$q$-$\varepsilon_1$ 曲线；（b）$\varepsilon_v$-$\varepsilon_1$ 曲线；（c）$q$-$\varepsilon_s$ 曲线

## 6.2.5　模型参数及分析

（1）生物酶对参数 $\lambda$、$\kappa$ 的影响

根据等向固结、卸载回弹即膨胀试验，$e$-$p$ 试验数据分别见表 6.2、表 6.3。$e$-$\ln p$ 曲线如图 6.15 所示。

根据试验结果，可拟合模型参数 $\lambda$ 与 $\kappa$，拟合结果见表 6.4。

试验结果表明，生物酶对参数 $\kappa$ 的影响较小，对参数 $\lambda$ 的影响较大。参数 $\kappa$ 可取平均值为 0.0142。参数 $\lambda$ 与生物酶掺量 $z$ 之间的关系可表示为

$$\lambda = 0.0605e^{-0.1002z} \qquad (6.30)$$

**表 6.2　等向固结孔隙比 $e$ 试验结果**

| 生物酶掺量 $z$ /% | 等向固结压力/kPa | | | | | |
|---|---|---|---|---|---|---|
| | 50 | 100 | 150 | 200 | 250 | 400 |
| 0 | 0.762 | 0.712 | 0.680 | 0.675 | 0.645 | 0.633 |
| 2 | 0.740 | 0.709 | 0.689 | 0.678 | 0.664 | 0.642 |
| 4 | 0.739 | 0.709 | 0.694 | 0.682 | 0.673 | 0.654 |
| 6 | 0.703 | 0.680 | 0.666 | 0.656 | 0.649 | 0.633 |

**表 6.3　卸载回弹孔隙比 $e$ 试验结果**

| 生物酶掺量 $z$ /% | 等向固结压力/kPa | | | | | |
|---|---|---|---|---|---|---|
| | 400 | 300 | 250 | 200 | 100 | 50 |
| 0 | 0.633 | 0.633 | 0.636 | 0.639 | 0.649 | 0.627 |
| 2 | 0.642 | 0.663 | 0.666 | 0.669 | 0.679 | 0.689 |
| 4 | 0.654 | 0.651 | 0.654 | 0.657 | 0.667 | 0.677 |
| 6 | 0.633 | 0.654 | 0.656 | 0.660 | 0.669 | 0.679 |

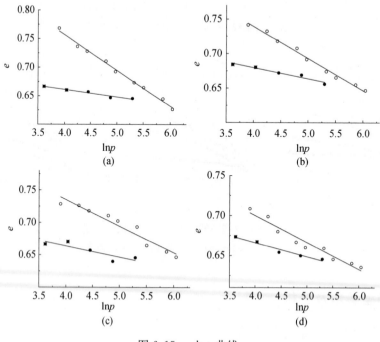

图 6.15　$e\text{-}\ln p$ 曲线
(a) 生物酶 0%；(b) 生物酶 2%；(c) 生物酶 4%；(d) 生物酶 6%

表 6.4　参数 λ、κ 的拟合结果

| 参数 | 生物酶掺量 z/% | | | |
|---|---|---|---|---|
| | 0 | 2 | 4 | 6 |
| λ | 0.0623 | 0.0472 | 0.0409 | 0.0335 |
| κ | 0.0141 | 0.0142 | 0.0142 | 0.0143 |

正常固结线斜率 λ、回弹膨胀线的斜率 κ，反映的是膨胀土抵抗压缩变形的能力，λ、κ 与硬化规律有关。从压缩试验曲线图可以得到，掺加生物酶使得土体不易被压缩，因而正常固结线斜率 λ 值变小。但是生物酶对回弹膨胀线斜率 κ 的影响不明显。根据 Cam-clay 模型的弹性体应变增量方程式 $d\varepsilon_v^e = \dfrac{-de^e}{1+e_0} = \dfrac{\kappa}{1+e_0}\dfrac{dp}{p}$ 可知，膨胀土中掺加生物酶后，对弹性体应变影响较小，生物酶的改良效果主要体现在土体的塑性变形部分。

（2）生物酶对参数 M 的影响

不同生物酶掺量 z 下，p-q 关系如图 6.16 所示，呈现出近似的直线关系。根据破坏线方程：$q = Mp + n$，参数 M、n 分别为该直线的斜率、截距。不同生物酶掺量条件下的参数 M、n 的拟合结果见表 6.5。生物酶掺量对参数 M 的影响较小，可取平均值 $M = 1.185$。参数 n 随生物酶掺量的增大而增大，两者之间的关系可表示为

$$n = 15.61e^{0.20z} \tag{6.31}$$

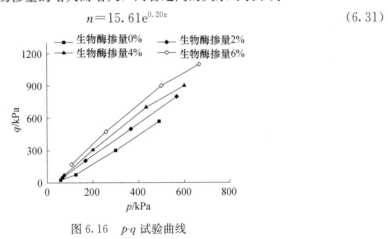

图 6.16　p-q 试验曲线

表 6.5　M、n 的拟合结果

| 参数 | 生物酶掺量 z/% | | | |
|---|---|---|---|---|
| | 0 | 2 | 4 | 6 |
| M | 1.06 | 1.14 | 1.22 | 1.32 |
| n | 14.4 | 25.7 | 36.3 | 48.7 |

（3）生物酶对参数 G、γ 的影响

根据式（6.28）可知，魏汝龙模型考虑了弹性墙内加载所产生的弹性剪应变。有研究表明[172]，在弹性墙内加载，产生的塑性变形也占有较大的比率，特别是塑性剪切变形不能忽略。修正 Cam-clay 模型没有考虑该剪应变部分，而魏汝龙模型将该部分应变

视为弹性应变，这实际上是与实际不相符的。Naylor[173]研究后认为，切线剪切模量 $G_t$ 随平均应力 $p$ 的增大而增大，但随偏应力 $q$ 的增大而减小。

本文基于上述研究，将弹性墙内加载考虑为非线性剪切模量，即通过可变的剪切弹性模量 $G_t$ 考虑弹性墙内的塑性变形。弹性剪切模量 $G_t$ 可表示为

$$G_t = G_i + \alpha_G p + \beta_G q \tag{6.32}$$

式中：$G_i$ 和 $\alpha_G$ 为反映球应力 $p$ 对切线剪切模量 $G_t$ 影响的试验参数，$G_i$ 为初始切线剪切模量；$\alpha_G > 0$；$\beta_G$ 为反映偏应力 $q$ 对切线剪切模量 $G_t$ 影响的试验参数，$\beta_G < 0$。$G_i$、$\alpha_G$ 和 $\beta_G$ 可由三轴试验中 $p$、$q$ 的组合满足 M-C 准则时，即 $G_t = 0$ 得到。

当 $G_t = 0$ 时土体破坏，其破坏线方程为 $q = Mp + n$。可得到

$$q = -\frac{G_i}{\beta_G} - \frac{\alpha_G}{\beta_G} p \tag{6.33}$$

由式（6.33）可得到

$$G_i = -n\beta_G, \quad \alpha_G = -M\beta_G, \quad \beta_G = \frac{G_t}{q - n - Mp} \tag{6.34}$$

对魏汝龙模型式（6.28）进行积分，可得到

$$\varepsilon_s = \frac{1}{3\beta_G} \ln\left(1 + \frac{\beta_G}{G_i + \alpha_G p} q\right) \tag{6.35}$$

或

$$\varepsilon_s = \frac{1}{3\beta_G} \ln\left(1 - \frac{1}{n + Mp} q\right) \tag{6.36}$$

不同生物酶掺量 $z$ 下的三个参数 $G_i$、$\alpha_G$ 和 $\beta_G$ 拟合结果，见表6.6。

**表6.6　参数 $G_i$、$\alpha_G$ 和 $\beta_G$ 拟合结果**

| 参数 | 生物酶掺量 $z$/% | | | |
|---|---|---|---|---|
| | 0 | 2 | 4 | 6 |
| $G_i$/MPa | 43.86 | 78.13 | 121.95 | 144.93 |
| $\alpha_G$ | 3.229 | 3.466 | 3.799 | 3.928 |
| $\beta_G$ | −3.046 | −3.040 | −3.102 | −3.172 |

根据拟合结果可知，生物酶掺量对参数 $\alpha_G$、$\beta_G$ 的影响较小，但对初始剪切弹性模量 $G_i$ 的影响则较大。三个参数 $G_i$、$\alpha_G$ 和 $\beta_G$ 与生物酶掺量 $z$ 之间的关系，可分别表示为

$$G_i = 48.1923 e^{0.2015z}, \quad \alpha_G = 0.122z + 3.241, \quad \beta_G = 3.090 \tag{6.37}$$

由此，弹性墙内加载所产生的塑性变形，可通过非线性弹性理论进行计算，且与生物酶掺量 $z$ 有关。魏汝龙模型考虑了屈服面的形状参数，对于黏土，其有效应力与孔隙比之间存在着唯一关系，但与排水条件无关，即罗斯科（Roscoe）面具有唯一性。Henkel[174]基于大量三轴试验数据所绘制的 Rendudic 图充分证明了这一点。因此，在三轴固结排水剪切试验中，只需根据试验路径推算出不同路径阶段孔隙比 $e$ 的变化，然后将相同孔隙比点进行连线，在 $q$-$p$ 平面绘制孔隙比 $e$ 的等值线，即可得到屈服面的形状[175]。屈服面形状参数 $\gamma$、生物酶掺量 $z$ 之间的函数关系可表示为

$$\gamma=0.055z+0.457 \tag{6.38}$$

## 6.2.6　基于扰动状态理论修正剑桥模型参数

（1）扰动函数

采用生物酶掺量 $z$ 为扰动参量，并参考相关研究建立如下扰动函数：

$$D=\frac{2}{\pi}\arctan\left(\frac{z_0-z}{z-z_{\min}}\right) \tag{6.39}$$

式中：$z_0$、$z$、$z_{\min}$ 分别为膨胀土中生物酶掺量的初始值、当前值、最小值。

扰动函数即扰动度 $D$，在本文中是指膨胀土中掺入生物酶后相对于未掺加生物酶的扰动程度，或者是指生物酶掺量较多的膨胀土相对于生物酶掺量较少的膨胀土的扰动程度。

随着生物酶掺量的增加，膨胀土的性能得到改善，因而 $z>z_0$，扰动过程是"有利"的，为"正扰动"。根据第 6.1 节可知生物酶最小掺量 $z_{\min}=0$，因而式（6.39）可改写为

$$z=z_0\left(1+\tan\frac{\pi D}{2}\right)^{-1} \tag{6.40}$$

（2）弹性体积应变增量 $\mathrm{d}\varepsilon_v^e$

参数 $\kappa=0.0142$，根据式（6.8）可得到

$$\mathrm{d}\varepsilon_v^e=\frac{\kappa}{v}\frac{\mathrm{d}p}{p}=\frac{0.0142}{1+e}\frac{\mathrm{d}p}{p} \tag{6.41}$$

（3）塑性体积应变增量 $\mathrm{d}\varepsilon_v^p$

参数 $\kappa=0.0142$、$\lambda=0.0605\mathrm{e}^{-0.1002z}$、$M=1.185$，根据式（6.21）可得到

$$\mathrm{d}\varepsilon_v^p=\frac{0.0605\mathrm{e}^{-0.1002z_0\left(1+\tan\frac{\pi D}{2}\right)^{-1}}-0.0142}{1+e}\left[\frac{\mathrm{d}p}{p}+\frac{2\eta}{1.185^2+\eta^2}\mathrm{d}\eta\right] \tag{6.42}$$

（4）塑性剪切应变增量 $\mathrm{d}\varepsilon_s^p$

修正剑桥模型中的塑性剪切应变增量 $\mathrm{d}\varepsilon_s^p$ 即剪切应变增量 $\mathrm{d}\varepsilon_s$。参数 $\kappa=0.0142$、$\lambda=0.0605\mathrm{e}^{-0.1002z}$、$M=1.185$，根据式（6.25）可得到

$$\mathrm{d}\varepsilon_s^p=\frac{2\eta}{1.185^2-\eta^2}\frac{0.0605\mathrm{e}^{-0.1002z_0\left(1+\tan\frac{\pi D}{2}\right)^{-1}}-0.0142}{1+e}\left[\frac{\mathrm{d}p}{p}+\frac{2\eta}{1.185^2+\eta^2}\mathrm{d}\eta\right] \tag{6.43}$$

以上各式中，$\eta=\dfrac{q}{p}$。

## 6.2.7　基于扰动状态理论的魏汝龙模型参数

（1）弹性体积应变增量 $\mathrm{d}\varepsilon_v^e$

参数 $\kappa=0.0142$，根据式（6.28）可得到

$$\mathrm{d}\varepsilon_v^e=\frac{\kappa}{v}\frac{\mathrm{d}p}{p}=\frac{0.0142}{1+e}\frac{\mathrm{d}p}{p} \tag{6.44}$$

（2）弹性剪切应变增量 $\mathrm{d}\varepsilon_s^e$

根据式（6.28），可得到 $\mathrm{d}\varepsilon_s^e$ 为

$$d\varepsilon_s^e = \frac{dq}{3G_t} \tag{6.45}$$

式中的切线剪切模量 $G_t$ 根据式（6.32）、式（6.37），得到

$$G_t = 48.1923e^{0.2015z_0\left(1+\tan\frac{\pi D}{2}\right)^{-1}} + \left[0.122z_0\left(1+\tan\frac{\pi D}{2}\right)^{-1} + 3.241\right]p - 3.090q \tag{6.46}$$

（3）塑性体积应变 $d\varepsilon_v^p$

根据式（6.29），塑性体积应变 $d\varepsilon_v^p$ 的表达式为

$$d\varepsilon_v^p = \frac{\lambda-\kappa}{(\alpha^2 R-\gamma)Rp}\left[(1-\gamma R)\ dp + \frac{\eta(\alpha^2-\gamma^2)}{\beta^2}dq\right] \tag{6.47}$$

式中：参数 $\lambda$、$\kappa$、$\alpha$、$\beta$、$\gamma$、$R$ 的表达式分别为 $\lambda=0.0605e^{-0.1002z}$、$\kappa=0.0142$、$\alpha=1-\gamma$、$\beta=1.185\gamma$、$\gamma=0.055z+0.457$、$R=\sqrt{\left(\frac{1}{\alpha}\right)^2+\left[1-\left(\frac{\gamma}{\alpha}\right)^2\right]\left(\frac{\eta}{\beta}\right)^2}$、$z=z_0\left(1+\tan\frac{\pi D}{2}\right)^{-1}$。

（4）塑性剪切应变 $d\varepsilon_s^p$

根据式（6.29），塑性剪切应变 $d\varepsilon_s^p$ 的表达式为

$$d\varepsilon_s^p = \frac{(\lambda-\kappa)\ (\alpha^2-\gamma^2)\eta}{\beta^2(\alpha^2 R-\gamma)Rp}\left[dp + \frac{\alpha^2-\gamma^2}{\beta^2\ (1-\gamma R)}dq\right] \tag{6.48}$$

式中的参数 $\lambda$、$\kappa$、$\alpha$、$\beta$、$\gamma$、$R$ 的表达式同上。

### 6.2.8 模型验证

（1）体积应变 $\varepsilon_v$ 预测验证

以掺加 3% 生物酶的土试样为例，对本章的模型进行验证。根据 $z=3\%$ 计算扰动度 $D$。$p$-$\varepsilon_v$ 预测曲线与试验实测曲线对比，如图 6.17 所示。

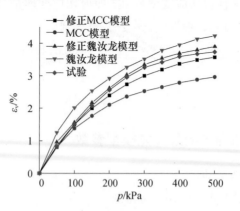

图 6.17　$p$-$\varepsilon_v$ 预测曲线与试验曲线对比

根据图 6.17，MCC 模型、魏汝龙模型预测的体应变 $\varepsilon_v$ 数据，分别小于、大于试验数据，并且相差较大。可见屈服面形状参数应该在模型中加以考虑。张培森等[176] 的研

究也说明了魏汝龙模型形状参数的影响。

基于扰动理论的修正 Cam-clay 模型、修正魏汝龙模型所预测的体应变 $\varepsilon_v$，都比较接近试验实测数据。修正 Cam-clay 模型的主要不足在于屈服面形状是固定的，不能反映生物酶掺量的影响，偏离程度最大。在体应变 $\varepsilon_v$ 的预测中，基于扰动理论的修正魏汝龙模型与试验实测数据最为吻合。

（2）剪切应变 $\varepsilon_s$ 预测验证

同样以掺加 3% 生物酶的土试样为例，对本章的模型进行验证。根据 $z=3\%$ 计算扰动度 $D$。$q$-$\varepsilon_s$ 预测曲线与试验实测曲线对比，如图 6.18 所示。

根据图 6.18，修正后的 Cam-clay 模型所预测的剪应变 $\varepsilon_s$ 小于试验实测结果，并且相差较大。基于扰动理论修正 Cam-clay 模型后，其预测值较为接近试验实测结果。魏汝龙模型预测的剪应变 $\varepsilon_s$ 尽管大于试验实测数据，但预测值与试验值两者相差的幅度较小。总之，对于剪应变 $\varepsilon_s$ 的预测，基于扰动理论修正魏汝龙模型与试验实测结果最为吻合。

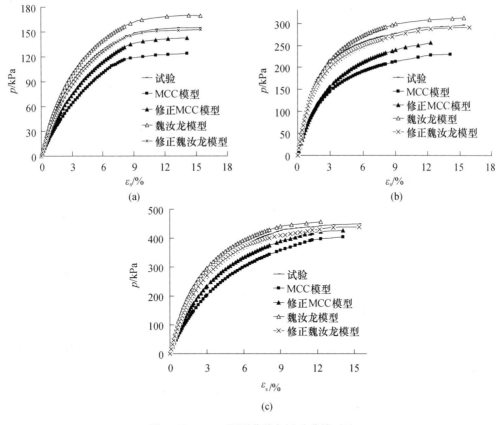

图 6.18　$q$-$\varepsilon_s$ 预测曲线与试验曲线对比

(a) $p=100\text{kPa}$；(b) $p=200\text{kPa}$；(c) $p=300\text{kPa}$

## 6.3  双屈服面模型

### 6.3.1  引言

材料在弹性状态下的应变，唯一地取决于应力状态。而塑性状态下，材料的应变不仅与应力水平有关，还与应力路径、应力历史、加载卸载状态有关。此外，材料的应变也与材料的微观结构、物质成分等相关。材料的弹性力学基本方程和塑性力学基本方程差别就在于应力-应变关系。因此，现在常采用本构关系来代替应力-应变关系。材料的本构关系是反映其力学性质的数学表达式，也称为本构方程、本构模型或本构定律等。在塑性状态下，由于加载卸载规律不同，通常只能建立材料应力-应变的增量关系。由于岩土材料本构模型的复杂性，因而被认为是岩土工程界的重要研究内容和发展方向[176]。

土的本构模型中，其中的"帽子"模型属于单屈服面弹塑性本构模型，如修正剑桥模型[161]、黄文熙模型[177]等。一般加载路径下，这类模型能获得较为精确的结果。由于"帽子"类本构模型将偏应力不变、围压减小的应力路径视为卸荷回弹，而实际上此时土体仍然有可能产生塑性剪切应变，甚至出现破坏，因此在"帽子"屈服面内加载，土体仍然会产生塑性屈服状态。

殷宗泽[178]认为，在"帽子"本构模型中的单屈服面内，还存在另一个屈服面。基于此，殷宗泽提出了一个包含椭圆屈服面、抛物线屈服面的双屈服面弹塑性本构模型，即著名的"椭圆-抛物线"双屈服面模型。该模型能够反映单屈服面模型所不能表征的多种应力路径，并且能够反映土的剪胀、剪缩的特性。

目前，土的本构模型不计其数，仍处于发展之中，不断有学者提出新的本构模型。也有学者注重现有本构模型的实用性和适应性等，将研究重心放在现有本构模型的修正和改进上，使之与实际土的特定本构变形特性相匹配[179]。实际上，这也是土的本构模型研究的主要内容和重要发展方向，某种程度上甚至比提出新的本构模型更有意义。

基于此，本节基于殷宗泽的"椭圆-抛物线"双屈服面模型，研究生物酶改良膨胀土特殊的应力-应变本构关系，重点研究生物酶掺量这一外界因素对生物酶改良膨胀土这一重塑土的本构变形特性的影响。研究路径如下：首先，进行一系列三轴固结排水剪切试验，得到不同生物酶掺量、不同围压下改良膨胀土的试验曲线；其次，基于试验结果，分析生物酶对土体本构变形特性、屈服面的影响规律；最后，基于屈服面演化规律，将生物酶掺量作为修正因子，对殷宗泽模型参数进行修正，提出修正后的本构方程，并进行验证。

总之，本节的目的是提出一种本构方程，所描述的生物酶改良膨胀土的应力-应变特性能够更好地符合试验结果。

## 6.3.2　殷宗泽模型

单屈服面弹塑性本构模型在反映土体变形特性方面的缺陷是明显的，以剑桥模型为代表的"帽子"本构模型不能够很好地反映土体的剪胀，也不能反映 $p$ 减小时会引起塑性剪应变。少数单屈服面"帽子"型模型虽然能够考虑剪胀，但需要满足高应力水平的条件。基于理想弹塑性理论的锥形单屈服面弹塑性本构模型虽然可以反映剪胀，但在反映各向等压引起的塑性体积应变、剪缩等方面又存在不足。因此，如果考虑将这两种屈服面结合起来形成双屈服面本构模型，就可以综合两方面的优点。殷宗泽模型[178]便是基于这种考虑而提出的弹塑性本构模型，既可以兼顾剪胀，又可以兼顾剪缩，并且能够很方便地应用于数值计算之中。

剑桥弹塑性模型是单屈服面模型，并且只能够反映剪缩，不能反映剪胀。土体受力后不但发生体积屈服，而且有可能产生剪切屈服，并且有时产生剪缩，也有可能产生剪胀。因此，单屈服面模型是有缺陷的，不能够概括土体应力变形的基本特征，双屈服面模型能够较好地克服单屈服面模型的不足。

殷宗泽所提出的"椭圆-抛物线"双屈服面模型[178]是双屈服面弹塑性本构模型的代表性模型之一。该模型能够很好地反映土的剪胀，也能反映平均应力（球应力）$p$ 减小时，土体所产生的塑性体积应变 $\varepsilon_v^p$。殷宗泽模型建模思路的基础是剑桥模型以及 Duncan-Chang 模型，不仅综合了两者的优点，同时改进了单屈服面模型的不足，并且该模型参数具有明确的物理意义。

（1）基本假定

殷宗泽模型认为，土体在变形过程中，土颗粒滑移同时引起压缩、膨胀两种变形。如果引起压缩的土颗粒滑移占优势，土体变形表现为土颗粒滑移后产生体积压缩的位移特性，即宏观的压缩变形；如果引起膨胀的土颗粒滑移占优势，土体变形则表现为土颗粒滑移后引起体积膨胀的位移特性，即宏观的膨胀变形。因此，土体的塑性变形 $d\varepsilon^p$ 由两部分组成：一部分与土体压缩相联系的塑性变形 $d\varepsilon_1^p$，另一部分与膨胀相联系的塑性变形 $d\varepsilon_2^p$，即塑性总应变为

$$d\varepsilon^p = d\varepsilon_1^p + d\varepsilon_2^p \tag{6.49}$$

（2）屈服面

殷宗泽模型在 $p$-$q$ 平面上的屈服轨迹如图 6.3 所示，为椭圆＋抛物线的双屈服面。

$f_1$ 为与土体压缩相联系的屈服轨迹，在 $p$-$q$ 平面上为椭圆，称为第一屈服面、体积屈服面或剪缩屈服面，$f_2$ 为与塑性膨胀相联系的屈服轨迹，在 $p$-$q$ 平面上为抛物线，称为第二屈服面、剪切屈服面或剪胀屈服面。$M$ 点代表当前的应力状态。

体积屈服轨迹 $f_1$、剪切屈服轨迹 $f_2$ 将 $p$-$q$ 平面分为四个区：$A_0$、$A_1$、$A_2$、$A_3$，即弹性区、仅与第一屈服有关的塑性区、仅与第二屈服有关的塑性区、两种屈服所引起的塑性变形同时存在的区。$p$、$q$ 的变化可能使得应力点落在不同的区域。

对于弹性区 $A_0$，相对于相继屈服面上的应力点 $p$、$q$ 都处于回弹状态，该区域内不

产生塑性变形。当应力落在其他区域时[180]：①当 $q$ 不变而 $p$ 减小时，应力状态落入 $A_2$ 区，同时产生塑性剪应变和塑性膨胀应变（剪胀）；②当 $q$ 不变而 $p$ 增大时，应力状态落入 $A_1$ 区，体积变形是压缩的；③当 $p$ 不变 $q$ 增大，或者 $p$、$q$ 同时增大时，应力状态落入 $A_3$ 区，产生塑性剪应变，以及产生因 $f_1$ 引起的压缩应变和因 $f_2$ 引起的膨胀应变。当应力水平较低时，$f_2$ 线较平坦即体积膨胀应变较小，而 $f_1$ 较陡即压缩应变较大，综合表现为压缩应变。当应力水平较大时，压缩应变、膨胀应变叠加后是压缩还是膨胀，则需要看哪一个占据主导地位，这取决于相应的参数。

（3）屈服面方程

① 与压缩相联系的屈服方程 $f_1$

针对上述两种塑性应变 $d\varepsilon_1^p$ 和 $d\varepsilon_2^p$，该模型分别建立不同形式的屈服准则和硬化规律，以达到反映土体塑性应变的目的。

针对与压缩有关的第一种塑性应变 $d\varepsilon_1^p$，该模型基本上采用了修正剑桥模型，以塑性体积应变 $\varepsilon_v^p$ 作为硬化参数，相应的屈服轨迹在 $p$-$q$ 平面上为椭圆，如图 6.3 所示，对应的与土体压缩相联系的屈服方程 $f_1$ 为

$$f_1 = p + \frac{q^2}{M_1^2(p+p_r)} - p_0 = 0 \tag{6.50}$$

式中：$p_r$ 为破坏线在 $p$ 轴上的截距，$p_r = c\cot\varphi$；$M_1$ 为反映椭圆形态的参数，与应力-应变曲线（破坏线）的性状有关，在数值上略大于剑桥模型中的参数 $M$；$p_0$ 为屈服轨迹与 $p$ 轴交点的横坐标，隐含硬化函数之意；$p$ 为平均正应力；$q$ 为偏应力。

假定 $\varepsilon_v^p \approx \varepsilon_v$，该模型得到

$$p_0 = \frac{h\varepsilon_v^p}{1-t\varepsilon_v^p}p_a \tag{6.51}$$

式中：$h$、$t$ 为与土体剪缩有关的模型参数，可通过拟合体应变相关曲线而得到[178]；$p_a$ 为大气压，一般取值为 $p_a = 101.33\text{kPa}$；

式（6.51）即与压缩相联系的屈服准则的硬化规律。

② 与膨胀相联系的屈服方程 $f_2$

模型假定土体体积的膨胀变形由两部分组成：一部分为由平均压应力减小所引起的回弹变形，另一部分为由剪切所引起的塑性膨胀变形。在不考虑拉应力存在的情况下，塑性膨胀变形 $d\varepsilon_2^p$ 仅仅与剪应力、剪应变相联系。

针对与膨胀有关的第二种塑性应变 $d\varepsilon_2^p$，以塑性剪应变 $\varepsilon_s^p$ 作为硬化参数。殷宗泽根据土的三轴试验结果，假定与塑性膨胀相联系的屈服轨迹 $f_2$ 在 $p$-$q$ 平面上为抛物线，如图 6.3 所示，对应的屈服方程 $f_2$ 为

$$f_2 = \frac{aq}{G}\sqrt{\frac{q}{M_2(p+p_r)-q}} - \varepsilon_s^p = 0 \tag{6.52}$$

式中：$a$ 为反映土体剪胀性大小的参数，与应力水平为 $0.75\sim0.95$ 区间的应力-应变曲线有关；$M_2$ 为数值上略大于剑桥模型中的参数 $M$ 的参数；$G$ 为弹性剪切模量，回

弹情况下 $G=\dfrac{E}{2(1+\upsilon)}$，其中 $E$ 为弹性模量，假定回弹时的模量 $E$ 为加载时的非线性切

线模量 $E_t$ 的 2 倍，即 $E=2Kp_a\left(\dfrac{\sigma_3}{p_a}\right)^n$，再假定土的泊松比 $\upsilon=0.3$，于是有

$$G=\frac{1}{1.3}Kp_a\left(\frac{\sigma_3}{p_a}\right)^n \tag{6.53}$$

或表示为

$$G=K_G p_a\left(\frac{p}{p_a}\right)^n \tag{6.54}$$

式中：$K_G$、$n$ 为无因次试验参数。

（4）模型参数

殷宗泽模型共有 9 个参数：$M_1$、$M_2$、$h$、$t$、$a$、$K$（或 $K_G$）、$n$、$c$、$\varphi$。可根据常
规三轴试验进行确定。其中 $\upsilon$、$\varphi$ 采用排水试验确定，$K$（或 $K_G$）、$n$ 采用与 Duncan-
Chang 模型相同的方法进行确定，其余 5 个参数采用经验方法进行确定。

① 参数 $h$、$t$ 的确定方法

首先令 $p_{ht}=p+\dfrac{q^2}{M_1^2(p+p_r)}$，将屈服方程 $f_1$ 的表达式改写为 $\varepsilon_v^p=\dfrac{p_{ht}}{hp_a+tp_{ht}}$。对该

式微分得到

$$\mathrm{d}\varepsilon_v^p=\frac{hp_a}{(hp_a+tp_{ht})^2}\mathrm{d}p_{ht} \tag{6.55}$$

再令 $B=\dfrac{\mathrm{d}p_{ht}}{\mathrm{d}\varepsilon_v^p}$，则得到 $\sqrt{\dfrac{B}{p_a}}=\sqrt{h}+\dfrac{t}{\sqrt{h}}\dfrac{p_{ht}}{p_a}$。该式表明，$\sqrt{\dfrac{B}{p_a}}$-$\dfrac{p_{ht}}{p_a}$ 为直线，其截距、

斜率分别为 $\sqrt{h}$、$\dfrac{t}{\sqrt{h}}$。因此，在坐标系 $\sqrt{\dfrac{B}{p_a}}$、$\dfrac{p_{ht}}{p_a}$ 中点绘两者的关系曲线，采用近似直线

进行拟合，该直线的截距、斜率分别为 $\sqrt{h}$、$\dfrac{t}{\sqrt{h}}$，如图 6.19 所示。

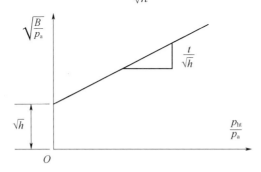

图 6.19　求解参数 $h$、$t$

② 参数 $M_1$ 的确定方法

参数 $M_1$ 可表示为

$$M_1=(1+0.25\beta^2)M \tag{6.56}$$

式中：$M=\dfrac{6\sin\varphi}{3-\sin\varphi}$；$\beta$ 为应力水平 $S=75\%$ 时的体积应变 $\varepsilon_v$ 与轴向应变 $\varepsilon_1$ 之比值，

即 $\beta=\dfrac{\varepsilon_v}{\varepsilon_1}$。取各试验曲线 $\beta$ 的平均值。

③ 参数 $M_2$、$a$ 的确定方法

首先估算塑性剪应变 $\varepsilon_s^p$，按以下经验公式估算：

$$\varepsilon_s^p=(0.3-0.1d)\varepsilon_1 \qquad (6.57)$$

式中：$\varepsilon_1$ 为轴向应变；$d$ 为 $\varepsilon_v$-$\varepsilon_1$ 曲线中应力水平从 $75\%$ 至 $95\%$ 的一段的斜率，取各试验曲线的平均值。

将屈服方程 $f_2$ 改写成

$$\frac{p+p_r}{q}=\frac{a^2}{M_2}\left(\frac{q}{G\varepsilon_s^p}\right)^2+\frac{1}{M_2} \qquad (6.58)$$

该式表明，$\dfrac{p+p_r}{q}-\left(\dfrac{q}{G\varepsilon_s^p}\right)^2$ 为直线，其截距、斜率分别为 $\dfrac{1}{M_2}$、$\dfrac{a^2}{M_2}$。因此，在坐标系 $\dfrac{p+p_r}{q}$、$\left(\dfrac{q}{G\varepsilon_s^p}\right)^2$ 中点绘两者的关系曲线，采用近似直线进行拟合，该直线的截距、斜率分别为 $\dfrac{1}{M_2}$、$\dfrac{a^2}{M_2}$，如图 6.20 所示。

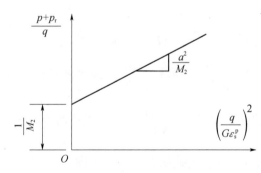

图 6.20　求解参数 $M_2$、$a$

### 6.3.3　试验及结果分析

试验材料包括膨胀土、生物酶。试验所用的膨胀土土样的物理力学指标见表 6.1。三轴固结排水剪切试验方法及结果分析，见 6.2.4 节。

不同生物酶掺量 $z$ 下的三轴固结排水剪切试验所得到的 $q$-$\varepsilon_1$ 曲线、$\varepsilon_v$-$\varepsilon_1$ 曲线、$q$-$\varepsilon_s$ 曲线，如图 6.11 至图 6.14 所示。

### 6.3.4　屈服面演化规律

（1）弹性变形演化规律

根据图 6.11~图 6.14 中的（c）$q$-$\varepsilon_s$ 曲线，通过 $\dfrac{\varepsilon_s}{\sigma_1-\sigma_3}=a_1+b_1\varepsilon_s$ 将试验数据转换

成 $\dfrac{\varepsilon_s}{\sigma_1-\sigma_3}-\varepsilon_s$ 关系直线，然后拟合得到参数 $a_1$，$b_1$。

根据切线剪切模量的定义 $G_t=\dfrac{\mathrm{d}(\sigma_1-\sigma_3)}{\mathrm{d}\varepsilon_s}=\dfrac{a_1}{(a_1+b_1\varepsilon_s)^2}$ 可知：当 $\varepsilon_s=0$，此时通过原点的切线剪切模量即初始剪切模量 $G_i=\dfrac{1}{a_1}$。

根据 $\sigma_1-\sigma_3=\dfrac{\varepsilon_s}{a_1+b_1\varepsilon_s}$，当 $\varepsilon_s\rightarrow\infty$ 时，$q$-$\varepsilon_s$ 双曲线的渐近线为 $(\sigma_1-\sigma_3)_{\mathrm{ult}}=\dfrac{1}{b_1}$。

在常规三轴试验中，通常根据一定的应变值，如 $\varepsilon_1=15\%$，来确定土的强度 $(\sigma_1-\sigma_3)_f$；而对于应力-应变曲线有峰值点的情况，则取峰值点作为 $(\sigma_1-\sigma_3)_f$。一般情况下，不会在试验当中使应变值 $\varepsilon_1$ 取无限大来确定极限偏应力差 $(\sigma_1-\sigma_3)_{\mathrm{ult}}$。根据试验曲线可知，试验土样均为硬化形式的应力-应变关系曲线，因而取应变值 $\varepsilon_1=15\%$ 确定土的强度 $(\sigma_1-\sigma_3)_f$。定义破坏比 $R_f$：$R_f=\dfrac{(\sigma_1-\sigma_3)_f}{(\sigma_1-\sigma_3)_{\mathrm{ult}}}$。破坏比 $R_f$ 的值一般不受围压 $\sigma_3$ 的影响。于是可得到 $b_1=\dfrac{R_f}{(\sigma_1-\sigma_3)_f}$。

在 $q$-$\varepsilon_s$ 曲线的初始阶段，由于 $p=\sigma_3$、$G_t=G_i$，因此有

$$G_i=K_G p_a\left(\dfrac{\sigma_3}{p_a}\right)^n \tag{6.59}$$

根据 $\lg\dfrac{G_i}{p_a}=\lg K_G+n\lg\dfrac{\sigma_3}{p_a}$，绘制 $\lg\dfrac{G_i}{p_a}$-$\lg\dfrac{\sigma_3}{p_a}$ 关系曲线，该曲线近似为直线，其截距、斜率分别为 $\lg K_G$、$n$，如图 6.21 所示。

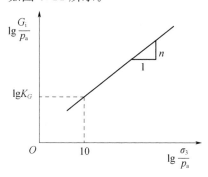

图 6.21　求解参数 $K_G$、$n$

通过上述各参数的拟合，最终可求解式（6.54）中的参数 $K_G$、$n$。上述各参数拟合结果见表 6.7。参数 $K_G$、$n$ 与生物酶掺量 $z$ 的关系如图 6.22 所示。

根据表 6.7，可得到参数 $K_G$、$n$ 与生物酶掺量 $z$ 的相关关系表达式分别为

$$K_G=0.089z+0.413$$
$$n=0.051z+1.427 \tag{6.60}$$

根据表达式（6.54），即可得到弹性剪切模量 $G$ 与生物酶掺量 $z$ 的相关关系式为：

$$G(z)=(0.089z+0.413)\,p_a\left(\dfrac{p}{p_a}\right)^{0.051z+1.427} \tag{6.61}$$

对于常规三轴试验，有 $p=\dfrac{\sigma_1+2\sigma_3}{3}=\sigma_3+\dfrac{1}{3}q$、$\dfrac{\mathrm{d}q}{\mathrm{d}p}=3$。弹性应变可表示为

$$\mathrm{d}\varepsilon_1^{\mathrm{e}}=\frac{\mathrm{d}q}{E}=\frac{\mathrm{d}q}{2G\ (z)\ (1+\upsilon)}$$

$$\mathrm{d}\varepsilon_{\mathrm{v}}^{\mathrm{e}}=\frac{\mathrm{d}p}{K}=\frac{\mathrm{d}q}{3K}=\frac{\mathrm{d}q\ (1-2\upsilon)}{2G\ (z)\ (1+\upsilon)}$$

$$(6.62)$$

式（6.62）即修正后的弹性应变增量本构方程。式中的 $G\ (z)$ 见表达式（6.61）。

**表 6.7  参数拟合结果**

| 生物酶掺量 $z/\%$ | 围压 $\sigma_3/\mathrm{kPa}$ | 参数 | | | | | |
|---|---|---|---|---|---|---|---|
| | | $a_1$ | $b_1$ | $G_i/\mathrm{MPa}$ | $R_f$ | $K_G$ | $n$ |
| 0 | 50 | 0.0528 | 0.0104 | 18.939 | 0.741 | 0.42 | 1.42 |
| | 100 | 0.0228 | 0.0026 | 43.860 | | | |
| | 200 | 0.0047 | 0.0015 | 212.766 | | | |
| | 300 | 0.0033 | 0.0009 | 303.030 | | | |
| 2 | 50 | 0.0216 | 0.0044 | 46.296 | 0.731 | 0.60 | 1.53 |
| | 100 | 0.0128 | 0.0012 | 78.125 | | | |
| | 200 | 0.0049 | 0.0009 | 204.082 | | | |
| | 300 | 0.0027 | 0.0006 | 370.370 | | | |
| 4 | 50 | 0.0201 | 0.0019 | 49.751 | 0.728 | 0.73 | 1.65 |
| | 100 | 0.0082 | 0.0013 | 121.951 | | | |
| | 200 | 0.0036 | 0.0008 | 277.778 | | | |
| | 300 | 0.0019 | 0.0006 | 526.316 | | | |
| 6 | 50 | 0.0110 | 0.0024 | 90.909 | 0.720 | 0.97 | 1.72 |
| | 100 | 0.0069 | 0.0010 | 144.928 | | | |
| | 200 | 0.0029 | 0.0007 | 344.828 | | | |
| | 300 | 0.0022 | 0.0005 | 454.545 | | | |

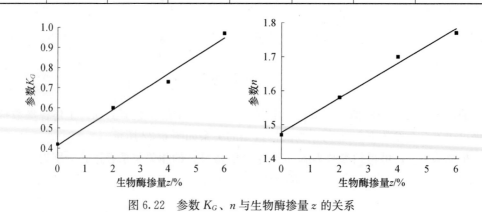

图 6.22  参数 $K_G$、$n$ 与生物酶掺量 $z$ 的关系

（2）前缩屈服面演化规律

有研究表明，黏性土有效压力同孔隙比之间存在着唯一的关系，且与排水条件无

关。Henkel[174] 的研究充分证明了这一点。据此，基于三轴固结排水剪切试验，推算试验路径不同阶段孔隙比 $e$ 的变化，在 $p$-$q$ 平面上绘制孔隙比 $e$ 的等值线，这样即可得到剪缩屈服面形状与生物酶掺量 $z$ 之间的关系。

图 6.23 所示为生物酶改良膨胀土剪缩屈服面演化规律。

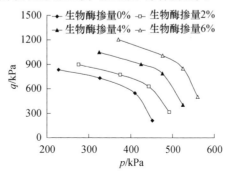

图 6.23　生物酶改良膨胀土剪缩屈服面演化

根据图 6.23 可知，可采用椭圆方程来描述与剪缩有关的屈服面形状。随着生物酶掺量的增加，该椭圆屈服面逐渐远离原点，这一现象表明了生物酶改良后的膨胀土所能够承受应力的能力得到提高，生物酶使得膨胀土的力学性能得到增强。

在剪缩屈服面方程中，增加一个生物酶掺量作为影响因子 $\beta\,(z)$，于是将式（6.50）、式（6.51）修正为

$$f_1=p+\frac{q^2}{M_1^2(p+p_r)}-p_0=0, \quad p_0=H(\varepsilon_v^p)=\frac{\beta_1\,(z)\,h\varepsilon_v^p}{1-\beta_2\,(z)\,t\varepsilon_v^p}p_a \tag{6.63}$$

式（6.63）即修正后的剪缩屈服面本构方程。

根据图 6.23，可得到式（6.63）中的参数 $\beta_1\,(z)$、$\beta_2\,(z)$ 的表达式，分别为

$$\beta_1\,(z)=1.007e^{0.130z}+0.001z$$
$$\beta_2\,(z)=-0.0043z^2+0.0566z+1.0050 \tag{6.64}$$

对式（6.63）微分可得

$$\frac{\partial f_1}{\partial p}dp+\frac{\partial f_1}{\partial q}dq=\frac{\partial H(\varepsilon_v^p)}{\partial \varepsilon_v^p}d\varepsilon_v^p \tag{6.65}$$

于是可得到

$$d\varepsilon_v^p=\frac{\beta_1\,(z)\,hp_a}{\beta_1\,(z)\,hp_a+\beta_2\,(z)\,t\left[p+\dfrac{q^2}{M_1^2(p+p_r)}\right]}$$
$$\left\{\left[1-\frac{q^2}{M_1^2(p+p_r)^2}\right]dp+\frac{2q}{M_1^2(p+p_r)}dq\right\} \tag{6.66}$$

根据相关联流动法则计算与剪缩屈服面相关的土体塑性应变，即

$$d\varepsilon_v^p=d\lambda_1\frac{\partial g}{\partial p}=d\lambda_1\frac{\partial f_1}{\partial p}$$
$$d\varepsilon_l^p=d\lambda_1\frac{\partial g}{\partial q}=d\lambda_1\frac{\partial f_1}{\partial q} \tag{6.67}$$

于是可得到

$$d\varepsilon_1^p = \frac{\partial f_1}{\partial q}\frac{\partial p}{\partial f_1}d\varepsilon_v^p = \frac{2q(p+p_r)}{M_1^2(p+p_r)^2 - q^2}d\varepsilon_v^p \tag{6.68}$$

式（6.68）即为求解与剪缩屈服面有关的塑性剪切应变的表达式。

（3）剪胀屈服面演化规律

根据三轴固结排水剪切试验结果，得到生物酶改良膨胀土的剪胀屈服面，如图 6.24 所示。

从图 6.24 可知，随着生物酶掺量增加，生物酶改良土剪胀屈服面逐渐偏离 $p$ 轴，并且可采用抛物线方程对剪胀屈服面进行描述。该剪胀屈服面演化规律，与上述剪缩屈服面的演化规律趋于一致，均呈现出逐渐外凸的趋势。

由图 6.11～图 6.14 中的（b）$\varepsilon_v$-$\varepsilon_1$ 曲线可知，在两种屈服面叠加影响下，生物酶改良膨胀土体的应力-应变关系特性总体上

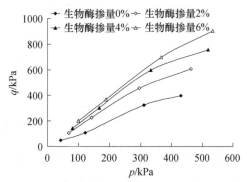

图 6.24　生物酶改良膨胀土剪胀屈服面演化

表现为剪缩的性质。在围压 $\sigma_3$ 相同的情况下，随着生物酶掺量 $z$ 的增加，土体的体应变 $\varepsilon_v$ 呈现出变小的趋势。

为了描述生物酶增强膨胀土体力学性能的试验现象，本文引入生物酶掺量函数 $k(z)$，对剪胀屈服面方程中的参数 $a$ 值进行修正。

由图 6.24 可得生物酶掺量函数 $k(z)$ 的表达式为

$$k(z) = -0.0026z^2 + 0.0356z + 1.0004 \tag{6.69}$$

参数 $a$ 值修正为

$$a(z) = k(z)a \tag{6.70}$$

对式（6.52）微分可得

$$\frac{\partial f_2}{\partial p}dp + \frac{\partial f_2}{\partial q}dq = \frac{\partial H(\varepsilon_s^p)}{\partial \varepsilon_s^p}d\varepsilon_s^p \tag{6.71}$$

于是可得到

$$d\varepsilon_s^p = \frac{a(z)}{G(z)}\sqrt{\frac{q}{M_2(p+p_r)-q}}dq + \frac{a(z)M_2q^{0.5}(p+p_r)dq + q^{1.5}dp}{2G(z)[M_2(p+p_r)-q]^{1.5}} \tag{6.72}$$

最后可得到

$$d\varepsilon_2^p = \frac{-M_2q}{3M_2(p+p_r)-2q}d\varepsilon_s^p \tag{6.73}$$

该式即为求解与剪胀屈服面有关的剪切塑性应变的表达式。

式（6.70）中的参数 $a$ 的确定方法如下：

参数 $a$ 是反映土体剪胀或者剪缩的参数。较大的 $a$ 值对应土体剪胀，较小的 $a$ 值则

对应土体剪缩。一般采用以下经验公式确定:

$$a = 0.25 - 0.15d \tag{6.74}$$

式中: 参数 $d$ 是应力水平 $0.75 \sim 0.95$ 区间的 $\varepsilon_v$-$\varepsilon_1$ 曲线的斜率, 对不同的围压 $\sigma_3$ 取平均值。

根据 $\varepsilon_v$-$\varepsilon_1$ 曲线, 参数 $a$ 的拟合结果见表 6.8。生物酶掺量 $z$ 对参数 $a$ 的影响规律如图 6.25 所示。生物酶掺量 $z$ 对参数 $a$ 的相关关系可表示为

$$a(z) = -0.0006z^2 + 0.0086z + 0.2401 \tag{6.75}$$

(4) 破坏线参数的演化规律

根据三轴排水剪切试验, 破坏线斜率 $M$ 随生物酶掺量的增加而增大, 参数 $p_r$ 由土体的抗剪强度指标推算, 即

$$M = \frac{6\sin\varphi}{3 - \sin\varphi} \tag{6.76}$$

$$p_r = c\cot\varphi \tag{6.77}$$

参数 $R_f$、$c$、$\varphi$ 可通过 $q$-$\varepsilon_1$ 曲线拟合求解, 结果见表 6.9。

根据表 6.9, 生物酶掺量 $z$ 对破坏比 $R_f$ 影响不大, 可取为平均值为 $R_f = 0.736$。生物酶掺量 $z$ 对土体的黏聚力 $c$ 与内摩擦角 $\varphi$ 有显著影响。生物酶掺量 $z$ 对土体的黏聚力 $c$ 与内摩擦角 $\varphi$ 的影响, 如图 6.26 所示。

表 6.8　参数 $a$ 的拟合结果

| 生物酶掺量 $z$/% | 围压 $\sigma_3$/kPa | $a$ | $a$ 的平均值 |
|---|---|---|---|
| 0 | 50 | 0.077 | 0.255 |
| | 100 | 0.244 | |
| | 200 | 0.246 | |
| | 300 | 0.392 | |
| 2 | 50 | 0.062 | 0.264 |
| | 100 | 0.239 | |
| | 200 | 0.332 | |
| | 300 | 0.385 | |
| 4 | 50 | 0.086 | 0.264 |
| | 100 | 0.172 | |
| | 200 | 0.357 | |
| | 300 | 0.440 | |
| 6 | 50 | 0.089 | 0.269 |
| | 100 | 0.195 | |
| | 200 | 0.447 | |
| | 300 | 0.352 | |

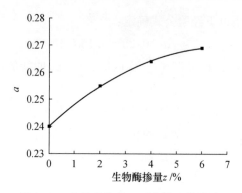

图 6.25 生物酶掺量 $z$ 对参数 $a$ 的影响

**表 6.9 参数 $R_f$、$c$、$\varphi$ 拟合结果**

| 参数 | 生物酶掺量 $z$/% | | | |
|---|---|---|---|---|
| | 0 | 2 | 4 | 6 |
| $c$/kPa | 16.1 | 22.1 | 29.0 | 33.0 |
| $\varphi$/ (°) | 26.8 | 28.6 | 30.4 | 32.9 |
| $R_f$ | 0.741 | 0.734 | 0.737 | 0.731 |

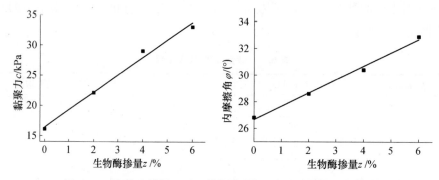

图 6.26 生物酶掺量 $z$ 对土体的黏聚力 $c$ 与内摩擦角 $\varphi$ 的影响

土体的黏聚力 $c$ 与内摩擦角 $\varphi$ 与生物酶掺量 $z$ 的相关关系可分别表示为

$$c\ (z)\ =2.879z+16.413$$
$$\varphi\ (z)\ =1.019z+26.642$$

(6.78)

这样，根据表达式（6.78）对表达式（6.76）、 （6.77）进行修正，即可得到 $M\ (z)$、$p_r\ (z)$。

通过建立参数 $M$ 与 $M_1$ 的相关关系来求解 $M_1$，均与生物酶掺量 $z$ 具有相关关系，即

$$M_1\ (z)\ =(1+0.25\eta^2)M\ (z)$$

(6.79)

式中：$\eta$ 根据 $\varepsilon_v - \varepsilon_1$ 曲线得到，$\eta = \dfrac{\varepsilon_{v(75\%)}}{\varepsilon_{1(75\%)}}$，式中 $\varepsilon_{v(75\%)}$、$\varepsilon_{1(75\%)}$ 分别为应力水平 $S=75\%$ 时的体积应变与轴向应变。该式表明，$M_1$ 是大于 $M$ 的。根据 $\varepsilon_v - \varepsilon_1$ 曲线，可拟合得到参数 $\eta$，见表 6.10。

表 6.10　参数 $\eta$ 拟合结果

| 参数 | 生物酶掺量 $z/\%$ | | | |
|---|---|---|---|---|
| | 0 | 2 | 4 | 6 |
| $\eta$ | 0.533 | 0.548 | 0.480 | 0.393 |

通过建立参数 $M$ 与 $M_2$ 的相关关系来求解 $M_2$，均与生物酶掺量 $z$ 具有相关关系，即

$$M_2（z）=\frac{M（z）}{R_f^{0.25}}=1.085M（z） \tag{6.80}$$

该式表明，$M_2$ 是大于 $M$ 的。

（5）压缩试验参数演化规律

采用各向等压固结试验来确定参数 $h$、$t$。

首先点绘 $\dfrac{p_0}{p_a\varepsilon_v}$ - $\dfrac{p_0}{p_a}$ 关系曲线，如图 6.27 所示。由于 $\dfrac{p_0}{p_a\varepsilon_v}$ - $\dfrac{p_0}{p_a}$ 近似为直线关系，其截距、斜率分别为 $h$、$t$。其中：$p_0$ 为各向等压固结试验中的围压。

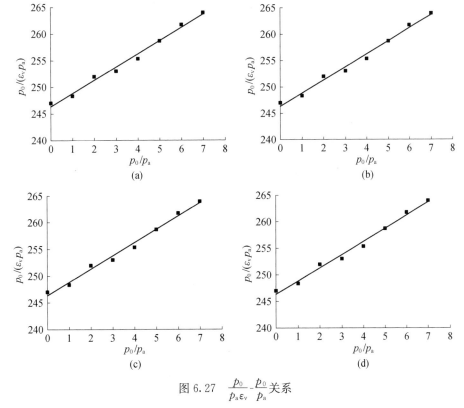

图 6.27　$\dfrac{p_0}{p_a\varepsilon_v}$ - $\dfrac{p_0}{p_a}$ 关系

（a）生物酶 0%；（b）生物酶 2%；（c）生物酶 4%；（d）生物酶 6%

如果采用常规三轴排水剪切试验来拟合参数 $h$、$t$，采用应力水平 $S=50\%$ 时的 $p$、$q$ 以及相应的 $\varepsilon_v$，建立关系式：

$$p_0=p+\frac{q}{M_i^2（p+p_r）} \tag{6.81}$$

令 $B_p = \dfrac{\Delta p}{\Delta \varepsilon_v}$，点绘 $\sqrt{\dfrac{B_p}{p_a}} - \dfrac{p_0}{p_a}$ 关系曲线，该曲线近似为一直线，其截距、斜率分别为

$\sqrt{h}$、$\dfrac{t}{\sqrt{h}}$。参数 $h$、$t$ 拟合结果见表 6.11。

表 6.11　参数 $h$、$t$ 拟合结果

| 参数 | 生物酶掺量 $z$/% | | | |
|---|---|---|---|---|
| | 0 | 2 | 4 | 6 |
| $h$ | 116.98 | 149.16 | 207.38 | 246.36 |
| $t$ | 2.04 | 2.24 | 2.36 | 2.43 |

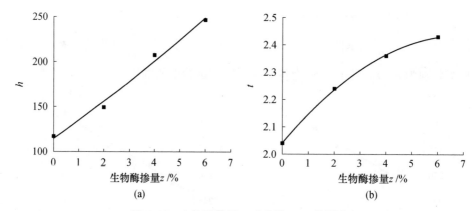

图 6.28　生物酶掺量 $z$ 对参数 $h$、$t$ 的影响

生物酶掺量 $z$ 对参数 $h$、$t$ 的影响，如图 6.28 所示。生物酶掺量 $z$ 与参数 $h$、$t$ 的相关关系可分别表示为

$$h(z) = 22.318z + 113.016$$
$$t(z) = -0.0087z^2 + 0.1155z + 2.0410$$

(6.82)

## 6.3.5　模型验证

（1）修正殷宗泽模型

在上述的分析中，已经推导了双屈服面演化规律方程、破坏线演化规律方程，这样即可得到修正的殷宗泽模型，即

$$d\varepsilon = d\varepsilon^e + d\varepsilon^p = d\varepsilon^e + d\varepsilon_1^p + d\varepsilon_2^p$$

(6.83)

式中：$d\varepsilon^e$ 见式（6.62）；$d\varepsilon_1^p$、$d\varepsilon_2^p$ 分别见式（6.68）、式（6.73）。

将上述相关参数代入式（6.83），于是可得到

$$d\varepsilon = \frac{dq}{2G(z)(1+\upsilon)} +$$

$$\left[ \frac{2q(p+p_r)}{M_1^2(p+p_r)^2 - q^2} + \frac{1}{3} \right] \frac{\beta_1(z)\,hp_a}{\beta_1(z)\,hp_a + \beta_2(z)\,t\left[ p + \dfrac{q^2}{M_1^2(p+p_r)} \right]} -$$

$$\left\{\left[1-\frac{q^2}{M_1^2\,(p+p_r)^2}\right]\mathrm{d}p+\frac{2q}{M_1^2\,(p+p_r)}\mathrm{d}q\right\}+\left\{\frac{a\,(z)}{G\,(z)}\sqrt{\frac{q}{M_2\,(p+p_r)-q}}\mathrm{d}q+\right.$$

$$\left.\frac{a\,(z)\,M_2q^{0.5}\,(p+p_r)\mathrm{d}q+q^{1.5}\mathrm{d}p}{2G\,(z)\,[M_2\,(p+p_r)-q]^{1.5}}\right\}\left[\frac{1}{3}\frac{-M_2q}{3M_2\,(p+p_r)-2q}+1\right] \tag{6.84}$$

式中：$\upsilon$ 为泊松比；$z$ 为生物酶掺量，%；$p_a$ 为标准大气压，一般取 $p_a=101.33\mathrm{kPa}$；$p$ 为平均应力，对于常规三轴试验，$p=\dfrac{\sigma_1+2\sigma_3}{3}$，其中：$\sigma_3$ 为围压（小主应力），$\sigma_1$ 为土样破坏时的轴压（大主应力）；$q$ 为偏应力，对于常规三轴试验，$q=\sigma_1-\sigma_3$。

式中的其他参数如下：

$$G\,(z)=(0.089z+0.413)\,p_a\left(\frac{p}{p_a}\right)^{0.051z+1.427}$$

$$M_1\,(z)=(1+0.25\eta^2)M\,(z)$$

$$M_2\,(z)=1.085M\,(z)$$

$$M\,(z)=\frac{6\sin\varphi\,(z)}{3-\sin\varphi\,(z)}$$

$$c\,(z)=2.879z+16.413$$

$$\varphi\,(z)=1.019z+26.642$$

$$\beta_1\,(z)=1.007\mathrm{e}^{0.130z}+0.001z$$

$$\beta_2\,(z)=-0.0043z^2+0.0566z+1.0050$$

$$p_r=c\,(z)\,\cot\varphi\,(z)$$

$$k\,(z)=-0.0026z^2+0.0356z+1.0004$$

$$a\,(z)=k\,(z)\,a$$

$$h\,(z)=22.318z+113.016$$

$$t\,(z)=-0.0087z^2+0.1155z+2.0410$$

（2）模型验证

以生物酶掺量为 3% 的生物酶改良膨胀土试样为例，将表达式（6.84）计算得到的应变值与试验值进行对比，对比分析结果如图 6.29 所示。

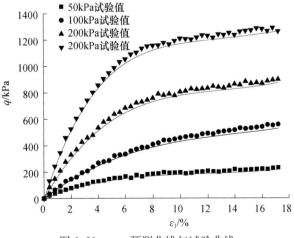

图 6.29　$q$-$\varepsilon_1$ 预测曲线与试验曲线

图中的实线为模型理论计算值。根据图 6.29 可知，本文修正后的殷宗泽模型可以较好地描述生物酶改良膨胀土的应力-应变关系特性。这也说明了通过研究生物酶改良膨胀土的弹性变形演化规律、双屈服面演化规律，以及破坏线演化规律，据此对殷宗泽模型进行修正，能够合理描述生物酶改良膨胀土的特定本构变形关系。

# 6.4 "南水"模型

## 6.4.1 引言

土的本构模型是一种建立在试验研究基础上的，并且能合理描述土体特定应力-应变本构关系特性的数学表达式[176]。对土的本构模型的研究，是现代土力学中一个重要而又热门的研究课题[181]。目前，著名的土的本构模型，如 Duncan-Chang 模型、Cam-clay 模型、"南水"模型等，都表现出数学表达式简单，模型参数易于确定的特点，因而应用较为广泛[182]-[183]。沈珠江等提出的双屈服面模型，简称"南水"模型，为中国大陆第一个土的双屈服面弹塑性本构模型。该模型结合了 Duncan-Chang 非线性弹性本构模型和 Cam-clay 单屈服面弹塑性本构模型的优点，分别采用体积屈服面、剪切屈服面来描述土体屈服特性，因而较 Cam-clay 模型更全面[184]。

本节以生物酶改良膨胀土的双屈服面弹塑性本构关系为研究对象。首先，通过一系列三轴固结排水剪切试验，分析生物酶改良膨胀土特定的弹塑性应力-应变关系性质；其次，基于 Duncan-Chang 非线性弹性本构模型参数分析方法，分析"南水"模型中各参数与生物酶掺量的相关关系；再次，根据 $\varepsilon_1 - \varepsilon_v$ 试验曲线特征，修正"南水"模型对切线体积比 $u_t$ 的确定方法；最后，提出基于生物酶掺量的修正"南水"模型，并且对修正"南水"模型的可靠性进行验证。

## 6.4.2 "南水"模型理论框架

（1）双屈服面方程

"南水"模型是沈珠江所提出的双屈服面弹塑性本构模型的简称。该模型只将屈服面看作弹性区域的边界，不再将屈服面与硬化参数相联系，并且采用体积屈服面、剪切屈服面来描述土体屈服特性，如图 6.4 所示。该模型的双屈服面方程[158]为

$$f_1 = p^2 + r^2 q^2, \quad f_2 = \frac{q^s}{p} \tag{6.85}$$

式中：$r$、$s$ 为屈服面参数；$p$ 为球应力，$q$ 为偏应力。对于常规三轴试验，$p = \frac{1}{3}(\sigma_1 + 2\sigma_3)$，$q = \sigma_1 - \sigma_3$。

（2）体积应变增量 $\Delta\varepsilon_v$ 和剪应变增量 $\Delta\varepsilon_s$

根据正交流动法则，应变增量可表示为

$$\{\Delta\varepsilon\} = [D]_e^{-1}\{\Delta\sigma\} + A_1\left\{\frac{\partial f_1}{\partial\sigma}\right\}\Delta f_1 + A_2\left\{\frac{\partial f_2}{\partial\sigma}\right\}\Delta f_2 \tag{6.86}$$

式中：$A_1$、$A_2$ 分别为对应于屈服面 $f_1$、$f_2$ 的塑性系数。这两个塑性系数都是应力状态的函数，并且都与应力路径无关[185]。

体积应变增量 $\Delta\varepsilon_v$、剪应变增量 $\Delta\varepsilon_s$ 的表达式分别为

$$\Delta\varepsilon_v = \frac{\Delta p}{B_e} + A_1\frac{\partial f_1}{\partial p}\Delta f_1 + A_2\frac{\partial f_2}{\partial p}\Delta f_2 \tag{6.87}$$

$$\Delta\varepsilon_s = \frac{\Delta q}{3G_e} + A_1\frac{\partial f_1}{\partial q}\Delta f_1 + A_2\frac{\partial f_2}{\partial q}\Delta f_2 \tag{6.88}$$

（3）塑性系数 $A_1$、$A_2$

根据式（6.85）可得 $\Delta f_1 = 2p\Delta p + 2r^2 q\Delta q$，$\Delta f_2 = -q^s\Delta p/p^2 + sq^{s-1}\Delta q/p$，$\frac{\partial f_1}{\partial p} = 2p$，$\frac{\partial f_1}{\partial q} = 2r^2 q$，$\frac{\partial f_2}{\partial p} = -\frac{q^s}{p^2}$，$\frac{\partial f_2}{\partial q} = \frac{sq^{s-1}}{p}$。

根据切线变形模量定义 $E_t = \Delta\sigma_1/\Delta\varepsilon_1$，切线体积比定义 $u_t = \Delta\varepsilon_v/\Delta\varepsilon_1$，可得到 $u_t/E_t = \Delta\varepsilon_v/\Delta\sigma_1$，$(3-u_t)/(3E_t) = \Delta\varepsilon_s/\Delta\sigma_1$。

塑性系数 $A_1$、$A_2$ 的表达式分别为

$$A_1 = \frac{1}{4p^2}\frac{\eta\left(\frac{9}{E_t} - \frac{3u_t}{E_t} - \frac{3}{G_e}\right) + 2s\left(\frac{3u_t}{E_t} - \frac{1}{B_e}\right)}{2(1+3r^2\eta)(s+r^2\eta^2)} \tag{6.89}$$

$$A_2 = \frac{p^2 q^2}{q^{2s}}\frac{\eta\left(\frac{9}{E_t} - \frac{3u_t}{E_t} - \frac{3}{G_e}\right) - 2r^2\eta\left(\frac{3u_t}{E_t} - \frac{1}{B_e}\right)}{2(3s-\eta)(s+r^2\eta^2)} \tag{6.90}$$

式中：$\eta = q/p$；$G_e$ 为弹性剪切模量，$G_e = E_{ur}/[2(1+\upsilon)]$；$B_e$ 为弹性体积模量，$B_e = E_{ur}/[3(1-2\upsilon)]$；$\upsilon$ 为泊松比，一般取为 0.3；$E_{ur}$ 为卸载-再加载模量，一般大于初始加载的 $E$ 值。

（4）模型参数

塑性参数 $A_1$、$A_2$ 的表达式（6.89）、式（6.90）中包含了 6 个参数，也就是"南水"模型的参数：①屈服面形状参数 $r$、$s$；②弹性参数 $B_e$、$G_e$；③弹性参数 $E_t$、$u_t$。

2 个屈服面形状参数 $r$、$s$ 可人为设定，另外 4 个参数都可通过常规三轴固结排水剪切试验得到 $q\varepsilon_1$、$\varepsilon_v$-$\varepsilon_1$、$q\varepsilon_s$ 等关系曲线后确定。这些参数的确定方法如下：

① 屈服面形状参数 $r$、$s$

屈服面形状参数 $r$、$s$ 的值的大小影响屈服面 $f_1$、$f_2$ 的形状，可根据土性特点进行调整，其值的大小可人为设定，一般取为 2 或 3，两个参数值可相同或相异。

② 弹性参数 $B_e$、$G_e$

模型假定土体的应力-应变关系 $q\varepsilon_1$ 曲线近似呈双曲线特征，可以采用 Kondner 等人提出的双曲线方程 $q = \frac{\varepsilon_1}{a_1 + b_1\varepsilon_1}$ 来描述。式中 $a_1$ 的倒数为初始切线模量 $E_i$。根据 Janbu 的经验公式 $E_i = K_1 p_a \left(\dfrac{\sigma_3}{p_a}\right)^{n_1}$ 确定 $E_i$ 与 $\sigma_3$ 的关系。取 $E_{ur} = 2E_i$ 计算 $B_e$：

$$B_e = \frac{E_{ur}}{3 \ (1-2\upsilon)} \tag{6.91}$$

模型同样假定土体的应力-应变关系 $q$-$\varepsilon_s$ 曲线近似呈双曲线特征，同样采用双曲线方程 $q = \dfrac{\varepsilon_s}{a_2 + b_2 \varepsilon_s}$ 来描述。式中 $a_2$ 的倒数为初始切线剪切模量 $G_i$，根据初始切线剪切模量 $G_i$ 来计算 $G_e$：

$$G_i = K_2 p_a \left(\frac{\sigma_3}{p_a}\right)^{n_2} \tag{6.92}$$

$$G_e = \frac{G_i}{2 \ (1+\upsilon)} \tag{6.93}$$

从上述分析可知，弹性参数 $B_e$、$G_e$ 分别隐含了参数 $K_1$、$n_1$ 和 $K_2$、$n_2$。$K_i$ 和 $n_i$ 可由常规三轴试验基于 Duncan-Chang 模型拟定。

③ 弹性参数 $E_t$、$u_t$

在"南水"模型中，基于 Duncan-Chang 模型计算切线变形模量 $E_t$，其表达式为 $E_t = K_1 p_a \left(\dfrac{\sigma_3}{p_a}\right)^{n_1} \left[1 - \dfrac{R_f \ (1-\sin\varphi) \ (\sigma_1 - \sigma_3)}{2c\cos\varphi + 2\sigma_3 \sin\varphi}\right]^2$。式中共有 5 个参数：$K_1$、$n_1$、$R_f$、$c$、$\varphi$，其拟合方法与 Duncan-Chang 模型相同。其中参数 $K_1$、$n_1$ 同上。

在"南水"模型中，假定常规三轴试验中的 $\varepsilon_v$-$\varepsilon_1$ 曲线为抛物线，如图 6.30 所示。剪切过程中，土体先剪缩后剪胀，据此可计算切线体积比 $u_t$。切线体积比 $u_t$ 的表达式为

$$u_t = 2C_d \left(\frac{\sigma_3}{p_a}\right)^d \frac{E_i R_f}{\sigma_1 - \sigma_3} \frac{1-R_d}{R_d} \left(1 - \frac{S}{1-S} \frac{1-R_d}{R_d}\right) \tag{6.94}$$

式中：$C_d$、$d$、$R_d$ 为代替 $E$-$\upsilon$ 模型中的 $F$、$D$、$G$ 的三个参数。

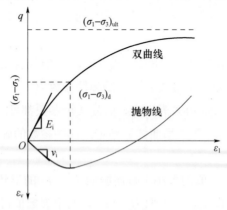

图 6.30 $q$-$\varepsilon_1$、$\varepsilon_v$-$\varepsilon_1$（剪胀）关系曲线

如果土体只产生剪缩，不发生剪胀，$\varepsilon_v$-$\varepsilon_1$ 曲线表现出近似双曲线特征，如图 6.31 所示，则不能直接采用基于抛物线的切线体积比 $u_t$ 公式进行计算。

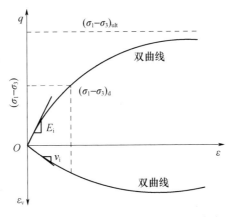

图 6.31　$q$-$\varepsilon_1$、$\varepsilon_v$-$\varepsilon_1$（剪缩）等关系曲线

当土体的 $\varepsilon_v$-$\varepsilon_1$ 曲线呈现双曲线特征，因而采用双曲线形式进行拟合，即

$$\varepsilon_v = \frac{\varepsilon_1}{a_3 + b_3 \varepsilon_1} \tag{6.95}$$

于是可得到切线体积比 $u_t$ 为

$$u_t = \frac{\Delta \varepsilon_v}{\Delta \varepsilon_1} = \frac{a_3}{(a_3 + b_3 \varepsilon_1)^2} \tag{6.96}$$

由于土体产生的是轴向压缩、体缩，因此可设压缩应变为正，即 $\varepsilon_1 > 0$，$\varepsilon_v > 0$，亦即 $\Delta \varepsilon_1 > 0$，$\Delta \varepsilon_v > 0$。此外，由于 $\varepsilon_v < \varepsilon_1$，根据 $\varepsilon_v = \varepsilon_1 + 2\varepsilon_3$，可得 $\varepsilon_3 < 0$，即土体侧向伸长，也即 $\Delta \varepsilon_3 < 0$。根据切线泊松比 $\upsilon_t$ 的定义 $\upsilon_t = \dfrac{-\Delta \varepsilon_3}{\Delta \varepsilon_1}$ 可得到

$$u_t = \frac{\Delta \varepsilon_v}{\Delta \varepsilon_1} = \frac{\Delta \varepsilon_1 + 2\Delta \varepsilon_3}{\Delta \varepsilon_1} = 1 + \frac{2\Delta \varepsilon_3}{\Delta \varepsilon_1} = 1 - 2\upsilon_t \tag{6.97}$$

于是可得

$$\upsilon_t = \frac{1}{2} - \frac{a_3}{2(a_3 + b_3 \varepsilon_1)^2} \tag{6.98}$$

当 $\varepsilon_1 = 0$ 时为初始剪切状态。此时，切线泊松比 $\upsilon_t$ 为初始切线泊松比 $\upsilon_i$，即

$$\upsilon_i = \frac{1}{2} - \frac{1}{2a_3} \tag{6.99}$$

此时的切线体积比 $u_t$ 即初始切线体积比 $u_i$，即

$$u_i = 1/a_3 = 1 - 2\upsilon_i \tag{6.100}$$

根据 $\varepsilon_v = \dfrac{\varepsilon_1}{a_3 + b_3 \varepsilon_1}$ 可知，在 $\dfrac{\varepsilon_1}{\varepsilon_v}$-$\varepsilon_1$ 坐标系下为一直线，其截距、斜率分别为 $a_3$、$b_3$。

## 6.4.3　试验及结果分析

（1）试验材料

膨胀土试验土样取自益娄高速公路 K28+960，取土深度约 1.5m，其主要物理力学指标见表 6.12。该土样为中膨胀土。

试验用生物酶为 Terra Zyme。生物酶试剂为褐色黏稠液体，无毒、无腐蚀性、易溶于水，植物酶含量不低于 60%。

表 6.12    膨胀土试样主要物理力学指标

| $w$ /% | 液限 /% | 塑限 /% | $I_p$ /% | $\rho_{max}$ /(g/cm³) | $w_{opt}$ /% | 自由膨胀率 /% | 标准吸湿含水率/% |
|---|---|---|---|---|---|---|---|
| 27.0 | 60.0 | 21.0 | 39.0 | 1.80 | 18.0 | 53 | 5.4 |

| 无荷膨胀率 /% | 胀缩总率 /% | CBR /% | 无侧限抗压强度/kPa | <0.005mm 含量/% | <0.002mm 含量/% | 活动度 | |
|---|---|---|---|---|---|---|---|
| 8.9 | 3.3 | 1.25 | 265 | 46.0 | 15.0 | 2.60 | |

（2）土样制作

生物酶掺量以 $z$ 表示，分别设定为 0%、1%、2%、3%、4%。

试验土试件制作方法、尺寸等，与 6.2.4 节相同。

试验土样的物理特性指标见表 6.13。

表 6.13    试样物理特性指标

| 含水率 $w$ /% | 干密度 $\rho_{max}$ /(g/cm³) | 密度 $\rho$ /(g/cm³) | 试样直径 $d$ /mm | 试样高度 $h$ /mm |
|---|---|---|---|---|
| 18.0 | 1.62 | 1.91 | 39.1 | 80 |

（3）试验方法

土试件饱和、试验仪器、围压设定、试验所依据的规范、三轴固结排水剪切试验方法等，与 6.2.4 节相同。

试验完成后需要计算轴向应变 $\varepsilon_1$、体积应变 $\varepsilon_v$ 和剪切应变 $\varepsilon_s$ 等数据，并据此绘制相应的 $q$-$\varepsilon_1$、$\varepsilon_v$-$\varepsilon_1$、$q$-$\varepsilon_s$ 等关系曲线。

（4）生物酶改良膨胀土应力-应变关系

三轴固结排水剪切试验结果，如图 6.32～图 6.36 所示。

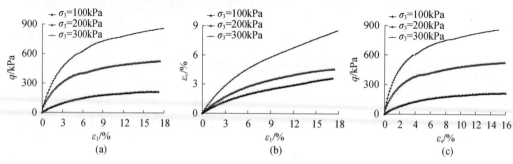

图 6.32    $z$=0% 的三轴试验结果

（a）$q$-$\varepsilon_1$ 曲线；（b）$\varepsilon_v$-$\varepsilon_1$ 曲线；（c）$q$-$\varepsilon_s$ 曲线

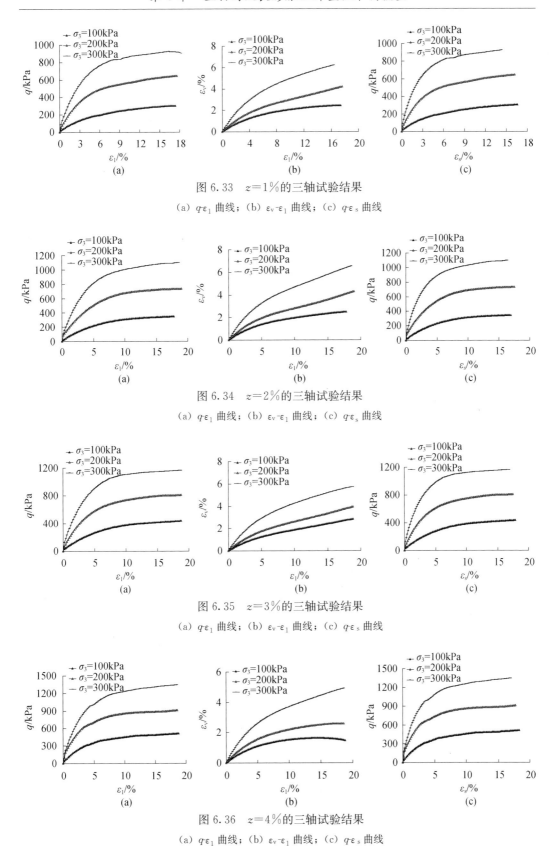

图 6.33　$z＝1\%$ 的三轴试验结果

(a) $q\text{-}\varepsilon_1$ 曲线；(b) $\varepsilon_v\text{-}\varepsilon_1$ 曲线；(c) $q\text{-}\varepsilon_s$ 曲线

图 6.34　$z＝2\%$ 的三轴试验结果

(a) $q\text{-}\varepsilon_1$ 曲线；(b) $\varepsilon_v\text{-}\varepsilon_1$ 曲线；(c) $q\text{-}\varepsilon_s$ 曲线

图 6.35　$z＝3\%$ 的三轴试验结果

(a) $q\text{-}\varepsilon_1$ 曲线；(b) $\varepsilon_v\text{-}\varepsilon_1$ 曲线；(c) $q\text{-}\varepsilon_s$ 曲线

图 6.36　$z＝4\%$ 的三轴试验结果

(a) $q\text{-}\varepsilon_1$ 曲线；(b) $\varepsilon_v\text{-}\varepsilon_1$ 曲线；(c) $q\text{-}\varepsilon_s$ 曲线

生物酶改良膨胀土应力-应变关系有以下特性：

① 土体体积应变 $\varepsilon_v$ 随偏应力 $q$（即主应力差 $\sigma_1 - \sigma_3$）的增大而非线性增大，即土体不断被压缩。在偏应力 $q$ 不变的条件下，膨胀土中生物酶掺量增加时其体积应变 $\varepsilon_v$ 随之减小，这说明生物酶能够提高膨胀土体的抗压缩能力。

② 偏应力 $q$ 随生物酶掺量的增加而增大，说明生物酶能够提高膨胀土体的抗剪切能力。

③ 偏应力 $q$ 与轴向应变 $\varepsilon_1$、剪切应变 $\varepsilon_s$ 的 $q\varepsilon_1$ 关系、$q\varepsilon_s$ 关系，均呈现为应变硬化特性；且 $q\varepsilon_1$、$q\varepsilon_s$ 试验曲线均呈现出近似双曲线。

④ 体积应变 $\varepsilon_v$ 与轴向应变 $\varepsilon_1$ 的 $\varepsilon_v$-$\varepsilon_1$ 试验曲线，同样呈现出近似双曲线的特点。

### 6.4.4 模型参数及分析

（1）生物酶掺量对 $B_e$ 和 $G_e$ 的影响

根据图 6.32～图 6.36 中的 $q\varepsilon_1$ 试验曲线，生物酶改良膨胀土的试验曲线近似为双曲线，因而可以采用 Kondner 的双曲线方程 $q = \dfrac{\varepsilon_1}{a_1 + b_1 \varepsilon_1}$ 进行描述。式中 $a_1$ 的倒数为初始切线模量 $E_i$。根据 Janbu 的经验公式 $E_i = K_1 p_a \left(\dfrac{\sigma_3}{p_a}\right)^{n_1}$ 确定 $E_i$ 与 $\sigma_3$ 的关系。取 $E_{ur} = 2E_i$[186]，再根据 $B_e = E_{ur} / \left[3\left(1 - 2\upsilon\right)\right]$ 计算 $B_e$。

根据图 6.32～图 6.36 中的 $q\varepsilon_s$ 试验曲线，同样采用双曲线方程 $q = \dfrac{\varepsilon_s}{a_2 + b_2 \varepsilon_s}$ 进行描述。式中 $a_2$ 的倒数为初始切线剪切模量 $G_i$，根据文献[148]计算初始切线剪切模量 $G_i = K_2 p_a \left(\dfrac{\sigma_3}{p_a}\right)^{n_2}$，再根据 $G_e = 2G_i / \left[2\left(1 + \upsilon\right)\right]$ 计算 $G_e$。

上述各参数的计算结果，见表 6.14。

表 6.14 参数 $K_i$、$n_i$ 拟合结果

| 参数 | 生物酶掺量 $z/\%$ | | | | |
|---|---|---|---|---|---|
| | 0 | 1 | 2 | 3 | 4 |
| $K_1$ | 0.546 | 0.706 | 0.850 | 1.038 | 1.754 |
| $n_1$ | 1.646 | 1.564 | 1.474 | 1.468 | 1.329 |
| $K_2$ | 0.626 | 0.791 | 0.949 | 1.147 | 1.309 |
| $n_2$ | 1.863 | 1.763 | 1.650 | 1.638 | 1.558 |

根据表 6.14 计算结果，可得到 $K_1$、$n_1$、$K_2$、$n_2$ 与生物酶掺量 $z$ 的关系式分别为

$$K_1 = 0.0177z^4 - 0.096z^3 + 0.1563z^2 + 0.082z + 0.546$$

$$n_1 = -0.0129z^4 + 0.0926z^3 - 0.1916z^2 + 0.0299z + 1.6460 \qquad (6.101)$$

$$K_2 = 0.1722z + 0.6260, \quad n_2 = -0.0735z + 1.8414 \qquad (6.102)$$

取泊松比 $\upsilon = 0.3$，于是可得到 $B_e$、$G_e$ 分别为

$$B_{e}=\frac{1}{0.6}K_{1}p_{a}\left(\frac{\sigma_{3}}{p_{a}}\right)^{n_{1}}, \ G_{e}=\frac{1}{1.3}K_{2}p_{a}\left(\frac{\sigma_{3}}{p_{a}}\right)^{n_{2}} \tag{6.103}$$

式中：$p_{a}$ 为标准大气压，一般取 $p_{a}=101.33\text{kPa}$。

通过上述分析得到：①生物酶掺量 $z$ 对参数 $K_{1}$、$n_{1}$ 以及 $K_{2}$、$n_{2}$ 产生显著影响，进而影响土体弹性参数 $B_{e}$ 和 $G_{e}$；②生物酶掺量 $z$ 与参数 $K_{1}$、$n_{1}$ 为非线性关系，与 $K_{2}$、$n_{2}$ 为线性关系，与 $B_{e}$、$G_{e}$ 则为非线性关系；③在弹性参数 $B_{e}$、$G_{e}$ 与生物酶掺量 $z$ 之间可建立相应的函数关系。

（2）生物酶掺量对 $E_{t}$ 的影响

"南水"模型采用 Duncan-Chang 模型计算切线模量 $E_{t}$ 的方法，即

$$E_{t}=K_{1}p_{a}\left(\frac{\sigma_{3}}{p_{a}}\right)^{n_{1}}\left[1-\frac{R_{f}\ (1-\sin\varphi)\ (\sigma_{1}-\sigma_{3})}{2c\cos\varphi+2\sigma_{3}\sin\varphi}\right]^{2} \tag{6.104}$$

式中共有 5 个参数：$K_{1}$、$n_{1}$、$R_{f}$、$c$、$\varphi$。其中参数 $K_{1}$、$n_{1}$ 见表 6.14 和式（6.101）。参数 $R_{f}$、$c$、$\varphi$ 根据图 6.32～图 6.36 中的 $q$-$\varepsilon_{1}$ 曲线进行拟合，结果见表 6.15。

**表 6.15　参数 $R_{f}$、$c$、$\varphi$ 拟合结果**

| 参数 | 生物酶掺量 $z/\%$ | | | | |
|---|---|---|---|---|---|
| | 0 | 1 | 2 | 3 | 4 |
| $c/\text{kPa}$ | 9.68 | 13.31 | 17.49 | 24.09 | 36.41 |
| $\varphi/\ (°)$ | 26.8 | 27.5 | 27.6 | 27.8 | 27.9 |
| $R_{f}$ | 0.788 | 0.766 | 0.764 | 0.759 | 0.756 |

从表 6.15 的计算结果来看，生物酶掺量对膨胀土内摩擦角 $\varphi$、破坏比 $R_{f}$ 影响较小，可分别取平均值：$\varphi=27.52°$，$R_{f}=0.767$。生物酶主要影响膨胀土黏聚力 $c$。根据表 6.15，得到黏聚力 $c$ 与生物酶掺量 $z$ 之间的函数关系为

$$c=0.431z^{3}-1.171z^{2}+4.472z+9.660 \tag{6.105}$$

通过上述分析得到：①生物酶掺量 $z$ 对初始切线模量 $E_{i}$、土体黏聚力 $c$ 产生明显影响，从而影响土体切线变形模量 $E_{t}$；②生物酶掺量 $z$ 与 $c$、$E_{i}$ 之间为非线性关系，与 $E_{t}$ 也为非线性关系；③在切线变形模量 $E_{t}$ 与生物酶掺量 $z$ 之间可建立相应的函数关系。

（3）生物酶掺量对切线体积比 $u_{t}$ 的影响

"南水"模型假定 $\varepsilon_{v}$-$\varepsilon_{1}$ 曲线为抛物线，并且假定剪切过程中土体先剪缩后剪胀，据此计算切线体积比 $u_{t}$。根据图 6.32～图 6.36，生物酶改良膨胀土体只产生剪缩，并没有发生剪胀，$\varepsilon_{v}$-$\varepsilon_{1}$ 试验曲线为近似双曲线。因此不能直接采用基于抛物线的切线体积比 $u_{t}$ 公式进行计算。

由于生物酶改良膨胀土的 $\varepsilon_{v}$-$\varepsilon_{1}$ 试验曲线近似为双曲线，因而采用双曲线形式进行拟合，即 $\varepsilon_{v}=\frac{\varepsilon_{1}}{a_{3}+b_{3}\varepsilon_{1}}$。于是可得到切线体积比 $u_{t}$ 为 $u_{t}=\frac{\Delta\varepsilon_{v}}{\Delta\varepsilon_{1}}=\frac{a_{3}}{(a_{3}+b_{3}\varepsilon_{1})^{2}}$。

由于生物酶改良膨胀土体产生轴向压缩、体缩，因此设压缩应变为正，即 $\varepsilon_{1}>0$，$\varepsilon_{v}>0$，亦即 $\Delta\varepsilon_{1}>0$，$\Delta\varepsilon_{v}>0$。此外，由于 $\varepsilon_{v}<\varepsilon_{1}$，根据 $\varepsilon_{v}=\varepsilon_{1}+2\varepsilon_{3}$，可得 $\varepsilon_{3}<0$，即土

体侧向伸长，也即 $\Delta\varepsilon_3 < 0$。根据切线泊松比的定义 $\upsilon_t = \dfrac{-\Delta\varepsilon_3}{\Delta\varepsilon_1}$，可得 $u_t = \dfrac{\Delta\varepsilon_v}{\Delta\varepsilon_1} = \dfrac{\Delta\varepsilon_1 + 2\Delta\varepsilon_3}{\Delta\varepsilon_1} = 1 + \dfrac{2\Delta\varepsilon_3}{\Delta\varepsilon_1} = 1 - 2\upsilon_t$。于是可得：$\upsilon_t = \dfrac{1}{2} - \dfrac{a_3}{2(a_3 + b_3\varepsilon_1)^2}$。由于 $\varepsilon_1 = 0$ 时的切线泊松比 $\upsilon_t$ 为初始切线泊松比 $\upsilon_i$，即 $\upsilon_i = \dfrac{1}{2} - \dfrac{1}{2a_3}$。此时切线体积比 $u_t$ 为初始切线体积比，即 $u_i = 1/a_3 = 1 - 2\upsilon_i$。

根据 $\varepsilon_v = \dfrac{\varepsilon_1}{a_3 + b_3\varepsilon_1}$ 可知，在 $\dfrac{\varepsilon_1}{\varepsilon_v} - \varepsilon_1$ 坐标系下为一直线，其截距、斜率分别为 $a_3$、$b_3$。根据某一生物酶掺量 $z$、不同围压 $\sigma_3$ 的三轴试验，可以拟合得到不同的 $a_3$ 和 $b_3$，并且按照以下方法：①取 $b_3$ 的平均值作为模型的参数；②根据 $\upsilon_i = G - F\lg\dfrac{\sigma_3}{p_a}$ 确定 $\upsilon_i$、$\sigma_3$ 的函数关系式；③分别确定 $b_3$、$G$、$F$ 与生物酶掺量 $z$ 之间的函数关系。结果见表 6.16，以及式（6.106）～式（6.108）。

$$b_3 = 0.134e^{0.176z} \tag{6.106}$$

$$G = 0.262e^{0.082z} \tag{6.107}$$

$$F = -0.072z + 0.651 \tag{6.108}$$

$$\upsilon_i = 0.262e^{0.082z} + (0.072z - 0.651)\lg\frac{\sigma_3}{p_a} \tag{6.109}$$

$$a_3 = \left[1 - 0.524e^{0.082z} - (0.144z - 1.302)\lg\frac{\sigma_3}{p_a}\right]^{-1} \tag{6.110}$$

**表 6.16　参数 $b_3$、$G$、$F$ 计算结果**

| 参数 | 生物酶掺量 $z$/% | | | | |
|---|---|---|---|---|---|
| | 0 | 1 | 2 | 3 | 4 |
| $b_3$ | 0.132 | 0.171 | 0.181 | 0.212 | 0.286 |
| $G$ | 0.264 | 0.283 | 0.300 | 0.345 | 0.360 |
| $F$ | 0.653 | 0.563 | 0.517 | 0.457 | 0.345 |

根据 Duncan-Chang 模型有

$$\varepsilon_1 = \frac{\sigma_1 - \sigma_3}{E_i}\left[1 - \frac{R_f(\sigma_1 - \sigma_3)(1 - \sin\varphi)}{2c\cos\varphi + 2\sigma_3\sin\varphi}\right]^{-2} \tag{6.111}$$

式中：参数 $E_i = K_1 p_a \left(\dfrac{\sigma_3}{p_a}\right)^{n_1}$，其中的 $K_1$、$n_1$ 见表 6.14 和式（6.101）；参数 $R_f$、$c$、$\varphi$ 见表 6.15 和式（6.105）。

将式（6.110）、式（6.106），以及 $\varepsilon_1$ 的表达式（6.111）代入 $u_t$ 式（6.96），可得到切线体积比 $u_t$ 与生物酶掺量 $z$ 之间的函数关系表达式。

通过上述分析得到：①生物酶掺量 $z$ 显著影响土体的初始切线变形模量 $E_i$、黏聚力 $c$，进而影响土体的轴向应变 $\varepsilon_1$，并且最终改变土体的切线体积比 $u_t$；②生物酶掺量 $z$ 与参数 $a_3$、$b_3$ 之间都为非线性关系，并且对这两个参数的影响显著；③$\varepsilon_1$、$a_3$、$b_3$、$u_t$、都可分别与生物酶掺量 $z$ 建立相应的函数关系表达式。

## 6.4.5　模型验证

（1）生物酶改良膨胀土修正"南水"模型

式（6.87）和式（6.88）可分别改写为

$$\Delta\varepsilon_v = \frac{\Delta p}{B_e} + 4p(p\Delta p + r^2 q\Delta q)A_1 + \frac{q^{2s}}{p^2}\left(\frac{\Delta p}{p^2} - \frac{sq^{s-1}\Delta q}{p}\right)A_2 \tag{6.112}$$

$$\Delta\varepsilon_s = \frac{\Delta q}{3G_e} + 4r^2 q(p\Delta p + r^2 q\Delta q)A_1 - \frac{sq^{2s-1}}{p^3}\left(\Delta p - \frac{sp\Delta q}{q}\right)A_2 \tag{6.113}$$

式中有三个方面参数：①弹性参数 $B_e$、$G_e$。$B_e$ 和 $G_e$ 的表达式隐含的参数 $K_1$、$n_1$ 和 $K_2$、$n_2$，可由常规三轴试验并且基于 Duncan-Chang 模型拟定。②塑性参数 $A_1$、$A_2$。$A_1$、$A_2$ 的表达式包含 6 个参数 $B_e$、$G_e$、$r$、$s$、$E_t$、$u_t$。参数 $E_t$、$u_t$ 可由常规三轴试验并基于 Duncan-Chang 模型拟定。$E_t$ 中有 5 个参数：$K_1$、$n_1$、$R_f$、$c$、$\varphi$。$u_t$ 中有 2 个参数：$a_3$、$b_3$。③屈服面形状参数 $r$、$s$。$r$、$s$ 可人为设定，如文献[185]、[187]等将 $r$、$s$ 都取为 2，文献[188] 则将 $r$、$s$ 取为 2 或 3。

上述弹性参数 $B_e$ 和 $G_e$、塑性参数 $A_1$ 和 $A_2$ 等，都分别与生物酶掺量 $z$ 之间建立了相应的函数关系表达式，这些表达式与式（6.112）和式（6.113）一起，组成了生物酶改良膨胀土的双屈服面弹塑性本构方程，或称为基于生物酶掺量的修正"南水"模型。该本构方程依据的是"南水"模型。

（2）修正"南水"模型验证

在本构关系研究中，常需要根据试验结果对所建立的本构方程进行验证，即根据本构方程预测试验结果，再根据试验结果验证本构方程的可靠性。

以 $z=4\%$、围压 $\sigma_3=300\text{kPa}$ 的生物酶改良膨胀土试验结果为例，验证本文的本构方程。试验结果见图 6.36（b）、（c），参数计算结果见表 6.17。并且分析参数 $r$、$s$ 的取值对预测结果的影响。本构方程的预测结果见图 6.37 和图 6.38。

表 6.17　修正"南水"模型计算参数

| $z/\%$ | $\sigma_3/\text{kPa}$ | $K_1$ | $n_1$ | $B_e/\text{kPa}$ | $K_2$ | $n_2$ |
|---|---|---|---|---|---|---|
| 4 | 300 | 1.763 | 1.324 | 1252.856 | 1.315 | 1.547 |
| $G_e/\text{kPa}$ | $R_f$ | $c/\text{kPa}$ | $\varphi/(°)$ | $E_i/\text{kPa}$ | $a_3$ | $b_3$ |
| 549.633 | 0.756 | 36.4 | 27.52 | 751.714 | 1.627 | 0.280 |

① 根据图 6.37，当 $r$ 值增大时，土体的体应变 $\varepsilon_v$ 随之增大；当 $s$ 值增大时，土体的体应变 $\varepsilon_v$ 随之减小。当 $r$、$s$ 都为 2 或 3 时，$\varepsilon_1 - \varepsilon_v$ 的理论预测曲线与试验实测曲线较为接近。

② 根据图 6.38，当 $r$ 值增大时，$q\text{-}\varepsilon_s$ 的理论预测曲线往试验实测曲线上方偏移；当 $s$ 值增大时，$q\text{-}\varepsilon_s$ 理论预测曲线往试验实测曲线下方偏移。当 $r$、$s$ 都为 2 或 3 时，$q\text{-}\varepsilon_s$ 的理论预测曲线与试验实测曲线较为接近。

通过 $\varepsilon_1$-$\varepsilon_v$、$q$-$\varepsilon_s$ 的理论预测曲线与试验实测曲线的对比发现，式（6.112）和式（6.113）中的 $r$、$s$ 取值都分别为 2 或 3 时是合适的。也就是说，当屈服面参数 $r$、$s$ 取值都为 2 或 3 时，其值可相同或相异，本节建立的本构方程能够较合理描述生物酶改良膨胀土的应力-应变本构关系。

③ 通过试验获得土的相关参数，以及初始状态下 Duncan-Chang 模型参数，上述本构方程便可描述任意生物酶掺量改良膨胀土的强度、变形本构特性。

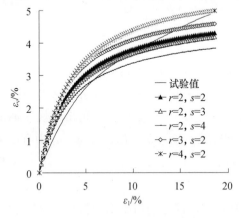

图 6.37 $\varepsilon_1$-$\varepsilon_v$ 理论预测与试验曲线

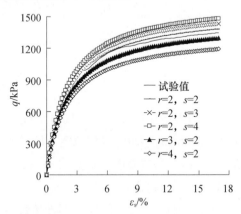

图 6.38 $q$-$\varepsilon_s$ 理论预测与试验曲线

## 6.5 本章小结

本章以修正剑桥模型、魏汝龙模型理论框架为基础，研究了生物酶改良膨胀土的单屈服面弹塑性本构关系。通过固结回弹试验以及三轴固结排水剪切试验，基于扰动理论对修正剑桥模型、魏汝龙模型的参数进行修正，建立了各有关参数与生物酶掺量之间的函数关系式。以殷宗泽模型为基础，研究了生物酶改良膨胀土双屈服面弹塑性本构关系。通过一系列三轴固结排水剪切试验，研究了生物酶改良膨胀土弹性变形、剪缩屈服面、剪胀屈服面、破坏线的演化规律，提出了能够合理描述生物酶改良膨胀土修正殷宗泽模型。此外，以"南水"模型为基础，分析了生物酶改良膨胀土双屈服面弹塑性本构关系。在三轴固结排水剪切试验分析生物酶改良膨胀土应力-应变关系特性的基础上，参照 Duncan-Chang 非线性弹性本构模型参数的分析方法，分析了生物酶掺量对模型参数的影响规律，并且基于轴应变、体积应变近似双曲线的特征，修正了"南水"模型中切线体积比 $u_t$ 的确定方法。主要研究结论如下：

（1）在一定的三向固结力下，土体孔隙比随生物酶掺量的增加而减小，对等向固结线斜率 $\lambda$ 产生明显影响，但对回弹曲线斜率 $\kappa$ 的影响不明显。生物酶对土体弹性体应变影响较小，其改良效果主要体现在影响土体的塑性变形方面，提高了膨胀土体的抗压缩能力。

（2）试验结果表明，$p$-$\varepsilon_v$、$q$-$\varepsilon_s$ 试验曲线表现为应变硬化，土体的硬化规律符合等向硬化、运动硬化理论。基于扰动理论修正的魏汝龙模型，能更好地描述生物酶改良膨胀土 $p\text{-}\varepsilon_v$、$q\text{-}\varepsilon_s$ 的试验结果。

（3）修正剑桥模型理论计算值与试验实测结果相差较大，但采用扰动状态理论对修正剑桥模型进行改进后，可改善该模型的预测结果，进一步证明扰动状态理论对模型修正的合理性、可靠性和可行性。

（4）由于试验过程中生物酶掺量精确可控，因此本文模型的扰动度取值也是精确可控的。因此，本文基于扰动状态理论的修正模型，能够实现对任一生物酶掺量改良膨胀土的应力-应变关系进行合理描述。

（5）随着生物酶掺量的增加，土体的弹性变形参数增大，剪缩屈服面远离原点，剪胀屈服面则远离静水轴并逐渐外凸，表现出生物酶能有效提高膨胀土抗剪切能力。生物酶能显著提高膨胀土体的黏聚力、内摩擦角，但对土体的破坏比的影响较小。

（6）土体的体积应变 $\varepsilon_v$ 随偏应力 $q$ 表现出非线性增大特性，即土体不断被压缩。在一定的剪应力 $q$ 的条件下，生物酶含量增加时膨胀土体的体积应变 $\varepsilon_v$ 随之减小。偏应力 $q$ 则随生物酶掺量的增加而增大，说明生物酶可有效提高膨胀土体的抗压缩能力、抗剪切能力。

（7）$p\text{-}\varepsilon_1$、$q\text{-}\varepsilon_s$ 试验曲线均表现为应变硬化的应力-应变本构特性，并且 $q\text{-}\varepsilon_1$、$q\text{-}\varepsilon_s$、$\varepsilon_v\text{-}\varepsilon_1$ 试验曲线都近似为双曲线。基于生物酶掺量的修正，"南水"模型能较好地描述生物酶改良膨胀土弹塑性应力-应变本构特性，并且当屈服面参数 $r$、$s$ 的取值分别都为 2 或 3 时是适宜的。

# 参考文献

[1] 刘特洪. 工程建设中的膨胀土问题 [M]. 北京：中国建筑工业出版社，1997.

[2] 谭罗荣，孔令伟. 膨胀土的强度特性研究 [J]. 岩土力学，2005，26 (7)：1009-1013.

[3] 孔令伟，陈建斌，郭爱国，等. 大气作用下膨胀土边坡的现场响应试验研究 [J]. 岩土工程学报，2007，29 (7)：1065-1073.

[4] 王晓燕，姚志华，党发宁，等. 裂隙膨胀土细观结构演化试验 [J]. 农业工程学报，2016，32 (3)：92-100.

[5] 王德银，唐朝生，李建，等. 干湿循环作用下膨胀土的贯入特性试验研究 [J]. 岩土力学，2016，37 (1)：57-65.

[6] 曹玲，王志俭，张振华. 降雨-蒸发条件下膨胀土裂隙演化特征试验研究 [J]. 岩石力学与工程学报，2016，35 (2)：413-421.

[7] 卢再华，陈正汉，曹继东. 原状膨胀土的强度变形特性及其本构模型研究 [J]. 岩土力学，2001，22 (3)：339-342.

[8] 徐彬，殷宗泽，刘述丽. 膨胀土强度影响因素与规律的试验研究 [J]. 岩土力学，2011，32 (1)：44-50.

[9] ALBRECHT B A, BENSON C H. Effect of desiccation on compacted natural clays [J]. Journal of Geotechnical and Geoenvironmental Engineering, 2001, 127 (1)：67-75.

[10] TABBAGH J, SAMOUELIANA, TABBAGH A, et al. Numerical modelling of direct current electrical resistivity for the characterisation of cracks in soils [J]. Journal of Applied Geophysics, 2007, 62 (4)：313-323.

[11] MILLER S M, STANLEY M. Geotechnical and environmental indicators for characterizing expansive soils [J]. Geotechnical Special Publication, 2008, 178 (5)：263-270.

[12] 杨和平，章高峰，郑健龙，等. 膨胀土填筑公路路堤的物理处治技术 [J]. 岩土工程学报，2009，31 (4)：491-500.

[13] 余飞，陈善雄，许锡昌，等. 合肥地区膨胀土路基处置深度问题探讨 [J]. 岩土力学，2006，27 (11)：1963-1967.

[14] 陈善雄，余颂，孔令伟，等. 中膨胀土路堤包边方案及其试验验证 [J]. 岩石力学与工程学报，2006，25 (9)：1777-1783.

[15] 杨和平，章高峰. 包盖法填筑膨胀土路堤的合适包边宽度 [J]. 公路交通科技，2008，25 (7)：37-42.

[16] 李新明，孔令伟，郭爱国，等. 基于工程包边法的膨胀土抗剪强度干湿循环效应试验研究 [J]. 岩土力学，2014，35 (3)：675-682.

[17] 王保田，张福海. 膨胀土的改良技术与工程应用 [M]. 北京：科学出版社，2008.

[18] 郑健龙，杨和平，等. 膨胀土处治理论、技术与实践 [M]. 北京：人民交通出版社，2004.

［19］LORENZO G A，BERGADO D T. Fundamental parameters of cement-admixed clay-new approach ［J］. Journal of Geotechnical and Geoenvironmental Engineering，2004，130 (10)：1042-1050.

［20］赵春吉，赵红华，常艳，等. 水泥改性强膨胀土理化试验研究［J］. 大连理工大学学报，2014，54 (6)：604-611.

［21］刘志彬，施斌，王宝军. 改性膨胀土微观孔隙定量研究［J］. 岩土工程学报，2004，26 (4)：526-530.

［22］刘鸣，宋建平，刘军，等. 膨胀土水泥改性施工均匀性试验研究［J］. 岩土工程学报，2017，39 (S1)：59-63.

［23］吴建涛，姚开想，杨帅，等. 引江济淮工程膨胀土水泥改性剂量研究［J］. 岩土工程学报，2017，39 (S1)：232-235.

［24］王建磊，王艳巧，杨广栋，等. 干湿循环条件下水泥改性膨胀土变形和强度试验［J］. 郑州大学学报（工学版），2016，37 (4)：62-66.

［25］PETRY T M，LITTLE D N. Review of stabilization of clays and expansive soils in pavements and lightly loaded structures-history，practice，and future ［J］. Journal of Materials in Civil Engineering，2002，14 (6)：447-460.

［26］Al-MHAIDIB A A，Al-SHAMRANI. Expansive characteristic of expansive soil consolidated by lime ［J］. Journal of Geotechnical Engineering，1996，27 (2)：87-93.

［27］杨明亮，陈善雄，全元元，等. 空军汉口新机场试验路段石灰改性膨胀土试验研究［J］. 岩石力学与工程学报，2007，26 (9)：1868-1875.

［28］郭爱国，孔令伟，胡明鉴，等. 石灰改性膨胀土施工最佳含水率确定方法探讨［J］. 岩土力学，2007，28 (3)：517-521.

［29］边加敏，蒋玲，王保田. 石灰改良膨胀土路基施工控制参数［J］. 长安大学学报（自然科学版），2014，34 (2)：51-58.

［30］SHARMA R S，PHANIKUMAR B R，RAO B V. Engineering behavior of a remolded expansive clay blended with lime，calcium chloride，and rice-husk ash ［J］. Journal of Materials in Civil Engineering，2008，20 (8)：509-515.

［31］BOZBEY I，GARAISAYEV S. Effects of soil pulverization quality on lime stabilization of an expansive clay ［J］. Environmental Earth Sciences，2010，60 (6)：1137-1151.

［32］SHI B，LIU Z B，CAI Y，et al. Micropore structure of aggregates in treated soils ［J］. Journal of Materials in Civil Engineering，2007，19 (1)：99-104.

［33］张小平，施斌，陆现彩. 石灰改良膨胀土微孔结构试验研究［J］. 岩土工程学报，2003，25 (6)：761-763.

［34］白颢，孔令伟. 固结比对石灰土动力特性的影响试验研究［J］. 岩土力学，2009，30 (6)：1590-1594.

［35］周葆春，白颢，孔令伟. 循环荷载下石灰改良膨胀土临界动应力的探讨［J］. 岩土力学，2009，30 (S2)：163-168.

［36］NOWAMOOZ H，MASROURI F. Volumetric strains due to changes in suction or stress of an expansive bentonite/silt mixture treated with lime ［J］. Comptes Rendus Mecanique，2010，338 (4)：230-240.

[37] CAI Y, SHI B, NG C W W, et al. Effect of polypropylene fibre and lime admixture on enginee ring properties of clayey soil [J]. Engineering Geology, 2006, 87 (3-4): 230-240.

[38] KUMAR A, WALIA B S, BAJAJ A. Influence of fly ash, lime, and polyester fibers on compaction and strength properties of expansive soil [J]. Journal of Materials in Civil Engineering, 2007, 19 (3): 242-248.

[39] MADHYANNAPU R S, PUPPALA A J, NAZARIAN S, et al. Quality assessment and quality control of deep soil mixing construction for stabilizing expansive subsoils [J]. Journal of Geotechnical and Geoenvironmental Engineering, 2010, 136 (1): 119-128.

[40] 蒋泽中. 铁路路基膨胀土工程特性指标试验研究 [J]. 西南交通大学学报, 2013, 48 (5): 839-844.

[41] 阮志新, 蓝日彦, 陈宏飞. 石灰处治膨胀土填筑路基现场试验研究 [J]. 广西大学学报 (自然科学版), 2012, 37 (2): 215-223.

[42] 符策岭, 曾召田, 莫红, 等. 石灰改良膨胀土的工程特性试验研究 [J]. 广西大学学报 (自然科学版), 2019, 44 (2): 524-533.

[43] 钱玉林, 卜龙章, 胡顺洋, 等. 石灰稳定膨胀土的效用及其施工质量控制 [J]. 岩土力学, 2002, 23 (3): 325-328.

[44] GUNEY Y, SARI D, CETIN M, et al. Impact of cyclic wetting-drying on swelling behavior of lime-stabilized soil [J]. Building and Environment, 2007, 42 (2): 681-688.

[45] KHATTAB S A A, AL-MUKHTAR M, FLEUREAU J M. Long-term stability characteristics of a lime-treated plastic soil [J]. Journal of Materials in Civil Engineering, 2007, 19 (4): 358-366.

[46] 俞缙, 王海, 郑春婷, 等. 掺灰膨胀土表面吸附试验及吸水性验证 [J]. 岩土力学, 2012, 33 (1): 73-77.

[47] 程钰, 石名磊. 石灰改性膨胀土击实曲线的双峰特性研究 [J]. 岩土力学, 2011, 32 (4): 979-983.

[48] 范永丰. 有限淋滤作用下石灰处治膨胀土的力学性能 [J]. 上海交通大学学报, 2013, 47 (9): 1390-1394.

[49] 王保田, 张福海, 张文慧. 改良膨胀土施工技术与改良土的性质研究 [J]. 岩石力学与工程学报, 2006, 25 (增1): 3157-3161.

[50] 程钰, 石名磊, 周正明. 消石灰对膨胀土团粒化作用的研究 [J]. 岩土力学, 2008, 29 (8): 2209-2214.

[51] 冯美果, 陈善雄, 余颂, 等. 粉煤灰改性膨胀土水稳定性试验研究 [J]. 岩土力学, 2007, 28 (9): 1889-1893.

[52] 兰常玉, 薛鹏, 周俊英. 粉煤灰改良膨胀土的动强度试验研究 [J]. 防灾减灾工程学报, 2010, 30 (S1): 79-81.

[53] 傅乃强, 徐洪钟, 张苏俊. 纤维粉煤灰改良膨胀土无侧限抗压强度试验 [J]. 南京工业大学学报 (自然科学版), 2018, 40 (1): 133-137.

[54] 查甫生, 刘松玉, 杜延军. 石灰-粉煤灰改良膨胀土试验 [J]. 东南大学学报 (自然科学版), 2007, 37 (2): 339-344.

[55] 惠会清, 胡同康, 王新东. 石灰、粉煤灰改良膨胀土性质机理 [J]. 长安大学学报 (自然科学

版），2006，26（2）：34-37.

[56] COKCA E. Use of class C fly ash for the stabilization of an expansive soil［J］. Journal of Geotechnical and Geoenvironmental Engineering，ASCE，2001，127（7）：568-573.

[57] NALBANTOGLU Z，GUCBILMEZ E. Improvement of calcareous expansive soils in semiarid environments［J］. Journal of Arid Environments，2001，47（4）：453-463.

[58] NALBANTOGLU Z. Effectiveness of class C fly ash as an expansive soil stabilizer［J］. Construction and Building Materials，2004，18（6）：377-381.

[59] KUMAR B R P，SHARMA R S. Effect of fly ash on engineering properties of expansive soils［J］. Journal of Geotechnical and Geoenvironmental Engineering，ASCE，2004，130（7）：764-767.

[60] SHI B，JIANG H T，LIU Z B，et al. Engineering geological characteristics of expansive soils in China［J］. Engineering Geology，2002，67（1/2）：63-71.

[61] 汪明武，王大铭，盛长春，等. 石灰-玄武岩纤维改良膨胀土的冲击性能试验研究［J］. 合肥工业大学学报（自然科学版），2018，41（11）：1515-1518.

[62] 庄心善，余晓彦. 石灰-玄武岩纤维改性膨胀土强度特性的试验研究［J］. 土木工程学报，2015，（S1）：166-170.

[63] 陈雷，张福海，李治朋. 纤维加筋石灰改良膨胀土工程性质试验研究［J］. 四川大学学报（工程科学版），2014，46（S2）：65-69.

[64] 张德恒，孙树林. 石灰-生物质灰渣改良膨胀土强度变形及微观结构特征［J］. 辽宁工程技术大学报（自然科学版），2018，37（4）：726-731.

[65] 杨俊，袁凯，狄先均，等. 天然砂砾改良膨胀土力学指标试验及模型分析［J］. 江苏大学学报（自然科学版），2016，37（3）：359-366.

[66] 庄心善，王子翔. 风化砂改良膨胀土无荷膨胀率及强度特性试验研究［J］. 公路，2018（9）：248-252.

[67] 杨俊，李元丰，刘世宜. 冻融循环对风化砂改良膨胀土回弹模量影响研究［J］. 合肥工业大学学报（自然科学版），2017，40（5）：685-689.

[68] 杨俊，刘世宜，张国栋. 冻融循环对风化砂改良膨胀土收缩变形影响研究［J］. 水力发电学报，2016，35（2）：75-81.

[69] 杨俊，童磊，张国栋，等. 干湿循环机制下风化砂改良膨胀土的收缩特性［J］. 河海大学学报（自然科学版），2015，43（2）：150-155.

[70] 杨俊，杨志，张国栋，等. 初始干密度对风化砂改良膨胀土收缩特性的影响［J］. 合肥工业大学学报（自然科学版），2014，37（7）：855-859.

[71] 杨俊，许威，张国栋. 冻融循环作用及风化砂掺量对改良膨胀土 CBR 的影响研究［J］. 应用力学学报，2015，32（1）：34-39.

[72] 杨俊，刘世宜，张国栋，等. 初始含水率对风化砂改良膨胀土有荷膨胀率影响研究［J］. 大连理工大学学报，2015，55（6）：618-624.

[73] 杨俊，黎新春，张国栋，等. 风化砂改良膨胀土路基施工关键问题探讨［J］. 太原理工大学学报，2013，44（4）：480-484.

[74] 张雁，殷潇潇，刘通. 煤矸石改良膨胀土特性及其最佳掺量条件下的孔隙结构表征［J］. 农业工程学报，2018，34（22）：267-274.

[75] 张雁，王明磊，殷潇潇，等．干湿循环作用对煤矸石稳定膨胀土行为的影响 [J]．硅酸盐通报，2018，(11)：3604-3610.

[76] 孙树林，魏永耀，张鑫．废弃轮胎胶粉改良膨胀土抗剪强度研究 [J]．岩石力学与工程学报，2009，28 (1)：3071-3075.

[77] 邹维列，谢鹏，马其天，等．废弃轮胎橡胶颗粒改性膨胀土的试验研究 [J]．四川大学学报（工程科学版），2011，43 (3)：44-48.

[78] 宗佳敏，宋迎俊，鲁洋，等．冻融循环下废旧轮胎颗粒改性膨胀土无侧限抗压强度试验 [J]．长江科学院院报，2017，34 (9)：110-114.

[79] 孙树林，郑青海，唐俊，等．碱渣改良膨胀土室内试验研究 [J]．岩土力学，2012，33 (6)：1608-1612.

[80] 孙树林，唐俊，郑青海，等．掺高炉水渣膨胀土的室内改良试验研究岩土力学，2012，33 (7)：1940-1944.

[81] 雷胜友，丁万涛．加筋纤维抑制膨胀土膨胀性的试验 [J]．岩土工程学报，2005，27 (4)：482-485.

[82] VISWANADHAM B V S，PHANIKUMAR B R，MUKHERJEE R V. Swelling behaviour of a geofiber-reinforced expansive soil [J]．Geotextiles and Geomembranes，2009 (27)：73-76.

[83] 张丹，许强，郭莹．玄武岩纤维加筋膨胀土的强度与干缩变形特性试验 [J]．东南大学学报（自然科学版），2012，42 (5)：975-980.

[84] 王协群，郭敏，胡波．土工格栅加筋膨胀土的三轴试验研究 [J]．岩土力学，2011，32 (6)：1649-1653.

[85] 顾欣，徐洪钟．干湿循环作用下纤维加筋膨胀土的裂隙及强度特性研究 [J]．南京工业大学学报（自然科学版），2016，38 (3)：81-86.

[86] 邓友生，吴鹏，赵明华，等．基于最优含水率的聚丙烯纤维增强膨胀土强度研究 [J]．岩土力学，2017，38 (2)：349-353.

[87] 韩春鹏，田家忆，张建，等．干湿循环下纤维加筋膨胀土裂隙特性分析 [J]．吉林大学学报（工学版），2019，49 (2)：392-400.

[88] 周葆春，孔令伟，郭爱国．石灰改良膨胀土的应力-应变-强度特征与本构描述 [J]．岩土力学，2012，33 (4)：999-1005.

[89] 孔令伟，周葆春，白颢，等．荆门非饱和膨胀土的变形与强度特性试验研究 [J]．岩土力学，2010，31 (10)：3036-3042.

[90] 沈泰宇，邢书香，汪时机，等．降低强膨胀土膨胀率提高抗剪强度的复合改良剂筛选 [J]．农业工程学报，2017，33 (2)：109-115.

[91] 孙钧．岩石流变力学及其工程应用研究的若干进展 [J]．岩石力学与工程学报，2007，26 (6)：1081-1106.

[92] 王智超，罗迎社，罗文波，等．路基压实土流变变形的力学表征及参数辨识 [J]．岩石力学与工程学报，2011，30 (1)：208-216.

[93] 姚仰平，方雨菲．土的负蠕变特性及其本构模型 [J]．岩土工程学报，2018，40 (10)：1759-1765.

[94] BURLAND J B. On the compressibility and shear strength of natural clays [J]．Geotechnique，

1990，40（3）：329-378.

[95] 胡亚元，杨平，余启致.超固结土次固结系数的时间效应 ［J］.中国公路学报，2016，29（9）：29-37.

[96] 刘俊新，杨春和，谢强，等.基于流变和固结理论的非饱和红层路堤沉降机制研究 ［J］.岩土力学，2015，36（5）：1295-1305.

[97] 高洪梅，刘汉龙，刘金元，等.EPS颗粒轻质混合土的蠕变模型研究 ［J］.岩土力学，2010，31（增2）：198-205.

[98] 殷建华，冯伟强.蠕变黏性土固结沉降计算的新简化方法及验证 ［J］.岩土工程学报，2019，41（增2）：5-8.

[99] LADD C C，FOOTT R，ISHIHARA K，et al. Stress-deformation and strength characteristics state-of-the-art report ［C］//Proc 9th Int Conf Soil Mech Found Eng. Tokyo，1977（2）：421-494.

[100] 朱俊高，冯志刚.反复荷载作用下软土次固结特性试验研究 ［J］.岩土工程学报，2009，31（3）：341-345.

[101] YIN J H，GRAHAM J. Elastic visco-plastic modelling of one-dimensional consolidation ［J］. Géotechnique，1996，46（3）：515-527.

[102] 殷宗泽，张海波，朱俊高，等.软土的次固结系数 ［J］.岩土工程学报，2003，25（5）：521-526.

[103] 冯志刚，朱俊高.软土次固结变形特性试验研究 ［J］.水利学报，2009，40（5）：583-588.

[104] BJERRUM L. Engineering geology of Norwegian normally-consolidated marine clays as related to settlements of buildings ［J］. Géotechnique，1967，17（2）：83-118.

[105] 于新豹，刘松玉，缪林昌.连云港软土蠕变特性及其工程应用 ［J］.岩土力学，2003，24（6）：1001-1006.

[106] SINGH A，MITCHELL J K. General stress-strain-time function for soils ［J］. Journal of the Soil Mechanics and Foundations Division，ASCE，1968，94（SM1）：21-46.

[107] MESRI G. Goefficient of secondary compression ［J］. Journal of the Geotechnical Engineering Division，ASCE，1973，99（SM1）：123-137.

[108] 中华人民共和国交通运输部.公路软土地基路堤设计与施工技术细则：JTG/T D31-02—2013 ［S］.北京：人民交通出版社，2013.

[109] 张先伟，王常明.饱和软土的经验型蠕变模型 ［J］.中南大学学报（自然科学版），2011，42（3）：791-796.

[110] 韦秉旭，周玉峰，刘义高，等.基于工程应用的膨胀土本构模型 ［J］.中国公路学报，2007，20（2）：18-22，50.

[111] 卢萍珍，曾静，盛谦.软黏土蠕变试验及其经验模型研究 ［J］.岩土力学，2008，29（4）：1041-1044，1052.

[112] 王者超，乔丽苹.土蠕变性质及其模型研究综述与讨论 ［J］.岩土力学，2011，32（8）：2251-2260.

[113] 夏才初，许崇帮，王晓东，等.统一流变力学模型参数的确定方法 ［J］.岩石力学与工程学报，2009，28（2）：425-432.

[114] 陈晓平，朱鸿鹄，周秋娟.修正广义Kelvin蠕变固结模型研究 ［J］.岩石力学与工程学报，

2006，25（S2）：3428-3434.

[115] 徐珊，陈友亮，赵重兴．单向压缩状态下上海地区软土的蠕变变形与次固结特性研究［J］．工程地质学报，2008，16（4）：495-501.

[116] 夏才初，金磊，郭锐．参数非线性理论流变力学模型研究进展及存在的问题［J］．岩石力学与工程学报，2011，30（3）：454-463.

[117] 王元战，王婷婷，王军．滨海软土非线性流变模型及其工程应用研究［J］．岩土力学，2009，30（9）：2679-2685.

[118] MESRI G，REBERS-CORDERO E，SHIELDS D R，et al. Shear stress-strain-time behavior of clays［J］.Geotechnique，1981，31（4）：537-552.

[119] 孙钧．岩土材料流变及其工程应用［M］．北京：中国建筑工业出版社，1999.

[120] 刘绘新，张鹏，盖峰．四川地区盐岩蠕变规律研究［J］．岩石力学与工程学报，2002，21（9）：1290-1294.

[121] 袁静，龚晓南，益德清．岩土流变模型的比较研究［J］．岩石力学与工程学报，2001，20（6）：772-779.

[122] 郑榕明，陆浩亮，孙钧．软土工程中的非线性流变分析［J］．岩土工程学报，1996，15（5）：5-17.

[123] 张丽萍，关超，阎婧．营口地区软土流变模型参数及流变特性研究［J］．沈阳建筑大学学报（自然科学版），2004，20（4）：261-264.

[124] 维亚洛夫 C C. 土力学的流变原理［M］．杜奈培，译．北京：科学出版社，1987.

[125] 虞海珍，李小青，姚建伟．膨胀土化学改良试验研究分析［J］．岩土力学，2006，27（11）：1941-1944.

[126] 余颂，陈善雄，许锡昌，等．中膨胀土 CMA 改性室内试验研究［J］．岩土力学，2006，27（9）：1622-1627.

[127] 余飞，余静，陈善雄，等．膨胀土 CMA 改性与石灰改性对比试验［J］．华中科技大学学报（自然科学版），2006，34（8）：100-103.

[128] 尚云东，耿丙彦．HTAB 改良膨胀土性能试验研究［J］．土木工程学报，2010，43（9）：138-143.

[129] 李志清，胡瑞林，王立朝，等．阳离子改性剂改良膨胀土试验研究［J］．岩土工程学报，2009，31（7）：1094-1098.

[130] 刘清秉，项伟，张伟锋，等．离子土壤固化剂改性膨胀土的试验研究［J］．岩土力学，2009，30（8）：2286-2290.

[131] 刘清秉，项伟，崔德山，等．离子土固化剂改良膨胀土的机理研究［J］．岩土工程学报，2011，33（4）：648-654.

[132] 刘清秉，项伟，崔德山．离子土固化剂对膨胀土结合水影响机制研究［J］．岩土工程学报，2012，34（10）：1887-1895.

[133] 王成华，李广信．土体应力-应变关系转型问题分析［J］．岩土力学，2004，25（8）：1185-1190.

[134] GUTIERREZ M，NYGARD R，HOEG K，et al. Normalized undrained shear strength of clay shales［J］.Engineering Geology，2008，99（1-2）：31-39.

[135] VARDANEGA P J, BOLTON M D. Stiffness of clays and silts: normalizing shear modulus and shear strain [J]. Journal of Geotechnical and Geoenvironmental Engineering, 2013, 13: 1575-1589.

[136] 常丹, 刘建坤, 李旭. 冻融循环下粉砂土应力-应变归一化特性研究 [J]. 岩土力学, 2015, 36 (12): 3500-3505, 3515.

[137] 倪钧钧, 吴学春, 张立志, 等. 重塑土不排水剪切应力-应变关系预测 [J]. 河海大学学报 (自然科学版), 2012, 40 (4): 387-392.

[138] 张勇, 孔令伟, 孟庆山, 等. 武汉软土固结不排水应力-应变归一化特性分析 [J]. 岩土力学, 2006, 27 (9): 1509-1513, 1518.

[139] 李作勤. 粘土归一化性状的分析 [J]. 岩土工程学报, 1987, 9 (5): 67-75.

[140] 马倩倩, 刘保健, 韩珏. 原状饱和黄土的应力-应变特性及其归一化研究 [J]. 工业建筑, 2016, 46 (2): 68-71.

[141] 项良俊, 王清, 王朝阳, 等. 新岩滑坡膨胀性软岩 Duncan-Chang 模型及归一化特性研究 [J]. 长江科学院院报, 2013, 30 (7): 64-68.

[142] 陈剑平, 钱鑫, 徐茵, 等. 大连大窑湾区吹填淤泥土三轴剪切试验 [J]. 吉林大学学报 (地球科学版), 2012, 42 (增 3): 226-231.

[143] 赵鑫, 陈学军, 王经, 等. 桂林黏土应力-应变关系归一化性状研究 [J]. 建筑科学, 2011, 27 (1): 53-55.

[144] 李燕. 邯郸粉质粘土固结不排水试验归一化性状分析 [J]. 建筑科学, 2010, 26 (5): 17-18, 16.

[145] 刘国清, 宁国立, 陈厚仲, 等. 武汉软土的卸荷应力-应变归一化特性研究 [J]. 建筑科学, 2012, 28 (3): 46-49.

[146] 王晓磊, 李京涛. 邯郸新近沉积饱和粉黏土本构归一性探讨 [J]. 河北工程大学学报 (自然科学版), 2009, 26 (3): 37-39, 43.

[147] 郑健龙, 张锐. 公路膨胀土路基变形预测与控制方法 [J]. 中国公路学报, 2015, 28 (3): 1-10.

[148] 胡再强, 马素青, 李宏儒, 等. 非饱和黄土非线性 K-G 模型试验研究 [J]. 岩土力学, 2012, 33 (增 1): 56-60.

[149] DOMASCHUK L, VALLIAPPAN P. Nonlinear settlement analysis by finite elements [J]. Journal of the Geotechnical Engineering Division, ASCE, 1975, 101 (GT7): 601-614.

[150] 谢定义, 姚仰平, 党发宁. 高等土力学 [M]. 北京: 高等教育出版社, 2008.

[151] PRADHAN S K, DESAI C S. DSC model for soil interface including liquefaction and prediction of centrifuge test [J]. Journal of Geotechnical and Geoenvironmental Engineering, 2006, 132 (2): 214-222.

[152] 楚锡华, 孔科, 徐远杰. 基于扰动状态概念与 E-B 模型的粗粒料力学行为模拟 [J]. 应用力学学报, 2012, 29 (2): 141-147.

[153] 王常明, 匡少华, 王钢城, 等. 结构性土固结不排水剪特性的一种描述方法 [J]. 岩土力学, 2010, 31 (7): 2035-2039.

[154] 朱剑锋, 徐日庆, 王兴陈, 等. 考虑扰动影响的砂土弹塑性模型 [J]. 岩石力学与工程学报,

2011，30（1）：193-201.

[155] 徐日庆，张俊，朱剑锋，等．考虑扰动影响的修正 Duncan-Chang 模型［J］．浙江大学学报（工学版），2012，46（1）：1-7.

[156] 陈晨，赵文，刘博，等．基于扰动理论的沈阳中粗砂本构模型［J］．东北大学学报（自然科学版），2017，38（3）：418-423.

[157] 周葆春，汪墨，李全华，等．黏性土非线性弹性 K-G 模型的一种改进方法［J］．岩土力学，2008，29（10）：2725-2730.

[158] 屈智炯，刘恩龙．土的塑性力学［M］．北京：科学出版社，2011.

[159] ROSCOE K H，SCHOFIELD A N，WROTH C P. On the yielding of soils［J］. Géotechnique，1958，8（1）：22-53.

[160] BURLAND J B. The yielding and dilation of clay［J］. Geotechinique，1965，15（2）：211-214.

[161] ROSCOE K H，BURLAND J B. On the generalised stress-strain behaviour of "wet" clay［J］. Engineering Plasticity，1968（1）：535-609.

[162] 魏汝龙．正常压密黏土的塑性势［J］．水利学报，1964（6）：11-22.

[163] 魏汝龙．正常压密黏土的本构定律［J］．岩土工程学报，1981，3（3）：10-18.

[164] SANDLER I S，DIMAGGIO F L，BALADI G Y. Generalized cap model for geologic materials［J］. Journal of Geotechnical & Geoenvironmental Engineering，1976，102（12）：683-699.

[165] AMERASINGHE S F，KRAFT L M. Application of a Cam-clay model to overconsolidated clay［J］. International Journal for Numerical & Analytical Methods in Geomechanics，2010，7（2）：173-186.

[166] BANERJEE S，PAN Y W. Transitional yielding model for clay［J］. Journal of Geotechnical Engineering，1986，112（2）：170-186.

[167] MITA K A，DASARI G R，LO K W. Performance of a three-dimensional Hvorslev-modified Cam-clay model for overconsolidated clay［J］. International Journal of Geomechanics，2013，4（4）：296-309.

[168] HSIEH H S，KAVAZANJIAN E J，BORJA R I. Double-yield-surface Cam-clay plasticity model. I：Theory.［J］. Journal of Geotechnical Engineering，1990，116（9）：1381-1401.

[169] ARAI K，HASHIBA S，KITAGAWA K. A unified approach to time effects in anistropically consolidated clays［J］. Soils & Foundations，2008，28（4）：147-164.

[170] NAMIKAWA T. Delayed plastic model for time-dependent behaviour of materials［J］. International Journal for Numerical & Analytical Methods in Geomechanics，2001，25（6）：605-627.

[171] YIN J H，GRAHAM J. Elastic viscoplastic modelling of the time-dependent stress-strain behavior［J］. Canadian Geotechnical Journal，1999，36（4）：736-745.

[172] 杨林德，张向霞．剑桥模型可反映剪切变形的一种修正［J］．岩土力学，2007，28（1）：7-11.

[173] NAYLOR D J. A continuous plasticity version of the critical state model［J］. International Journal for Numerical Methods in Engineering，1985，21（7）：1187-1204.

[174] HENKEL D J. The relationships between the effective stresses and water content in saturated clays［J］. Geotechnique，1960，10（2）：41-54.

[175] 张培森，施建勇．考虑形状参数影响对 MCC 修正及其实现与验证［J］．岩土工程学报，2009，

31（1）：26-31.

[176] 姚仰平，张丙印，朱俊高．土的基本特性、本构关系及数值模拟研究综述［J］．土木工程学报，2012，45（3）：127-150.

[177] 黄文熙．硬化规律对土的弹塑性应力-应变模型影响的研究［J］．岩土工程学报，1980，2（1）：1-11.

[178] 殷宗泽．一个土体的双屈服面应力-应变模型［J］．岩土工程学报，1988，10（4）：64-71.

[179] SALCCB A F，CHEN W F，张学言．土的本构关系综述［J］．力学进展，1987，17（2）：119-126.

[180] 陈晓平，杨光华，杨雪强．土的本构关系［M］．北京：中国水利水电出版社，2011.

[181] 杨光华，温勇，钟志辉．基于广义位势理论的类剑桥模型［J］．岩土力学，2013，34（6）：1521-1528.

[182] 罗刚，张建民．邓肯-张模型和沈珠江双屈服面模型的改进［J］．岩土力学，2004，25（6）：887-890.

[183] 王庭博，陈生水，傅中志．"南水"双屈服面模型的两点修正［J］．同济大学学报（自然科学版），2016，44（3）：362-368.

[184] 蔡新，杨杰，郭兴文，等．胶凝砂砾石料弹塑性本构模型研究［J］．岩土工程学报，2016，38（9）：1569-1577.

[185] 张宗亮，贾延安，张丙印．复杂应力路径下堆石体本构模型比较验证［J］．岩土力学，2008，29（5）：1147-1151.

[186] 卢廷浩，刘祖德．高等土力学［M］．北京：机械工业出版社，2006.

[187] 张丙印，贾延安，张宗亮．堆石体修正 Rowe 剪胀方程与"南水"模型［J］．岩土工程学报，2007，29（10）：1443-1448.

[188] 杨杰，李国英，沈婷．复杂地形条件下高面板堆石坝应力变形特性研究［J］．岩土工程学报，2014，36（4）：775-781.

[189] 陈惠发，A.F. 萨里普．弹性与塑性力学［M］．余天庆，王勋文，刘再华，译．北京：中国建筑工业出版社，2004.

[190] 陈惠发，A.F. 萨里普．混凝土和土的本构方程［M］．余天庆，王勋文，刘西拉，等译．北京：中国建筑工业出版社，2004.

[191] 罗汀，姚仰平，侯伟．土的本构关系［M］．北京：人民交通出版社，2010.

[192] 郑颖人，孔亮．岩土塑性力学［M］．北京：中国建筑工业出版社，2010.

[193] 张学言，闫澍旺．岩土塑性力学基础［M］．天津：天津大学出版社，2004.

[194] 李广信．高等土力学［M］．北京：清华大学出版社，2004.

[195] 李元松．高等岩土力学［M］．武汉：武汉大学出版社，2013.